计算机文化基础

Jisuanji Wenhua Jichu

（第二版）

主　编　刘石丹
副主编　曾　鑫　杨　欣

撰写人（以姓氏笔画为序）
王　淼　刘石丹　杨　欣　吴晓凤　曾　鑫

四川大学出版社

责任编辑:李勇军
责任校对:王　平
封面设计:米茄设计工作室
责任印制:王　炜

图书在版编目(CIP)数据

计算机文化基础 / 刘石丹主编. —2 版. —成都:
四川大学出版社，2012.9
ISBN 978-7-5614-6191-4

Ⅰ.①计…　Ⅱ.①刘…　Ⅲ.①电子计算机-高等学校-教材　Ⅳ.①TP3

中国版本图书馆 CIP 数据核字（2012）第 225194 号

书名　**计算机文化基础**

主　　编　刘石丹
出　　版　四川大学出版社
地　　址　成都市一环路南一段 24 号 (610065)
发　　行　四川大学出版社
书　　号　ISBN 978-7-5614-6191-4
印　　刷　郫县犀浦印刷厂
成品尺寸　185 mm×260 mm
印　　张　13.75
字　　数　334 千字
版　　次　2012 年 9 月第 2 版
印　　次　2014 年 9 月第 4 次印刷
定　　价　26.00 元

◆读者邮购本书,请与本社发行科联系。
电话:(028)85408408/(028)85401670/
(028)85408023　邮政编码:610065
◆本社图书如有印装质量问题,请
寄回出版社调换。
◆网址:http://www.scup.cn

目　录

第一章　计算机基础知识

第二章 Windows 操作系统

第三章 Word 2003 文字处理软件

第四章　Excel 2003 电子表格处理软件

第五章 PowerPoint 2003 演示文稿制作软件

第六章 多媒体技术

第七章　计算机网络与通信

第一章 计算机基础知识

1.1 计算机概述

计算机是一种无须人工干预、能快速、高效地对各种信息进行存储和处理的电子设备。从它产生之初至今已有 60 余年的历史，对于今天的大多数人来说，它已不再神奇。计算机以其快捷的步伐，正迈入千家万户，它的广泛使用，促使人类进一步向信息化社会迈进。

1.1.1 计算机的发展及发展趋势

现代电子计算机技术的飞速发展，离不开人类科技知识的积累，离不开许许多多热衷于此并呕心沥血的科学家们的探索，正是这一代代的积累才构筑了今天的“信息大厦”。世界上第一台计算机于 1946 年 2 月诞生于美国的宾夕法尼亚大学。半个多世纪过去了，计算机技术获得了突飞猛进的发展。人们根据计算机性能和使用的逻辑元件的不同，将计算机的发展划分为若干阶段。

第一代——电子管计算机（1946 年—1957 年）

1946 年 2 月，第一台全自动电子计算机 ENIAC（Electronic Numerical Integrator And Calculator）即“电子数字积分计算机”诞生了。ENIAC 装有 16 种型号的 18000 个真空管、1500 个电子继电器、70000 个电阻器、18000 个电容器，它有 8 英尺高，3 英尺宽，100 英尺长，总重量达 30 吨，简直就是一个庞然大物。这一庞然大物“肚量”（内存）极小，所有的程序和指令都是通过外设来完成，每当所有的真空管都正常工作时，工程师就得忙上忙下，把这 6000 多根导线插进接口，然后进行运算。ENIAC 运算结束后，工程师得把导线拔下来，如果要进行另一项运算，就必须把这些导线又一根一根插进去。因此，与其说 ENIAC 是一台计算机还不如说它是一座计算工厂。

不过，ENIAC 每秒 5000 次加法运算，50 次 sin 和 cos 函数数值运算的计算速度，还是让人类第一次感到了自卑。有人这样评价 ENIAC——“弹道计算的速度比炮弹飞行的速度还快”，“这样的机器，全世界只要有两台就足够了”。ENIAC 的问世深刻地影响着世界的政治、军事、经济格局，影响着人类的工作与生活方式，称 ENIAC 为信息时代的蒸汽机毫不为过。这台计算机从 1946 年 2 月开始投入使用，到 1955 年 10 月最后切断电源，服役 9 年多。虽然它每秒只能进行 5000 次加减运算，但它预示了科学家们将从奴隶般的计算工作中解脱出来。

第一代计算机使用电子管作为逻辑元件，体积大、可靠性差、耗电量大、维护较难且价格昂贵，寿命较短，只能被极少数人使用。

它采用水银延迟电路或电子射线管作为存储部件，容量很小，后来使用磁鼓存储信息，扩充了容量。第一代计算机没有系统软件，只能用机器语言和汇编语言编程，如图 1-1 所示。

图 1-1　世界上第一台电子计算机 ENIAC

第二代——晶体管计算机（1958 年—1964 年）

这一代计算机有了很大发展，它采用晶体管作为逻辑元件，体积减小、重量减轻、耗能降低，计算机的可靠性和运算速度得到提高，运算速度达到每秒几十万次，内存容量扩大到几十千字节；同时成本也有所下降。它一般采用磁芯作为主存储器，采用磁盘/磁鼓作为外存储器，并且有了系统软件，有了操作系统的概念；与此同时，计算机软件也有了较大的发展，出现了 FORTRAN，COBOL，ALGOL 等高级语言。与第一代计算机相比，晶体管电子计算除了用于科学计算外，它还能用于数据处理和事务处理。其代表机型有 IBM7094、CDC7600，如图 1-2 所示。

第三代——集成电路计算机（1965 年—1969 年）

随着固体物理技术的发展，集成电路工艺已经可以在几平方毫米的单晶硅片上集成由十几个甚至由上百个电子元件组成的逻辑电路。其基本特征是逻辑元件采用小规模集成电路 SSI（Small Scale Integration）和中规模集成电路 MSI（Middle Scale Integration）。

第三代电子计算机的运算速度，每秒可达几十万次到几百万次。存储器进一步发

图 1－2　第二代电子计算机代表机型 IBM7094 控制台外观

展，它采用半导体作为主存，取代了原来的磁芯存储器，提高了存储容量，增强了系统的处理能力；其体积更小、价格更低、寿命更长；软件逐步完善，出现了分时操作系统，多个用户可以共享计算机软硬件资源。这一时期，计算机同时向标准化、多样化、通用化、机种系列化发展。高级程序设计语言在这个时期有了很大发展，计算机开始广泛应用在各个领域。其代表机型有 IBM360，如图 1－3 所示。

图 1－3　第三代电子计算机代表机型 IBM360 计算机系统

第四代电子计算机（1971 年至今）

第四代电子计算机称为大规模集成电路电子计算机，时间从 1971 年至今。进入 20 世纪 70 年代以来，计算机逻辑器采用大规模集成电路 LSI（Large Scale Integration）和超大规模集成电路 VLSI（Very Large Scale Integration）技术，在硅半导体上集成了 1000～100000 个电子元器件。集成度很高的半导体存储器代替了服役达 20 年之久的磁芯存储器。计算机的运算速度最高每秒可以达到数百万次到上千万次。操作系统不断完善，应用软件已成为现代工业的一部分。计算机的发展进入了以计算机网络为特征的时代。

第五代电子计算机

第五代电子计算机是智能电子计算机，它是一种有知识、会学习、能推理的计算机，具有能理解自然语言、声音、文字和图像的能力，并且具有说话的能力，人机能够用自然语言直接对话。它可以利用已有的和不断学习到的知识，进行思维、联想、推理，并得出结论，能解决复杂问题，具有汇集、记忆、检索等有关能力。智能计算机突破了传统的诺伊式机器的概念，舍弃了二进制结构，把许多处理机并联起来，并行处理信息，速度大大提高。它的智能化人机接口使人们不必编写程序，只需发出命令或提出要求，电脑就会完成推理和判断，并且进行解释。1988 年，世界上召开了第五代电脑国际会议。1991 年，美国加州理工学院推出了一种大容量并行处理系统，用 528 台处理器并行进行工作，其运算速度可达到每秒 320 亿次浮点运算。

第六代电子计算机

第六代电子计算机是模仿人的大脑判断能力和适应能力，并具有可并行处理多种数据功能的神经网络计算机。与以逻辑处理为主的第五代计算机不同，它本身可以判断对象的性质与状态，并能采取相应的行动，而且它可同时并行处理实时变化的大量数据，并得出结论。以往的信息处理系统只能处理条理清晰、经络分明的数据。而人的大脑活动具有能处理零碎、含糊不清信息的灵活性，第六代电子计算机具有类似人脑的智慧和灵活性。

人脑有 140 亿个神经元，每个神经元的作用相当于一台微型电脑。人脑的总体运算速度相当于每秒 1000 万亿次的电脑。用许多微处理机模仿人脑的神经元结构，采用大量的并行分布式网络就构成了神经电脑。神经电脑除具有许多处理器外，还有许多类似神经的节点，每个节点与许多点相连。若把每一步运算分配给每台微处理器，它们同时运算，其信息处理速度和智能会大大提高。

神经电子计算机的信息不是存储在存储器中，而是存储在神经元之间的联络网中。若有节点断裂，电脑仍有重建资料的能力，它还具有联想记忆、视觉和声音识别能力。日本科学家已开发出可供神经电子计算机应用的大规模集成电路芯片，在 1.5 平方厘米的硅片上可设置 400 个神经元和 40000 个神经键，这种芯片能实现每秒 2 亿次的运算速度。1990 年，日本理光公司宣布研制出一种具有学习功能的大规模集成电路“神经

LSI”。这是依照人脑的神经细胞研制成功的一种芯片，它处理信息的速度为每秒 90 亿次。富士通研究所开发的神经电子计算机，每秒更新数据的速度近千亿次。日本电气公司推出一种神经网络声音识别系统，能够识别出任何人的声音，正确率达 99.8%。美国研究出由左脑和右脑两个神经块连接而成的神经电子计算机。右脑为经验功能部分，有 1 万多个神经元，用于图像识别；左脑为识别功能部分，含有 100 万个神经元，用于存储单词和语法规则。现在，纽约、迈阿密和伦敦的飞机场已经用神经电脑来检查爆炸物，每小时可检查 600 件～700 件行李，检出率为 95%，误差率为 2%。神经电子计算机将会被广泛应用于各领域。它能识别文字、符号、图形、语言以及声纳和雷达收到的信号，判读支票，对市场进行估计，分析新产品，进行医学诊断，控制智能机器人，实现汽车和飞行器的自动驾驶，发现、识别军事目标，进行智能指挥等。

1.1.2　计算机的特点

计算机的发展虽然只有短短的几十年，但从没有一种机器像计算机这样具有如此强劲的渗透力，在人类发展中扮演着如此重要的角色，可以毫不夸张地说，人类现在已离不开计算机了。

计算机之所以这么重要，与它的强大功能是分不开的。与以往的计算工具相比，它具有以下特点：

（1）*运算速度快*。计算机内部有一个叫运算器的运算部件，它由一些数字逻辑电路组成，可以高速准确地帮助用户进行运算。如有些高性能计算机每秒可进行 10 亿次加减运算。

（2）*精确度高*。在理论上，计算机的计算精确度并不受限制。一般计算机运算精度均能达到 15 位有效数字，而通过一定的技术手段，可以实现任何精度要求。

（3）*记忆能力强*。计算机内部还有一个承担记忆职能的部件，即存储器。大容量的存储器能记忆大量信息，不仅包括各类数据信息，还包括加工这些数据的程序。

（4）*逻辑判断能力强*。计算机的逻辑判断能力即为因果分析能力，它能帮助用户分析命题是否成立，以便做出相应对策。

（5）*自动运行程序*。计算机是自动化电子装置，在工作中无须人工干预，能自动执行存放在存储器中的程序。人们事先规划好程序后，向计算机发出指令，计算机即可帮助人类去完成那些枯燥乏味的重复性劳动。

1.1.3　计算机在各个领域中的应用

计算机的应用已渗透到社会的各行各业，正在改变着人们的工作、学习和生活方式，推动着社会的发展。计算机的应用主要表现在以下几个方面。

科学计算

科学计算是指用于完成科学研究和工程技术中提出的数学问题的计算。它是电子计算机的重要应用领域之一，世界上第一台计算机的研制就是为科学计算而设计的。计算机高速、高精度的运算是人工计算所望尘莫及的。随着科学技术的发展，各种领域中的计算模型日趋复杂，人工计算已无法解决这些复杂的计算问题。例如，在天文学、量子化学、空气动力学、核物理学和天气预报等领域中，都需要依靠计算机进行复杂的运算。科学计算的特点是计算量大和数制变化范围大。

数据处理

数据处理也称为非数值计算，指计算机对大量的数据进行加工处理，例如，分析、合并、分类、统计等，从而形成有用的信息。与科学计算不同的是数据处理涉及的数据量大，但计算方法较简单。人类在很长一段时间内，只能用自身的感官去收集信息，用大脑存储和加工信息，用语言交流信息。当今社会正从工业社会进入信息社会，面对积聚起来的浩如烟海的各种信息，为了全面、深入、精确地认识和掌握这些信息所反映的事物本质，必须用计算机进行处理。目前，数据处理广泛应用于办公自动化、企业管理、事务处理、情报检索等，数据处理已成为计算机应用的一个重要方面。

过程控制

过程控制又称实时控制，指在使用计算机及时采集数据，将数据处理后，按最佳值迅速地对控制对象进行控制。由于现代工业生产规模不断扩大，技术、工艺日趋复杂，从而对实现生产过程自动化控制系统的要求也日益增高。利用计算机进行过程控制，不仅可以大大提高控制的自动化水平，而且可以提高控制的及时性和准确性，从而改善劳动条件，提高质量，节约能源，降低成本。计算机过程控制已在冶金、石油、化工、纺织、水电、机械、航天等部门得到广泛的应用。

计算机辅助系统

计算机辅助系统包括 CAD，CAM，CBE 等。计算机辅助设计 CAD（Computer－Aided Design），就是用计算机帮助各类设计人员进行设计。由于计算机有快速的数值计算、较强的数据处理以及模拟的能力，使 CAD 技术得到广泛应用。如飞机设计、船舶设计、建筑设计、机械设计、大规模集成电路设计等，在采用计算机辅助设计后，不但降低了设计人员的工作量，提高了设计的速度，更重要的是提高了设计的质量。计算机辅助制造的 CAM（Computer－Aided Manufacturing）是指用计算机进行生产设备的管理、控制和操作的技术。例如，在生产的制造过程中，用计算机控制机器的运行、处理生产过程中所需的数据、控制和处理材料的流动以及对产品进行检验等。使用 CAM 技术可以提高产品的质量、降低成本、缩短生产周期、降低劳动强度。计算机辅助教育 CBE（Computer－Based Education）包括：计算机辅助教学 CAI（Computer－Assisted Instruction）、计算机辅助测试 CAT（Computer－Aided Test）和计算机管理教学 CMI（Computer－Management Instruction）。近年来由于多媒体技术和网络技术的发展，推动了 CBE 的发展，网上教学和远程教学已经在许多学校展开。开展 CBE 不仅使学校教育发生了根本的变化，还可以使少年儿童在学校里就能体验计算机的应用，从而有利于将他们培养为新世纪的复合型人才，如图 1-4 所示。

图 1-4　计算机辅助设计图示

人工智能和系统仿真

人工智能是利用计算机模拟人类的某些智能活动，如智能机器人。系统仿真是利用计算机模仿真实系统的技术，也是计算机应用的崭新领域，如图 1-5 所示。

图 1-5　智能机器人

总之，计算机的应用已渗透到社会的各个领域，在现在与未来，它对人类的影响将越来越大。

信息高速公路

1991 年，美国当时的参议员戈尔提出建立“信息高速公路”的建议。即将美国所有的信息库及信息网络连成一个全国性的大网络，把大网络连接到所有的机构和家庭中去，使各种形态的信息（例如，文字、数据、声音、图像等）都能在大网络里交互传输。1993 年 9 月美国正式宣布实施“国家信息基础设施”（NII）计划，俗称“信息高速公路”计划，预计在 20 年内耗资 4000 亿美元，计划在 1997 年至 2000 年初步建成。该计划引起了世界各发达国家与地区、新兴工业国家和地区的极大震动，纷纷提出了自己的发展信息高速公路计划的设想，积极加入到这场世纪之交的竞争中去，我国也不例外。国家信息基础设施除了包括通信、计算机、信息本身和人力资源四个关键要素外，还包括标准、规则、政策、法规和道德等软环境，其中最重要的当然是“人才”。针对我国信息技术落后、信息产业不够强大、信息应用不够普遍、信息服务队伍还没有壮大的现状，有关专家提出我国的“信息基础设施”应加上两个关键部分，即民族信息产业和信息科学技术。面对正在向深度和广度发展的信息化浪潮，我国政府不失时机的成立了国家经济信息化联席会议，党的十四届五中全会又把“加速国民经济信息化进程”写入了“关于制定国民经济和社会发展九五计划和 2010 年远景目标”的建议中，把信息产业的发展摆在突出的地位。例如，上海这个国际大都市也做出了相应的规划，提出用 15 年至 20 年的时间完成上海“信息港”的全面建设，到 2000 年完成基础结构框架，到 2010 年基本建成，从而成为全国率先建成的地区“信息高速公路”和信息化的国际大都市。

电子商务

所谓“电子商务”，是指通过计算机和网络进行商务活动。在目前的条件下，因网上支付手段的不完善而最后导致交付款采取其他形式进行支付的网络商务活动，可认为是初级的“电子商务”。电子商务是在因特网与传统信息技术系统的丰富资源相结合的背景下应运而生的一种网上相互关联的动态商务活动，在 Internet 上开展电子商务发展前景广阔，可为你提供众多的机遇。世界各地的许多公司已经开始通过 Internet 进行商业交易。他们通过网络方式与顾客、批发商、供货商联系，并且进行相互间的业务交流其业务量往往超出其他方式。同时，电子商务系统也面临诸如保密性、可测性和可靠性等挑战。电子商务旨在通过网络完成核心业务，改善售后服务，缩短周转时间，从有限的资源中获取更大的收益，从而达到销售商品的目的。它既向人们提供新的商业机会和市场需求，也对有关政策和规范提出挑战。电子商务始于 1996 年，起步虽然不长，但其具有高效率、低支付、高收益和全球性的优点。图 1-6 为电子商务页面示例。

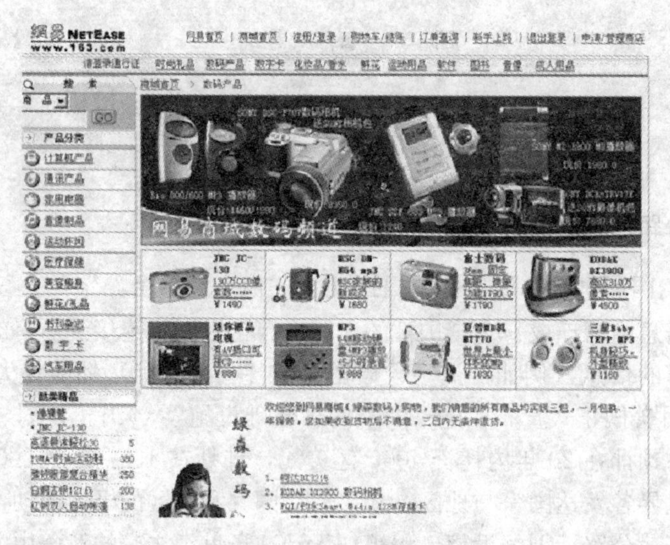

图 1-6　电子商务页面

1.1.4 计算机的分类

计算机按其功能可分为专用计算机和通用计算机。专用计算机功能单一、适应性差，但在特定用途下最有效、最经济、最快捷；通用计算机功能齐全、适应性强，但效率、速度和经济性相对于专用计算机来说要低一些。

目前人们所说的计算机都是通用计算机。它可分为巨型计算机、大型计算机、中型计算机、小型计算机、微型计算机和工作站等六大类型，其中运用最广泛的是微型计算机。

巨型计算机

巨型计算机运算速度快，存储容量大，每秒运算可达一亿次以上，主存容量也较高，字长达 64 位。如我国研制成功的银河 I 型和 II 型亿次机就是巨型计算机。巨型计算机对尖端技术和战略武器的研制有重要作用，目前世界上只有为数不多的几家公司可以生产。

大型计算机

大型计算机的运算速度在每秒 100 万次至几千万次，字长 32 位~64 位，主存容量在几十兆字节左右；拥有完善的指令系统，丰富的外部设备和功能齐全的软件系统，主要用于计算机中心和计算机网络。

中型计算机

中型计算机的规模和性能介于大型计算机和小型计算机之间。

小型计算机

小型计算机规模较小，成本较低，很容易维护。在速度、存储容量和软件系统的完善方面占有优势。小型计算机的用途很广泛，既可以用于科学计算、数据处理，又可用于生产过程自动控制和数据采集及分析处理。

微型计算机

微型计算机在 20 世纪 70 年代后期引起了计算机的一场革命。微型计算机的字长为 8 位~64 位，具有体积小、价格低、可靠性强、操作简单等特点。它的产生极大地推动了计算机的应用和普及。它的运算速度更快，已达到并超过小型计算机的水平，内存容量达到 32MB~256MB，甚至更高。

工作站

工作站就是一台高档微机，它的独特之处是易于联网、具备大容量存储设备、配置了大屏幕显示器和具有较强的网络通信功能，特别适用于企业办公自动化控制。

按照微型计算机采用的微型处理芯片来分，有 Intel（英特尔）芯片系列和非 Intel

芯片系列。Intel 芯片主要有 8086/8088，80286，80486 以及 80586。非 Intel 芯片系列中，最重要的是摩托罗拉公司的 MC68000 系列，如 68020，69030，68040。

按照微处理器芯片的位数可分为：16 位微型计算机（主要有 8086/8088 和 80286，已被淘汰）、32 位微型计算机（主要有 80386 和 80486）、64 位微型计算机（主要有 80586）。

1.2 计算机系统的组成

1.2.1 什么是计算机系统

一个完整的电子计算机系统包括了计算机硬件系统和计算机软件系统，其硬件组成如图 1-7 所示，其系统构成如图 1-8 所示。

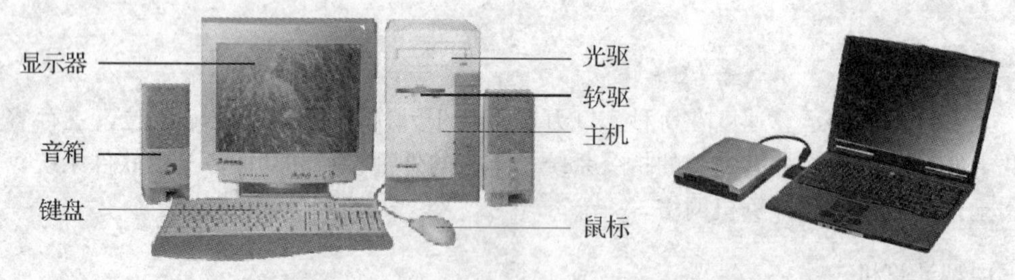

图 1-7 台式计算机和便携式计算机

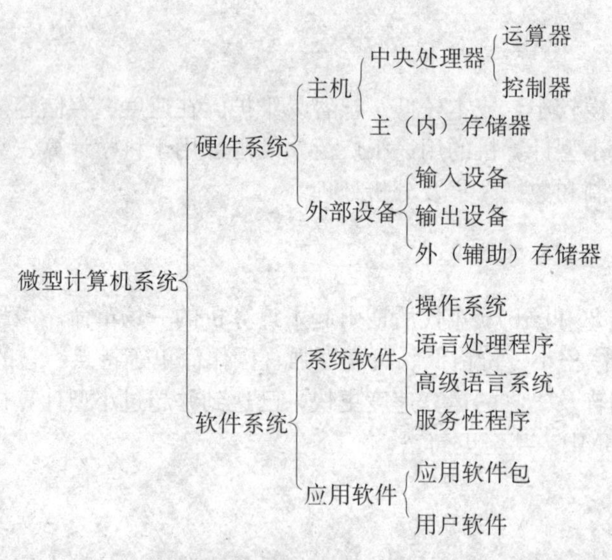

图 1-8 微型计算机系统构成

1.2.2　计算机硬件系统

运算器

运算器又称算术逻辑单元 ALU（Arithmetic Logic Unit），是用来进行算术运算和逻辑运算的部件，是计算机对信息进行加工的场所。

控制器

控制器是计算机系统的指挥中心，由一些时序逻辑元件组成，指挥计算机的各个零部件进行工作。控制器与运算器结合起来被称为中央处理器 CPU（Control Processing Unit）。中央处理器是整个计算机的核心，计算机的运算处理功能主要由它来完成。同时它还控制计算机的其他零部件，从而使计算机的各部件协调工作。可以说中央处理器的性能决定着整个计算机系统的性能。CPU 的外形如图 1－9 所示。

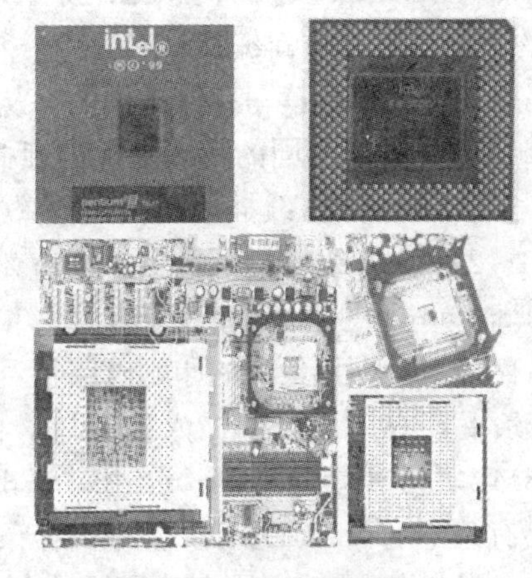

图 1－9　CPU 及插槽

内存储器

现代计算机的内存储器均由半导体存储芯片组成。内存储器按功能来分类，可分为随机存取存储器 RAM（Random Access Memory）和只读存储器 ROM（Read Only Memory），如图 1－10 所示。

图 1－10　内存储器

随机存取存储器 RAM 主要用来存放数据、用户程序和部分系统程序。RAM 的特点是它既可读出信息，又可写入信息。当计算机断电后，存放的信息将全部消失。

RAM按存储信息的原理又分为静态RAM和动态RAM。静态RAM的集成度较低且功耗较高，但外部电路较为简单。只要不断电，写入静态RAM的信息就不会消失。动态RAM是利用芯片上集成的微小电容动态的存储电荷来记忆信息的。动态RAM的集成度较高且功耗低，但写入其中的信息难以维持较长的时间。即使不断电，动态RAM中的信息也需要进行周期性的“刷新”，否则就会丢失。因此，动态RAM芯片构成存储器时，外部电路较复杂。不过，计算机存储器的控制电路能自动处理信息的刷新工作。由于目前动态RAM的价格远低于静态RAM，所以它是计算机存储器的主力军。

只读存储器ROM主要用来存放监控程序、操作系统的引导程序和基本输入输出低层模块，它的特点是用户只能读出信息，不能写入信息。存放在只读存储器中的信息可以长期保存，即使计算机断电后也不会丢失。ROM若按制造工艺来分类，可分为掩膜ROM，可编一次程序的PROM，可重复编程的EPROM或EEPROM。掩膜ROM中的信息由制造厂在生产芯片时写入；可编一次程序的PROM中的信息由用户在专用编程器上一次性写入；可重复编程的EPROM中的信息可用紫外光擦除后在专用编程器上写入，EEPROM则可方便的用电擦除并重新编程。

半导体内存储器插槽是用来插入随机读写存储条用的。从外形上看，常见的类型有30线、72线、168线和184线等几种。不同的系统主板内存插槽的种类和数量不一样。在一般386和486主板上，安装有4个30线插槽和4个72线插槽。在586主板上，大多安装有4个72线插槽和1～2个168线插槽。在Pentium 2和Pentium 3主板上一般有2～3个168线插槽。在Pentium 4的主板上，一般有2～3个184线插槽。

插入内存储器插槽的内存条是一小片条形的印刷电路板，一般上面装有2片、3片、8片或9片集成电路。内存条上还有防止反向插入的缺口。根据内存条的存储容量分类，常用内存条有1MB，8MB，16MB，32MB，64MB，128MB等多种。从速度来看早期的有60ns，70ns，近年有7ns，10ns等几种。生产内存条的国家有日本、韩国、美国等。30线的内存条每条有8位数据线，72线内存条每条有32位数据线，168线内存条每条有64位数据线。一般情况下不同的微处理器安装内存条的原则也有差异。对于486的微处理器，同类型的30线的内存条必须安装4条；若是装72线的内存条则无此限制。对于586的微处理器，同类型的72线的内存条必须装2条或4条；若是装168线的内存条，则无此限制。486微型机常配置4MB以上的内存，586微型机常配置16MB或32MB内存，Pentium 2或Pentium 3通常配置64MB以上的内存，Pentium 4通常配置256MB以上的内存。

辅助存储器

辅助存储器是计算机主存储器的补充，用来存储暂时不用的各种程序和数据文件。目前微型计算机的辅助存储器主要有：软盘存储器、硬盘存储器和只读光盘存储器(CD－ROM)。

(1) 软盘存储器。常用的软磁盘尺寸为3.5英寸，存储容量为1.44MB。

软盘存储器包括软磁盘和软磁盘驱动器两部分，如图1－11所示。软磁盘的信息载体是涂在圆形塑料薄片上的一层很薄的磁层，该圆形盘片被封装在方形保护套中。在保护套上有一个长条型孔，称为读写窗，用来供驱动器的读写磁头向软盘读写信息。对于水平安装的软盘驱动器，在软盘插入驱动器时，应该是软盘的正面向上，即读写窗在前，使用时将其轻轻插入驱动器的活动门中。

图 1—11　软磁盘及软磁盘驱动器

在 3.5 英寸软盘的保护套上，有一个保护读写窗的活动盖，平常由弹簧关闭着，可防止灰尘污染盘片。在读写信息时活动盖会自动打开。盘套的边缘有一个小方孔，称为写保护孔。孔上有一个塑料小开关，可以人为地将小孔打开或关闭。当写保护孔关闭时，软盘驱动器可以随意向盘片中写入和读出信息。当写保护孔被打开时，就只能从盘片中读出原来的信息，从而达到保护盘片数据使它不受病毒的侵袭的目的。图 1—12 是 3.5 英寸软盘示意图。

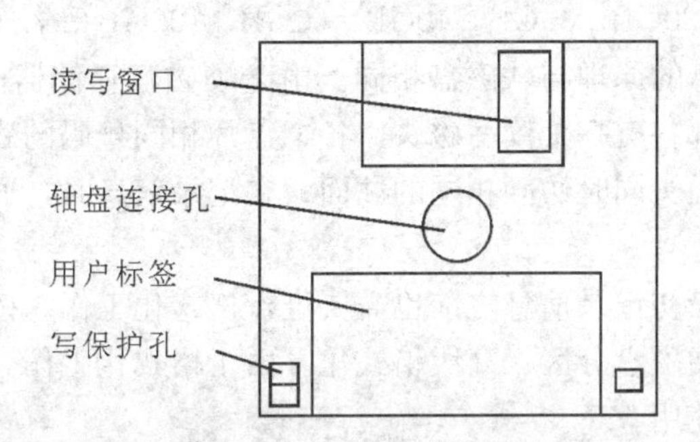

图 1—12　3.5 英寸软盘示意图

磁盘上记录的信息是按磁道和扇区来存放的。软磁盘最初存储信息之前必须进行一次格式化工作。格式化以后，盘片在逻辑上被划分为若干个同心圆环，这些圆环称为磁道。靠近盘片最外沿的是 0 号磁道，然后是 1 号磁道，依次类推。靠近盘片圆心的是最大号码的磁道（79）。每个盘片面沿径向被划为若干个扇区，每个磁道又被扇区划分成若干区段（18），每个扇区可以存储 512 个字节的信息。

软磁盘驱动器是读写软磁盘的装置。它包括：带动软盘旋转的主轴旋转系统、读写信息的磁头及定位系统等部分。当软磁盘插入驱动器中后，主轴旋转系统带动软磁盘旋转。上、下磁头紧贴在盘片的读写窗口上，由定位系统带动磁头作径向移动，在相应的磁道上读写信息。

（2）硬盘存储器。硬盘存储器是一种大容量、高可靠性、存取速度快的辅助存储器，如图 1—13 所示。目前在计算机里广泛使用的硬盘存储器是采用温彻斯特技术制造的硬磁盘。它是将磁头和硬磁盘组（若干盘片）装在一起并密封在金属盒内的，洁净的空气经过高效过滤在内部循环，保证了磁盘读写所需的高度净化条件，提高了整体性能。硬磁盘的读写磁头具有很高的定位精度，能快速准确地寻找访问的磁道，平均找道时间约十毫秒。

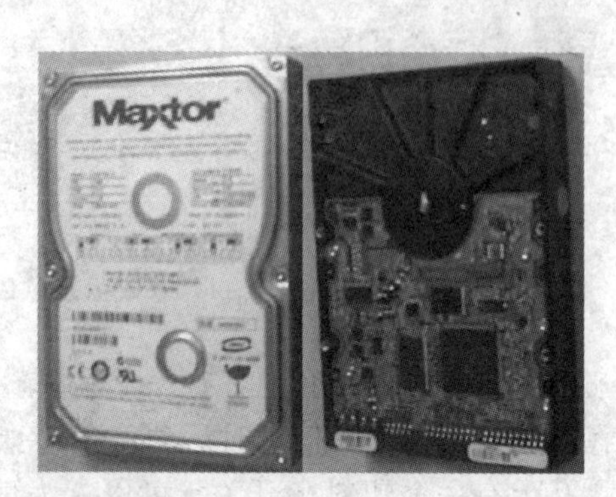

图 1－13　硬盘存储器

硬盘存储器的信息记录在硬磁盘片上。硬磁盘片的基体由铝合金制成，在其表面上涂有一层很薄的磁层。早期的硬盘容量较小，近年来硬盘的技术发展很快。常见的硬盘存储器容量有 15GB，20GB，30GB，40GB，60GB，100GB 等若干种。

硬磁盘上记录信息的原理与软磁盘相同。由于硬磁盘存储器中往往有一组磁盘片，每张盘片两个读写面都各有一个读写磁头。各个盘片相同号码的磁道形成一个“柱面”。在读写信息时，各个磁头同时访问相同的柱面；在记录信息时，通常是一个柱面写完以后再写入下一个柱面。

硬磁盘存储器在最初记录信息之前也需要进行格式化工作。按其步骤可分为三个部分，即低级格式化、硬磁盘分区、高级格式化。由于格式化工作会清除掉原来记录的有效信息，一定要慎重使用。

（3）只读光盘存储器。随着多媒体技术的普及，只读光盘存储器（CD－ROM）已成为微型计算机里最重要的一种大容量、高可靠性、存取速度快的辅助存储器，如图 1－14 所示。只读光盘存储器按读取数据的速度，可分为常速、4 倍速、8 倍速、16 倍速、24 倍速、36 倍速、40 倍速、48 倍速等多种。常速的数据传输率为每秒 150KB，由于读取数据的速度较慢，已经基本不使用了。40 倍速光驱的数据传输率为每秒 6MB，其他依此类推。速度较快的光驱功率消耗也较大，用户在对其的使用中要注意散热。

图 1－14　光盘存储器

光盘存储器包括光盘驱动器和光盘片两部分。光盘片是信息的载体。它是由透明硬质塑料制成的直径 12 厘米的圆形薄片，其中一面镀有银色的金属膜，以便采用激光束在金属膜上打孔来存储信息。一张普通只读光盘的容量为 650MB。读取信息时，用光束扫描光盘，根据有无反射光来判断信息的编码。

光盘驱动器是读取光盘信息的设备。它包含带动光盘旋转的主轴驱动电路、读取信息的光源头及定位电路。微型机上常用的光盘驱动器采用与硬盘驱动器相同的 IDE 接口。用 40 芯的扁平电缆与多功能接口板连接。光盘驱动器的正面板上有停止及出盘按钮、3.5mm 耳机插孔、耳机音量开关及工作指示灯。有的光盘驱动器上还有放音及快进按钮，可以单独播放 CD 音乐唱片。

输入输出设备

键盘和显示器是计算机最常用的输入输出设备，可以说是每套微型机必备的设备。打印机也是微型机中的常用设备。

（1）键盘。键盘是一种最常用的机械电子装置。操作员利用键盘，可以向计算机系统输入命令和数据。键盘通常配合显示器使用，是一种最方便的人机对话输入设备，如图 1－15 所示。常用的键盘有 102 个键。键盘上的按键可分为字符键和控制键两类。字符键又可分为字母键、数字键和特殊符号键；控制键是用来产生控制命令，它们大都分布在键盘的两侧，例如，格式控制键、文本编辑键、中断键、换行键等。键盘的右侧另重复设置有数字小键盘区。

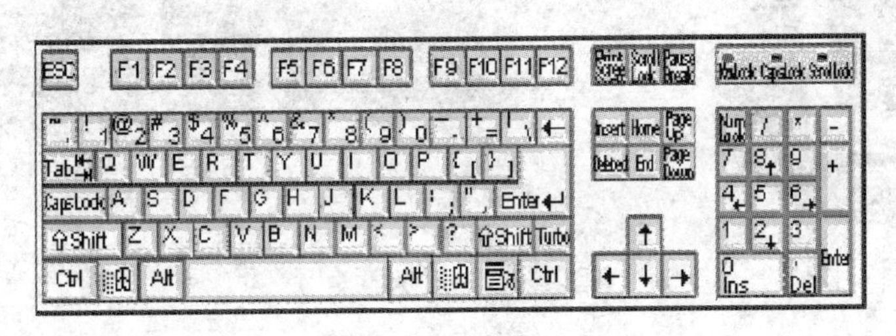

图 1－15 键 盘

在键盘中，有若干个结构相同的机械开关，分别对应各个键。从本质上看，人的按键动作，就是接通键的开关，把机械信号变成电子信号传向计算机。

早期的键盘，按键后是用机械式编码器产生相应的二进制代码。后来，都被用集成电路组成的电子编码器所代替了。电子编码，是用电子逻辑线路依次扫描每一个键，当该键按下时，则发出相应的二进制代码。这样的键盘，机械结构比较简单，手指按键的力度较轻，可靠性较高。

随着单片微处理机的发展，高档的智能键盘已广泛应用于微型机系统中。它是在键盘中设置了一个单片机，专门管理键盘功能。单片机执行固化在只读存储器里的管理程序，对重复按键和多键同时按下，都具有很好的判断能力。微型机的键盘基本上已经标准化，它通过一条 5 芯电缆与主机板相连接，把输入的信息传入计算机中。

（2）鼠标。鼠标也是一种重要的输入设置，如图 1－16 所示。它是电脑不可缺少的部件之一，特别是在图形环境和视窗环境下，鼠标发挥着键盘不可替代的作用。

图 1—16　鼠标

鼠标分为机械式和光电式两种，我们通常使用的是机械式鼠标，它是通过感知底部的小球移动轨迹向计算机传感信号的。

(3) 显示器。显示器是一种快速、无机械噪音的全电子输出设备，如图 1—17 所示。它能将计算机处理数据的结果，用字符或图形清晰地显示在屏幕上。显示器与键盘、鼠标配合，能够直观地实现人机对话。显示器具有很强的编辑功能，能够对显示的字符、图形信息进行增加、修改和删除。在现代电子计算机系统中，显示器已成为不可缺少的输出设备。

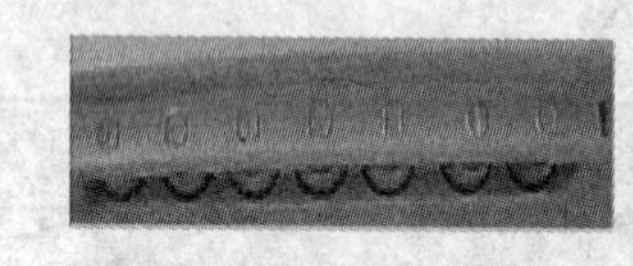

图 1—17　显示器

显示器按色彩来分类，可分为单色显示器和彩色显示器。单色显示器用于显示字符和图形，成本低、省电、显示程序主要用于低档微型机，但目前较少使用。彩色显示器分为 RGB（红绿蓝）监视器和彩色视频监视器。微型机中广泛使用的是采用彩色阴极射线管作显示屏的 VGA 显示器。VGA（Video Graphic Array）即视频图形阵列。近年来流行的液晶显示器由于体积小、重量轻、无辐射，深受用户欢迎。

显示器是计算机辅助设计的有力工具。它可以显示规则的平面图形，还可以模拟三维空间的透视图和立体图，图形还可以旋转，让人们从不同角度来观察显示物件的外形。

显示器通过一条 15 芯的电缆与相应的显示接口电路相连接。在微型机系统中，显示接口电路既可以制作在主机板上，也可以单独制作在显示接口板上，插入系统总线扩充槽与主机相连接。制作在主机板上能适当地降低产品成本；单独制作在显示接口板上能方便用户灵活选择显示系统的档次。

显示器有字符和图形两种工作方式。在字符工作方式下，每屏一般可以显示 80（行）×25（列）个字符。显示器在图形工作方式下，分辨率可分为若干种档次。分辨率是衡量显示器清晰度的技术指标。一般用整个屏幕上显示像素的行数和列数来描述分辨率。行和列的数字越大，分辨率就越高，成像的质量就越好，显示器的价格也就越贵。微型机用的显示器分辨率通常分为 640×480，800×600，1024×768，1280×1024 等类型。

显示控制适配器（又称显卡，如图 1-18 所示）。显卡用于主板和显示器之间的通信，通常插在扩展槽上。不同的显示器需要使用不同的显卡。由于显示器分为单色显示器和彩色显示器两类，所以显卡也分为两类：单色适配器和彩色适配器。在使用时，CPU 首先要将显示的数据传送到显卡的显示缓冲区，然后显卡再将数据传送到显示器上。显示控制适配器除了分辨率的技术指标外，还有一项重要的指标是像素的色彩数。微型机常用的显示接口电路像素的色彩有 16 色、256 色、32K 色、64K 色、16M 色等多种。像素的色彩数主要与显示缓冲存储器的容量有关。常见的显示缓存有 2MB，4MB，8MB，16MB，32MB 等多种容量。

图 1-18 显示控制适配器

（4）打印机。打印机是应用最多的硬拷贝输出设备，它把主机输出的程序、数据、运算结果，按照所要求的不同形式输出到纸上。随着计算机的发展，打印机的功能也不断完整。最初的打印机只能打印字符，现在，各种能打印图形、汉字、彩色照片的打印机都广泛地进入了应用领域。常用的打印机有点阵针式打印机、喷墨打印机、激光打印机等。

点阵针式打印机具有价格便宜、打印成本低廉、维修简单、可以打印蜡纸等优点，现在仍有一定的市场。它主要由打印头、字车及定位机构、色带架及传动机构、走纸机构等组成。打印头安装在字车上，能左右横向移动。在打印头上竖直的排列着一列或两列钢针，根据其针数的多少，可将打印机分为 9 针、16 针和 24 针等几种。现在针式打印机中，最常用的是 24 针打印机。

点阵针式打印机的工作原理是以电磁铁控制钢针击打色带，将颜色转印到纸上。每根钢针击打出一个小圆点，用点阵图形来构成各种字符。英文字符可以用 9×7 的点阵，汉字用 24×24 的点阵。构成字符的点数越多，字形的笔画就越平滑、好看。

针式打印机主要消耗材料是色带。缺点是使用时噪声较大，输出的图形分辨率不高，并且打印头容易断针。有些型号的针式打印机虽可以通过采用不同颜色的色带来达到打印彩色图形的目的，但效果较差。因此，针式打印机一般主要使用单色打印功能。

随着计算机技术的发展和工作环境的改善，喷墨打印机和激光打印机以其优良的打印质量和较快的打印速度受到中、高档用户的欢迎。目前，喷墨打印机和激光打印机已经占领了大部分市场。

喷墨打印机采用了从小孔喷出墨水的方法改进了针式打印机的击打方式，使得打印噪声大为降低。若使用彩色墨水，能方便的得到质量较高的鲜艳图像。喷墨打印机价格也比较便宜，输出的图形分辨率较高，每英寸的分辨率可达到720点以上，是普通针式打印机的4倍。它的缺点是墨水较贵，打印成本较高。

激光打印机是一种先进的硬拷贝输出设备。它具有打印速度快，噪声很小，印字质量高的特点。印字速度可达每秒钟数十行至数百行，分辨率可达每毫米约20个点，从发展趋势看，是一种较为理想的输出设备。

激光打印机由激光头、光导鼓、墨粉盒、走纸机构、定影机构等部分组成。它的工作原理是将字符、图形的视觉信息以电荷的形式存储在光导鼓上，墨粉颗粒受到光导鼓电荷的吸引，被转移到纸上形成一定的图形。携带墨粉的纸通过定影机构加热，将墨粉融化印刷在纸上。单色激光打印机使用黑色的墨粉，彩色激光打印机使用彩色墨粉。现在，普通单色激光打印机的价格也下降了很多。特别是A4纸幅面的激光打印机其价格已经较接近喷墨打印机的价格，并且打印速度很快，每分钟可达到6页以上，印出的字符、图形分辨率也较高，噪声很小。缺点是它的光导鼓和墨粉价格较贵，且光导鼓寿命有限，需要定期更换，使得打印成本较高。彩色激光打印机结构精密，控制系统复杂，随着技术的进步，价格也逐步下降，成为高档办公用户的有效工具，如图1－19所示。

图1－19　打印机

1.2.3　计算机软件的概念

计算机软件

如前所述，计算机是依靠硬件和软件的协同工作来完成某一给定任务的。一个完整的计算机系统包括硬件和软件系统两大部分。

人们通常把为了使计算机实现预期的目标而设计的一系列执行步骤称为程序。程序可以用机器指令来编写，也可以用程序设计语言来编写。那么什么是计算机软件呢？广义地讲，软件是指系统中的程序以及开发、使用和维护程序所需要的所有文档的集合。

计算机系统的软件极为丰富，要对软件进行恰当的分类是相当困难的。通常的分类方法是将软件分为系统软件和应用软件两大类。

系统软件

系统软件是计算机系统的一部分，它是为支持应用软件而运行的。为用户开发应用系统提供一个平台，用户可以使用它，一般不随意修改它。

为了使计算机系统的所有资源（包括中央处理器、存储器、各种外部设备及各种软件）协调一致，有条不紊地工作，就必须有一个软件来进行统一管理和统一调度，这种软件被人们称为操作系统。它的功能就是管理计算机系统的全部硬件资源、软件资源及数据资源，使计算机系统所有资源最大限度地发挥作用，为用户提供方便的、有效的、友善的服务界面。

操作系统是一个庞大的管理控制程序，它大致包括如下五个管理功能：进程与处理机调度、作业管理、存储管理、设备管理、文件管理。实际的操作系统是多种多样的，根据侧重面不同和设计思想不同，操作系统的结构和内容存在很大差别。对于功能比较完善的操作系统，应具备上述五个部分。

操作系统一般可分为：多道批处理系统，分时系统，实时系统，网络操作系统，分布式操作系统，单用户操作系统等。目前在微机上常见的操作系统有 DOS，OS/2，UNIX，XENIX，LINUX，Windows 98，Windows NT，NetWare 等。

①实时操作系统是对外来的作用和信号，在限定时间范围内能作出响应的系统。常用的系统有 RDOS 等。

②分时操作系统对一台 CPU 连接多个终端，CPU 按照优先级分配给各个终端时间片，轮流为各个终端服务，由于计算机高速的运算，使每个用户感觉到自己独占这台计算机。常用的系统有 UNIX，XENIX，LINUX 等。

③批处理操作系统是以作业为处理对象，连续处理在计算机系统运行的作业流。

④单用户操作系统按同时管理的作业数可分为单用户单任务操作系统和单用户多任务操作系统。单用户单任务操作系统只能同时管理一个作业运行，CPU 运行效率低，如 DOS。单用户多任务操作系统允许多个程序或多个作业同时存在和运行。目前常用的操作系统有：Windows 3. x 是基于图形界面的 16 位单用户多任务的操作系统，近年来广泛用于个人微机。Windows 95 或 Windows 98 是继 Windows 3. x 后对 Windows 操作系统的一次重大升级，是 32 位多任务操作系统，具有支持接口板的“即插即用”；支持 USB；内建的网络功能，可以方便地联网；提供 Internet 等新功能，可以在 Windows 中访问 Internet 信息服务。

⑤网络操作系统（NOS）是运行在局域网上的操作系统。目前，常用的网络操作系统有 NetWare 和 Windows NT。NetWare 是 Novell 公司的产品，是一个基于文件服务和 Novell 目录服务的网络操作系统，它能支持各种智能化网络解决方案。如果想更多地了解 Netwell，可查阅网址“http：//www. novell. com. cn”。Windows NT 是 Microsoft 公司的产品，是基于图形界面 32 位多任务的、对等的网络操作系统。Windows NT 支持对称多处理器系统。Windows NT 有两种产品，Windows NT Workstation 是作为工作站上使用的操作系统，Windows NT Server 是网络服务器操作系统。Windows NT Servers 又分标准版和企业版，标准版支持 4 个以下 CPU 的对称多

处理系统，企业版支持 4 个以上 CPU 的对称多处理系统。想更多地了解 Windows NT，可查阅网址“http://www.microsoft.com”。

语言处理程序

编写计算机程序所用的语言是人与计算机之间交换的工具，一般可分为机器语言、汇编语言和高级语言。

（1）机器语言。机器语言是计算机系统所能识别的，不需要翻译直接供机器使用的程序设计语言。机器语言中的每一条语句（机器指令）实际是二进制形式的指令代码，它由操作码的二进制编码和操作数的二进制编码组成。它的指令二进制代码通常随 CPU 型号的不同而不同（同系列 CPU 一般向下兼容）。通常不用机器语言直接编写程序。

（2）汇编语言。汇编语言是一种面向机器的程序设计语言，它是为特定的计算机或计算机系列设计的。汇编语言采用一定的助记符号表示机器语言中的指令和数据，即用助记符号代替了二进制形式的机器指令。这种替代使得机器语言“符号化”，所以也称汇编语言是符号语言。每条汇编语言的指令就对应了一条机器语言的代码，不同型号的计算机系统一般有不同的汇编语言。

汇编语言的指令可分为硬指令、伪指令和宏指令三类。硬指令是和机器指令一一对应的汇编指令。伪指令是由汇编语言的需要而设立的，它不能够像硬指令那样对应机器指令。它的作用是指示汇编程序完成某些特殊的功能。宏指令是用硬指令和伪指令定义的可在程序中使用的指令。一条宏指令相当于若干条机器指令，使用宏指令可以使程序简单明了。

但是，计算机硬件只能识别机器指令，执行机器指令，对于用助记符表示的汇编指令是不能执行的。汇编语言编写的程序要执行的话，必须用一个程序将汇编语言程序翻译成机器语言程序，用于翻译的程序称为汇编程序（汇编系统）。

汇编程序是将用符号表示的汇编指令码翻译成为与之对应的机器语言指令码。用汇编语言编写的程序称为源程序，变换后得到的机器语言程序称为目标程序。

（3）高级语言。从 20 世纪 50 年代中期开始到 70 年代陆续产生了许多“高级算法语言”，这些高级算法语言中的数据用十进制来表示，语句用较为接近自然语言的英文字来表示。它们比较接近于人们习惯用的自然语言和数学表达式，因此称为高级语言。高级语言具有较大的通用性，尤其是有些标准版本的高级算法语言，在国际上都是通用的。用高级语言编写的程序能使用在不同的计算机系统上。

但是，对于高级语言编写的程序，计算机是不能直接识别和执行的。要执行高级语言编写的程序，首先要将高级语言编写的程序翻译成计算机能识别和执行的二进制机器指令，然后供计算机执行。

一般将用高级语言编写成的程序称为“源程序”，而把由源程序翻译成的机器语言程序或汇编语言程序称为“目标程序”。把用来编写源程序的语言（高级语言或汇编语言）称为“源语言”，而把和目标程序相对应的语言（汇编语言或机器语言）称为“目标语言”。

计算机将源程序翻译成机器指令时，通常分两种翻译方式：一种为“编译”方式，另一种为“解释”方式。所谓编译方式是首先把源程序翻译成等价的目标程序，然后再执行此目标程序。而解释方式是把源程序逐句翻译，翻译一句执行一句，边翻译边执行。解释程序不产生将被执行的目标程序，而是借助于解释程序直接执行源程序本身。一般将高级语言程序翻译成汇编语言或机器语言的程序称为编译程序。常用的高级语言有以下几种。

①FORTRAN 语言是在 1954 年提出，1956 年实现的，适用于科学和工程计算，目前应用面还较广。

②PASCAL 语言是结构化程序设计语言，适用于教学、科学计算、数据处理和系统软件开发等，目前逐渐被 C 语言所取代。

③C 语言程序简练、功能强，适用于系统软件、数值计算、数据处理等，目前成为高级语言中使用得最多的语言之一。现在较常用的 Visual C++是面向对象的程序设计语言。

④BASIC 语言是初学者语言，简单易学，人机对话功能强。至今 BASIC 语言已有许多高级版本，尤其 Visual Basic For Windows 是面向对象的程序设计语言，给非计算机专业的广大用户在 Windows 环境下开发软件带来了福音。

⑤Java 语言是一种新型的跨平台分布式程序设计语言。Java 以它简单、安全、可移植、面向对象、多线程处理和具有动态等特性引起世界范围的广泛关注。Java 语言是基于 C++的，其最大特色在于“一次编写，处处运行”。但 Java 语言编写的程序要依靠一个虚拟机 VM（Virtual Machine）才能运行。

联接程序

联接程序又称为组合编译程序或联接编译程序。它可以把目标程序变为可执行的程序。几个被分割编译的目标程序，通过联接程序可以组成一个可执行的程序。将源程序转换成可执行的目标程序，一般分为两个阶段：

①翻译阶段。提供汇编程序或编译程序将源程序转换成目标程序。这一阶段的目标模块由于没有分配存储器的绝对地址，仍然是不能执行的。

②联接阶段。这一阶段是用联接编译程序把目标程序以及所需的功能库等转换成一个可执行的装入程序。这个装入程序分配有地址，是一可执行程序。

诊断程序

诊断程序主要用于对计算机系统硬件的检测。它能对 CPU、内存、软硬驱动器、显示器、键盘及 I/O 接口的性能和故障进行检测。对于微机目前常用的诊断程序有 QAPLUS，PCBENCH，WINBENCH，WINTEST，CHECKITPRO 等。

数据库系统

数据库系统是 20 世纪 60 年代后期才产生并发展起来的，它是计算机科学中发展最快的领域之一。其主要是面向解决数据处理的非数值计算问题，目前大多用于档案管理、财务管理、图书资料管理及仓库管理等领域中进行数据处理。这类数据的特点是数据量比较大，数据处理的主要内容为数据的存储、查询、修改、排序、分类等。数据库技术是针对这类数据的处理而产生发展起来的，至今仍在不断地发展、完善。

数据库系统是一个复杂的系统，通常所说的数据库系统并不单指数据库和数据库管理系统本身，而是将它们与计算机系统作为一个总体而构成的系统看作数据库系统。数据库系统通常由硬件、操作系统、数据库管理系统（DataBase Management System，简称 DBMS)、数据库及应用程序组成。

数据库是按一定的方式组织起来的数据的集合，它具有数据冗余度小、可共享等特点。数据库管理系统的作用是管理数据库，一般具有：建立数据库，编辑、修改、增删数据库内容等对数据的维护功能，对数据的检索、排序、统计等使用数据库的功能，友好的交互式输入/输出能力，使用方便、高效的数据库编程语言，允许多用户同时访问数据库，提供数据独立性、完整性、安全性的保障。

不同的数据库管理系统是以不同方式将数据组织到数据库中，组织数据的方式称为数据模型。数据模型一般有三种形式：层次型——采用树型结构组织数据，网络型——采用网状结构组织数据，关系型——以表格形式组织数据。目前，常用的 DBMS 有：DB2，SQLServer，SYBASE，ORACLE 等。

数据仓库

数据仓库是近年来迅速发展起来的一种存储技术，是近两年来计算机领域的一个热门话题，也是今后数据库市场的一个主要增长点。什么是数据仓库？目前，业界对数据仓库还没有一个统一的定义。但几乎一致的观点是：数据仓库绝不是数据的简单堆积。被誉为数据仓库之父的 Bill lnmon 对数据仓库是这样定义的："数据仓库是面向主题的、集成化的、稳定的、随时间变化的数据集合，用以支持决策管理的一个过程"。所以，数据仓库的主要服务对象是企业或机构中的高层领导或决策人士，是向他们提供分析型战略数据的一种数据存储与管理方式。显然，数据仓库的基础是数据库，但又不同于数据库。它存储大量的、决策分析所必需的、历史的、分散的、详细的操作数据，经过处理能将这些数据转换成集中统一、随时可用的信息。目前，几家主要的数据库厂商和软件厂商已都加入到数据仓库产品的开发中来。

应用软件

应用软件是指计算机用户利用计算机的软、硬件资源为某一专门的应用目的而开发的软件。例如：科学计算、工程设计、数据处理、事务管理、过程控制等方面的程序。

(1) 文字处理软件。其主要用于将文字输入到计算机，存储在外存中，用户能对输入的文字进行修改、编辑，并能将输入的文字以多种字体、多种字型及各种格式打印出来。目前常用的文字处理软件有 WPS，Microsoft Word 等。

(2) 表格处理软件。表格处理软件主要处理各式各样的表格。它可以根据用户的要求自动生成各式各样的表格，表格中的数据可以输入也可以从数据库中取出。可根据用户给出的计算公式，完成复杂的表格计算，计算结果自动填入对应栏目里。如果修改了相关的原始数据，计算结果栏目中的结果数据也会自动更新，不需用户重新计算。一张表格制作完后，可存入外存，方便以后重复使用，也可以通过打印机将表格打印出来。目前常用的表格处理软件有 Microsoft 公司的 Excel 等。

（3）辅助设计软件。计算机辅助设计（CAD）技术作为近二十年来最具有成效的工程技术之一。由于计算机有快速的数值计数、较强的数据处理以及模拟的能力，因此目前在汽车、飞机、船舶、超大规模集成电路 VLSI 等设计、制造过程中，CAD 占据着越来越重要的地位。计算机辅助设计软件能高效率地绘制、修改、输出工程图纸，帮助设计人员进行常规计算和寻找较好的方案。设计周期大幅度缩短，而设计质量却大为提高。应用该技术能使各行各业的设计人员从繁重的绘图设计中解脱出来，使设计工作计算机化。目前常用的软件有 AutoCAD 等。

（4）实时控制软件。在现代化工厂里，计算机普遍用于生产过程的自动控制，例如，在化工厂中，用计算机控制配料、温度以及阀门的开闭；在炼钢车间，用计算机控制加料、炉温、冶炼时间等；在发电厂，用计算机控制发电机组等。

用于生产过程自动控制的计算机一般都是实时控制，对计算机的速度要求不高，但可靠性要求很高，否则会生产出不合格产品，或造成重大事故。

用于控制的计算机，其输入信息往往是电压、温度、压力、流量等模拟量，要先将模拟量转换成数字量，然后计算机才能进行处理或计算。处理或计算后，以此为依据，根据预定的控制方案对生产过程进行控制。这类软件一般统称为 SCADA（Supervisory Control And Data Acquisition，监察控制和数据采集）软件。目前，比较流行的 PC 机上的 SCADA 软件有 FIX，InTouch，Lookout 等。

计算机系统的层次结构如图 1－20 所示：

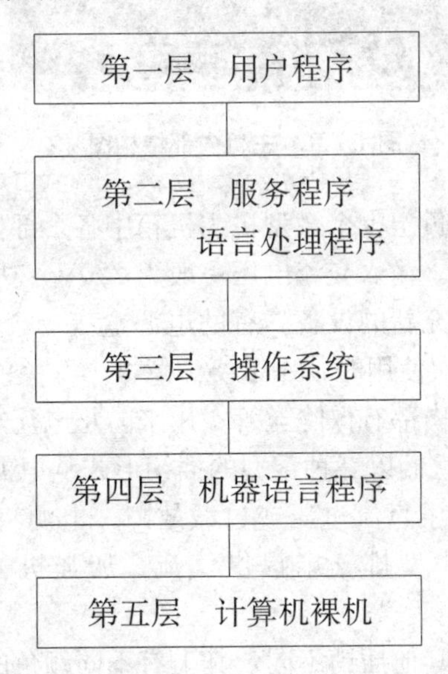

图 1－20　计算机系统层次结构示意图

第一层（也是最外层）是用户程序，它是面向问题的语言。

第二层是服务程序及语言处理程序。

第三层是操作系统。它管理和控制着计算机系统中的软、硬件资源。

第四层是机器语言程序。能直接操纵计算机的硬件运行。

第五层是计算机裸机，即由电子线路构成的计算机硬件设备。

1.2.4 微型计算机

微型机主机箱

微型机主机箱内有电源盒、系统主板、显示器接口板、多功能接口板、硬盘驱动器、软盘驱动器、小扬声器。只读光盘驱动器也是常用的选件。主机箱的结构如图1－21 所示。

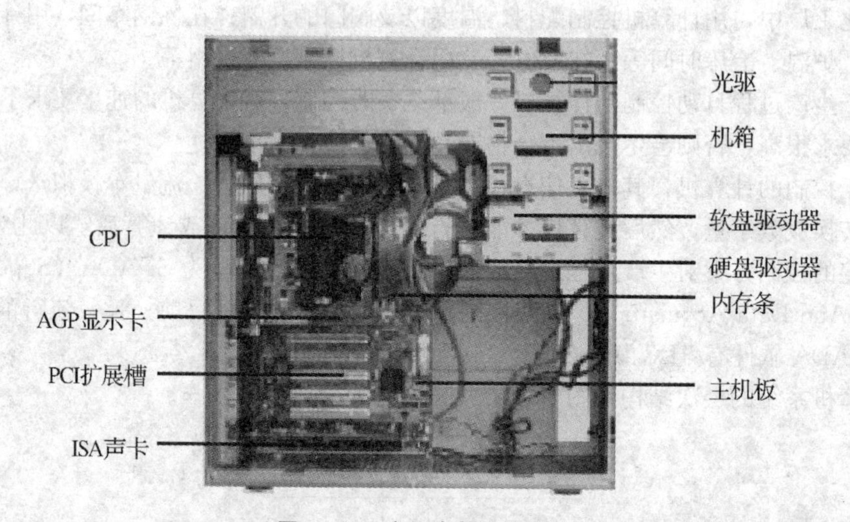

图 1－21 主机内部结构图

(1) 电源盒。电源盒是负担整个微型机主机箱中各个部件的供电设备，通过它把普通交流电转换为低压直流电。输入交流电压一般为 220V，功率从 140W～250W 不等。

功率大的电源盒便于扩充新的设备。有的电源盒有一个 220V/110V 转换开关，便于使用 110V 交流电。在初次使用时，一定要注意这个开关的位置，使输入的交流电压符合电源箱的要求。电源盒内部有保险丝管，用来防止电流短路。电源箱输出的直流电压主要有：±5V、±12V，它们以三种类型的插销形式从电源箱中引出。所有电压都具有过压过载保护装置。若发生直流过压或过载故障，电源将自动关闭，直至故障被清除。在电源箱上，有一个小型排气扇提供气流，加强机箱内部散热以使电源能连续工作。

插向主板的电源插销与其他插销不同，其上有不同颜色的引线，要注意插销的一侧有锁扣，插拔的时候要小心，不要弄错。

电源箱其余的输出插销都是 4 孔的，它们用来给软、硬盘驱动器和光盘驱动器供给 +5V 和 +12V 的直流电。除了 3.25 英寸软盘驱动器用的电源插销外形较小外，其余的插销是相同的，可以通用。插销的横断面上下不是对称的，可防止反向插入。在插入相应驱动器的时候，要注意它的插口方向。

（2）*系统主板*。微型机的系统主板品种繁多，价格差异也很悬殊。根据CPU的不同，主板类型有286型主板、386型主板、486型主板、Pentium型主板、Pentium 2型主板、Pentium 3型主板、Pentium 4型主板等很多种，并且时钟频率也有较大的差别。系统主板是整个计算机的核心，它安装在主机箱的底板上。系统主板上有：微处理器、半导体存储器插槽、系统总线插槽及控制电路、键盘接口电路、扬声器控制电路等。优良的系统主板上常常还包括了显示器接口和多功能接口电路。多功能接口电路通常包括有一个硬盘驱动器插座、一个软盘驱动器插座、一个标准打印机并行口、两个串行口、一个游戏接口，如图1—22所示。

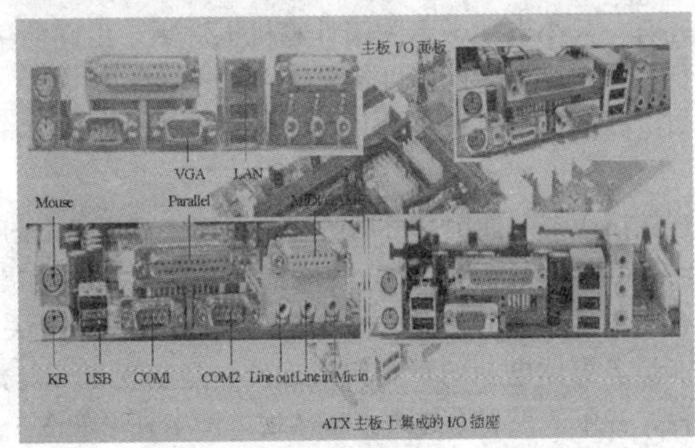

图1—22 主板

40针的硬盘驱动器插座是IDE（或增强IDE）标准接口，用两端共带有3个插销的40芯扁平电缆连接1~2台硬盘驱动器或1台硬盘驱动器和1台光盘驱动器。插入硬盘或光盘驱动器的两个插销口是相同的，可以任意使用。

34 针的软盘驱动器插座，通过 34 芯扁平电缆连接 1~2 台软盘驱动器。近年来，随着 USB 电子优盘逐渐兴起（如图 1－23 所示），软盘驱动器也将淡出市场，目前只作为台式计算机的保留设备。

图 1－23　U 盘

标准打印机并行口用来连接打印机，在计算机主机箱上的插座为 25 芯的 D 型插座。有两个串行口，可以用其中一个来连接鼠标，另一个备用。连接鼠标的串行口插座一般为 9 针，另一个串行口插座为 25 针。游戏接口用于连接游戏杆，一般很少使用。

在优良的系统主板上往往已经配备上以上接口，否则就必须另外添置多功能接口板，并将它插入系统主板的总线槽中。为了节省成本，很多主板上还集成了声卡、网卡等。

系统总线插槽类型有几种，最常用的是 ISA 总线插槽和 PCI 总线插槽。ISA 总线的数据是 16 位的，PCI 总线是 32 位的，它们的插槽外形不同，用来插入相应的扩充设备接口板。ISA 总线是前几年流行的总线形式，有较多的各种外部设备接口板。PCI 总线是当今流行的总线形式，它的数据传输率较高。高质量的外部设备都配有相应的 PCI 接口板。在大多数 586 主板上至少安装有 3 个 ISA 总线插槽和 3 个 PCI 总线插槽。同类的插槽原则上没有顺序的区别，可以通用。

在系统主板的后部，有一个 5 芯键盘插座，可插入 101 或 102 键标准键盘。

在系统主板上还有一只小电池，当关闭计算机电源后，由它向主板上的 CMOS 芯片提供电源，以维持芯片中存储的计算机系统硬件配置信息。

在有显示器接口电路的系统主板的后部，有一个 15 针的 D 型插座用于连接 VGA 彩色显示器。

主板的前部有连接扬声器的插销，可用两芯电缆连接到机箱上的小扬声器上。扬声器为 2.25 英寸的音频喇叭，阻抗为 8 欧。一般情况下，它起系统提示和告警的作用。通常主板的前部还有复位插座，也可用线连接到机箱正面的复位开关上。

（3）声卡。声卡是多媒体电脑的重要组成部件，是实现音频与数字信号转换的部件。各种游戏、影音、音乐效果都通过声卡来体现，声卡外形如图 1－24 所示。声卡主要用于声音的录制、播放和修改，或者播放 CD 音乐、乐曲文件等。

图 1－24　**声卡**

1.2.5　计算机的工作原理

冯·诺依曼型计算机

1945 年，一组工程师开始进行一项秘密工程——建造“电子离散变量自动计算机”，简称为 EDVAC。此前，在美国只建造了一台能够运行的计算机。约翰·冯·诺依曼（见图 1－25）这位杰出的数学家在一个报告中对 EDVAC 计划进行了描述。冯·诺依曼的报告被称为“在计算机科学史上最具影响力的论文”。该报告是最早专门定义计算机部件并描述其功能的文档。在该报告中，冯·诺依曼使用了术语“自动计算系统”。现在，在广泛应用当中已经摒弃了这一繁琐的术语，而代之以更短的术语“计算机”或“计算机系统”。基于冯·诺依曼论文中提出的概念，我们可以将“计算机”定义为一种可以接受输入、处理数据、存储数据并产生输出的装置。

图 1－25　**冯·诺依曼**

存储程序工作原理

存储程序原理，就是把人预先编好的程序和数据，通过一定的方式送到计算机的存储器中保存起来。工作时，计算机自动地去取出第一条指令，执行后，又自动取下一条指令。程序指令和运算数据以同样方式保存在计算机的存储器中。

冯·诺依曼型计算机有以下特点：

①在计算机中，所有的信息都用二进制编码来表示。包括运算过程、运算指令、运算的对象数据，都按一定的规则用二进制数编码。

②表示指令和数据的二进制码同等的存储于存储器中。

③存储器中各个存储单元的地址按线性进行二进制编码，根据访问的地址，可以存取指令和数据。

④指令由操作码和地址码组成，操作码指明本次操作的性质，地址码指出操作数的存储单元。指令按顺序连续存放在存储器中。

总线

什么是总线？它是连接计算机各部件的一组公共信号线，是计算机中传送信息的公共通道。总线由地址总线、数据总线、控制总线等三部分组成。

在电子计算机中，采用总线传送信息，有两条明显的优点：

①可以减少机器中信息传输线的条数，使机器的可靠性得到提高。计算机中，当各个部件、各个寄存器和外部设备之间传送信息时，都利用总线这个公共通路进行。因此就避免了各个部件间相互单独的直接连线，减少了信息传送线的数量，简化了机器的结构，也就提高了整机的可靠性。

②增加了计算机扩充设备的灵活性。计算机的内存储器及外部设备，都可以在总线上占有相应的地址端口。要扩充内存容量或增加新的外部设备，可以很灵活方便地接在总线上。通常，采用标准的总线插座来连接各个部件的插件板。假若要取下某个部件，只需拔下相应的插件板，其余部分不会受到影响。

电子计算机的系统总线结构随着计算机技术的进步也在不断发展。在微型机中，系统总线的基本形式是以存储器为中心的双总线结构。总线结构如图1-26所示。

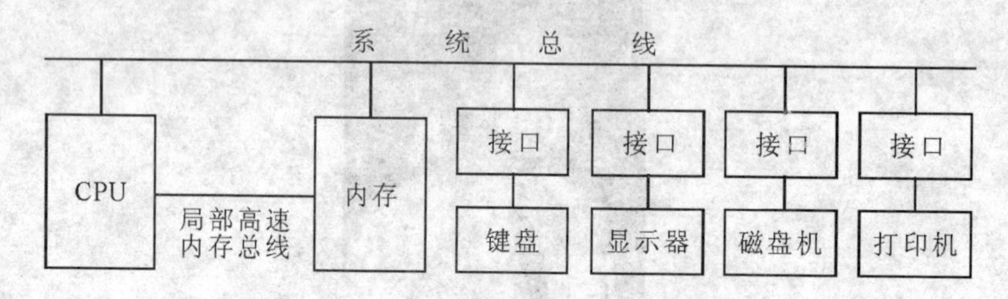

图1-26 以内存储器为中心的双总线结构

以存储器为中心的双总线结构的特点，是将包括微处理器、内存储器在内的各个设备都挂在系统总线上。每个设备都成为系统总线的一个子系统。中央处理机操纵外部设备，就像操纵内存储器一样方便。在内存储器与外部设备交换信息的时候，也不影响微处理器内部的工作。由于系统总线的物理结构较长，使信息交换速率受到一定的限制。通常，微处理器与内存储器的信息交换非常频繁，对数据的传输率要求很高，仅靠系统总线传送数据吞吐量难以胜任。为了改善系统综合性能，在微处理器和内存储器之间又增设了一条较短的局部高速存储总线，专门传送处理器与存储器之间的信息。

采用这种结构形式后，内存储器成为计算机的中心。由于微处理器与内存储器之间距离较近，可以用较低的成本制作一条传输速率很高的内存总线，以满足中央处理机高速交换信息的要求。外部设备相互之间交换信息的时候，也不会影响主机的操作。

在总线中除了地址线、数据线、控制线之外，常常还包括电源线和公共地线以及未定义的备用线等。

计算机采用了总线结构后，提高了机器的系统效率和处理速度，使系统易于扩充。总线结构还大大减少了硬件的故障率，简化了设备的结构，降低了成本。近年来，已经形成了一些较成熟的标准形式的总线类型，它们大多包括几十根以至几百根信号线。不同的外部设备，要连到总线上去都有其相应的标准接口板，可供用户灵活选用。

计算机的解题过程

（1）准备工作。①建立数学模型。科学研究和工程实际问题的求解，必须先归纳为数学问题的求解。要借助计算机解决实际问题，先应将研究对象的变化规律用数学方程组描述出来。通常把代表某种实际问题的数学方程组称为该问题的数学模型。只有建立了数学模型，才可以使用计算机来求得它的解。

②确定计算方法。一个对应实际问题的数学模型，有可能是非常复杂的。要求解这个复杂的数学方程式，可能有各种算法。要尽量选择一种简单、可靠、具有实效的算法。对于某些函数，计算机中尚未有它的直接算法，需要将其简化为近似公式来计算。

③选定程序设计语言。程序设计语言是用于书写计算机可执行命令和语句的集合，一般也泛称编程语言。程序设计语言有很多种类，各有其特点。每个程序设计语言定义了一套特定的语法和规则，并有描述计算过程的语句。在一定的运算环境下，计算机能按要求执行这些语句。有的编程语言执行速度快，但编程语句复杂；有的编程语言执行速度稍慢，但编程语句简单。可根据求解问题的性质和个人的喜好选用最合适的程序设计语言。

④编制解题程序。编制解题程序，就是把普通的计算公式，变成计算机能执行的计算步骤。通常情况下，一条语句可以对应一个计算步骤。在编制程序的时候，一定要注意程序结构的明晰，要有明确的语句注释，即程序要有较强的可读性。否则，程序容易出错，将来也不易修改和扩充。

（2）计算机硬件的解题过程。计算机的所有工作都是由程序来安排的。程序是完成某一特定任务的一系列指令的集合。计算机的工作过程也就是执行指令序列的过程。原始数据及事先编制好的程序，由输入设备送入存储器中。一般情况下，用户编制的源程序并不是计算机能立即执行的机器指令程序，而是与普通数学语句相似的高级语言源程序。这样的源程序需要经过编译或解释，变成相应的机器语言指令序列，即变成可执行程序，才能由计算机直接执行。

运行可执行程序时，微处理器按一定的顺序一条一条的执行机器指令。一条机器指令执行过程可分为取指令和执行指令两个阶段。取指令阶段对于所有机器指令基本都是相同的操作，而执行指令阶段所完成的操作取决于该指令的操作性质。

计算机执行机器指令的过程简要叙述如下：

①开始执行程序时，将程序第一条指令的存放地址即入口地址送入指令计数器中。用以指示当前要执行的指令存放在存储器的哪一个单元。

②微处理器通过地址总线将指令计数器的内容送往存储器，同时通过控制总线向存储器发出“读”命令，读出的指令通过数据总线送往指令寄存器。

③在读出指令后，指令计数器自动加“1”，以获得下一条指令所在存储单元的地址。

④微处理器对指令操作码进行译码，分析指令的操作性质。再根据译码结果发出完成该指令所需的控制信号。

⑤如果被执行的指令需要从存储器中取操作数，则微处理器根据指令中的地址码并通过地址总线向存储器发出该操作数的存放地址，同时通过控制总线向存储器发出读数命令，被读出的操作数通过数据总线再回送入微处理器。

⑥执行指令所规定的操作。机器指令的操作主要有：算术运算、逻辑运算、数据传送、输入输出、控制运算状态等若干种类。所以机器指令都由控制器进行协调管理，接通有关电子线路，具体进行操作。

⑦一条机器指令执行完毕后，微处理器接着执行下一条指令。如此周而复始，直至完成整个程序的预定任务。

1.3 微型机系统

1.3.1 微型机系统主要技术指标

计算机的主要性能指标

若对一台电子计算机的性能作全面评价，需要考虑多种指标。而且，用途不同的计算机其着眼点也不一样。在计算机硬件设备方面，通常有以下一些基本性能指标。

（1）字长。计算机用单条指令处理的基本信息单位称为计算机字，也叫机器字。它是由中央处理机作为一个单元来处理的数。字长是指计算机字中所包含的二进制数的位数。它标志着中央处理机的精度。字长越长，说明计算机一次运算能处理的有效位数越多，则该计算机的精度也就越高。一个计算机字长由多少二进制位组成，取决于该计算机的体系结构。它由运算器、控制器、存储器等共同决定。

计算机把一个字作为一个整体来对待，一个字占据一个存储单元。由于不同的计算机系统的机器字长度可能不一样，为了便于交换信息，特别规定 8 位二进制数为一个字节。对于运算器和存储器来说，一个或几个字（或字节），是一个数据，即数据字。在处理数据时，数据字是被当作一个数值来处理的整体。对于控制器来说，由一个或几个字（或字节）组成一条机器指令，即指令字。

早期的微型机的字长以 8 位、16 位为主。目前，微型机的字长已经达到 32 位。小型机以 64 位为主，大型机一般为 64 位以上。

（2）存储器容量。内存容量的表示方法，在以字为单位的计算机中，常用字数乘以字长来表示。例如，某计算机的存储器容量为32768×16，表示有32768个内存储单元，每个单元字长为16位。近年来，习惯上常用字节（Byte）来表示内存容量。在二进制数中，每个“0”或“1”是信息的最小单位，又叫做二进制位，简称“位”（bit）。在计算机中，习惯上将数量1024称为1K，1024K称为1M（兆），1024M称为1G（吉），1024G称为1T（太）。例如，某微型机的内存容量为256MB，即表示有256兆字节。

计算机内存容量的变化范围很大。同一种机器能根据用户需要，配置其需要的内存容量。最大的内存容量一般受地址码长度的限制。早期的8位微型机内存储器容量小于64K字节。现在，操作系统发展很快，高档多媒体微型机的内存容量在几百兆字节以上。大型机的内存容量多达几百吉字节。

外存常用磁盘存储器。磁盘存储器的容量常以字节数来表示。硬盘驱动器的容量为几十吉字节，软盘驱动器的容量一般为几百千字节至几兆字节。

(3) *运算速度*。运算速度可以用每秒钟能执行多少条指令数来表示。单位为：次/秒。因为执行不同的指令所需的时间不一样，表示其运算速度就有三种方法。第一种方法是以加减运算类型的最短指令为标准来计算速度。如早期的国产DJS－130机作定点加法的速度为50万次/每秒。第二种方法，是鉴于不同类型的指令执行速度有差别，并且在机器运算过程中出现的频度也不一样。将不同的指令速度乘以不同的系数，求出其运算速度的统计平均值。这时所指的速度是平均运算速度。第三种方法，是直接给出主机的时钟频率和各条指令的实际执行时间。近年来，在表示微型机的速度指标方面，通常就简单地用主机的时钟频率来表示。

(4) *存取周期*。我们将存储器进行一次完整的读写操作所需的全部时间，也就是存储器进行连续读写操作所允许的最短时间间隔，称为存取周期。它是反映存储器性能的一个重要参数。由于存储器的性能在整个机器中举足轻重，所以，这个参数也是反映整个计算机性能的基本参数。目前，半导体集成电路的存取周期一般为几纳秒至几十纳秒。

(5) *可配置外部设备的最大数量*。这是指在计算机结构上允许配置的外部设备的最大数量。实际外部设备的配置数量和品种由用户根据需要来选定。

1.3.2 微型机系统的配置

计算机系统选型标准

对于一个普通的计算机用户来说，由于其单位的财力投资和应用范围的差异，在选购计算机系统时，有不同的出发点，不能千篇一律。某些用户对计算机性能缺乏了解的情况，为了保护其财力投资和经济利益，本书在计算机选型方面特提供以下几点参考标准。

(1) *计算机系统的功能*。首先要着眼于计算机系统的功能强弱，不应只看主机的硬件性能。所选定的计算机系统，是否有丰富的支持软件及外围硬件设备，该产品是否具有开放性。在当今信息社会中，计算机领域的知识更新很快。由于技术更新而带来的产品老化现象也很多。对用户来讲，就是如何保护自己的财力投资，即不会由于新机型的推出，旧机器无后援而被淘汰。这就要求计算机系统在设计上留有扩充升级的余地。也就是产品具有开放性，保证用户不为产品的过时而担心。要能方便地随超大规模集成电路的发展而升级，扩大你的计算机系统的功能。

向“可大可小”开放，即向不同的结构组装级别开放。用积木方式既可建立简单的基本系统，又可连接成较复杂的计算机大系统。用户可根据自己的特殊要求，方便地组成目标系统。

(2) *产品的成熟性和应用范围的覆盖率*。一般不要急于选择太新的尖端产品。太尖端的产品未经过大量实践考验，具有很大的风险性。尖端产品的后援器件和支持软件还未跟上，不太成熟。通常，选择系列计算机系统，它能适合各种题目，并且彼此可以兼容。一般应在产品的先进性、可靠性、可维护性三者之间综合考虑。产品应是国内近期上市的产品，货源要有可靠保证。最好要有厂家的技术维修服务，否则就得配备维修人员。特别是对于个人用户来说，不可能自己去建立一套维修体系。

目前的微型机市场已经相当成熟。从质量和价格上看主要有三大类。一类是进口名牌机。它的质量可靠，性能较好，价格较高，无故障时间较长。经销厂商一般都保修2～3年，在使用中不必担心它的可靠性。当保修期过了以后，维修工作较为不便。因为进口机的产品换代很快，它的零配件不但较难买到而且价格也贵。第二类是国产品牌机。它的质量也较可靠，价格比进口机低，在售后服务方面较方便，经销厂商也能保修三年，在使用中基本无后顾之忧。在保修期过了以后，维修换件也不难。第三类是拼装杂牌机，也俗称兼容机。如果用户较有经验，可以按自己的要求配置，使电脑整机达到最佳的效果。只要选用优质厂商的产品，质量既好价格也实惠。但经销厂商一般只保修半年。兼容机在使用中故障虽稍多，因为它的零配件供应较为方便而且价格也很便宜，不必过分担心它的维修问题。在选购微型机时要根据用途和财力综合来考虑。在工作性质复杂、对机器性能要求高的情况下可选购质量好的名牌机，在工作性质简单、对机器性能要求低的情况下可选购国产品牌机。较有经验的用户一般自己配置组装实惠的兼容机；家用电脑一般可根据财力情况决定，不必盲目追求高档产品。计算机的硬件技术发展很快，随着时间的推移，功能越来越强，价格越来越低。选购微型机时一般不必过分考虑远期的使用情况。

1.4 数据信息的表示方法

1.4.1 数制及其相互转换

计算机内部数据的表示

在计算机中采用什么计数制，如何表示数的正负和大小，是学习计算机遇到的首要问题。在计算机内部一律使用二进制表示数据，而在编程中又经常使用十进制，有时为了方便还使用六进制、八进制，因此学会不同计数制及进行相互转换十分必要。

组成计算机的基本逻辑电路通常有两个不同的稳定状态，即低电平和高电平，在电子计算机中用它们来表示数码 0 和 1。所以，在计算机中数的存储、传送以及运算均采用二进制。.

在计算机中，所有需要计算机处理的数字、字母、符号都是以一连串由“0”或“1”组成的二进制代码来表示的，它是计算机唯一能够识别的“语言”，称之为“机器语言”。

二进制的优越性

由于二进制不符合人们的使用习惯，在平时操作中，并不经常使用。但计算机内部的数是用二进制表示的，主要原因是：

(1) 电路简单。二进制数只有0和1两个数码，计算机是由逻辑电路组成的，因此可以很容易用电气元件的导通和截止来表示这两个数码。

(2) 可靠性强。用电气元件的两种状态表示两个数码，数码在传输和运算中不易出错。

(3) 运算简单。二进制的运算法则很简单，例如：求和法则只有3个，求积法则也只有3个，而如果使用十进制要烦琐得多。

(4) 逻辑性强。计算机在数值运算的基础上还能进行逻辑运算，逻辑代数是逻辑运算的理论依据。二进制的两个数码，正好代表逻辑代数中的“真”（True）和“假”（False）。

进位计数制

在进位制中，某个数 A 的一般写法是：

$A = K_{n-1}K_{n-2}\cdots K_1K_0K_{-1}K_{-2}\cdots K_{-m}$

计算其值一般用按“权”展开的多项式来表示：

$A = K_{n-1}R^{n-1}+K_{n-2}R^{n-2}+\cdots+K_1R^1+K_0R^0+K_{-1}R^{-1}+\cdots+K_{-m}R^{-m}$

$= K_iR^i$

式中，K_i——表示第 i 位的数码，$0\leqslant K_i\leqslant R-1$；

R——表示基数；

n——小数点左边的位数，为正整数；

m——小数点右边的位数，为正整数。

注：每个数字符号因在数中所处的位置不同，而具有不同的“权”值；每位能采用不同数字的个数，称为该进位制的基数或底数。

例如：十进制数（123.45）10

（123.45）10 $=1\times10^2+2\times10^1+3\times10^0+4\times10^{-1}+5\times10^{-2}$

各位的“权”　　100　　10　　1　　0.1　　0.01

进位制数的特点是：

①每一进位制数都有一固定的基数，即数的每一位可取 R 个不同数码之一。运算时“逢 R 进一”，故称 R 进制。如十进制数的每一位可取0~9的十个数码之一，运算时“逢十进一”。

②每一位数码 K_i 对应一个固定的权值 R^i。相邻位的权相差 R 倍。如向前借一位，

则“借一当R”。

在计算机中常用的进位计数制是十进制、二进制、八进制和十六进制，其基数R分别为10，2，8和16。表1－1列出了十进制、二进制、八进制、十六进制数的对照表。

表1－1　常用计数制数的对照表

十进制数	二进制数	八进制数	十六进制数
0	0	0	0
1	1	1	1
2	10	2	2
3	11	3	3
4	100	4	4
5	101	5	5
6	110	6	6
7	111	7	7
8	1000	10	8
9	1001	11	9
10	1010	12	A
11	1011	13	B
12	1100	14	C
13	1101	15	D
14	1110	16	E
15	1111	17	F
16	10000	20	10
17	10001	22	11
18	10010	22	12
19	10011	23	13
20	10100	24	14

二进制数运算规则及特点

（1）二进制的运算规则。

加法　0＋0＝0　　　　乘法　0×0＝0

　　　0＋1＝1＋0＝1　　　　0×1＝1×0＝0

　　　1＋1＝10　　　　　　　1×1＝1

减法和除法分别是加法和乘法的逆运算。根据上述规则，很容易地进行二进制的四则运算。例如：

```
   1 0 1 1…被加数          1 1 0 0 0…被减数
+  1 1 0 1…加数         -   1 1 0 1…减数
-------------          --------------
 1 1 0 0 0…和               1 0 1 1…差
```

```
     1001 …被乘数                    1011    …商
   ×1011 …乘数            1001√1100011    …被除数
   -------                     1001
     1001                     -------
    1001                        1101
   0000                         1001
  1001                         -------
  -------                         1001
  1100011 …积                     1001
                               -------
                                     0 …余数
```

（2）二进制的逻辑运算。二进制的两个数码 0 和 1，除了可以表示“真与假”，还可以表示“成立和不成立”、“是或否”。

计算机中的逻辑运算通常是二值运算。它包括三种基本的逻辑运算：逻辑乘法（又称与运算）、逻辑加法（又称或运算）、逻辑否定（又称非运算）。

①逻辑与。当两个条件同为真时，结果才为真。其中有一个条件不为真，结果必为假，这是“与”逻辑。通常使用符号×，∧，·，∩或 AND 来表示“与”，与运算的规则如下：

$0 \wedge 0=0$

$0 \wedge 1=0$

$1 \wedge 0=0$

$1 \wedge 1=1$

设两个逻辑变量 X 和 Y，进行逻辑与运算，结果为 Z。记作 $Z=X \cdot Y$，由以上的运算法则可知：当且仅当 $X=1$，$Y=1$ 时，$Z=1$，否则 $Z=0$。

『举例』：设 $X=111100101$，$Y=011101000$，求 $X \wedge Y=?$

解：

```
      1 1 1 1 0 0 1 0 1
AND）0 1 1 1 0 1 0 0 0
-----------------------
      0 1 1 1 0 0 0 0 0
```

则　$X \wedge Y=011100000$

②逻辑或。当两个条件中任意一个为真时，结果为真；两个条件同时为假时，结果为假，这是“或”逻辑。通常使用+，∨，∪和 OR 来表示“或”，或运算的法则是：

0∨0=0

0∨1=1

1∨0=1

1∨1=1

设两个逻辑变量 X 和 Y 进行逻辑或运算，结果为 Z。记作 $Z= X+Y$，由以上的运算法则可知：当且仅当 $X=0$，$Y=0$ 时，$Z=0$；否则 $Z=1$。

『**举例**』：设 $X=100011010$，$Y=110101001$，则 $X\vee Y=$?

解：

$$
\begin{array}{rr}
 & 1\ 0\ 0\ 0\ 1\ 1\ 0\ 1\ 0 \\
\text{OR)} & 1\ 0\ 0\ 1\ 0\ 1\ 0\ 0\ 1 \\
\hline
 & 1\ 0\ 0\ 1\ 1\ 1\ 0\ 1\ 1
\end{array}
$$

则 $X\vee Y=100111011$

③逻辑非。逻辑非运算也就是“求反”运算，在逻辑变量上加上一条横线表示对该变量求反，例如 $\overline{A}$，则是对 A 的非运算，也可用 NOT 来表示非运算。非运算的法则是：

$\overline{0}=1$，$\overline{1}=0$

『**举例**』：设 $X=10001110101$，求 $\overline{X}=$?

解：$\overline{X}=01110001010$

④逻辑表达式。将逻辑常量和逻辑变量用逻辑运算符和括号连接起来的算式称为逻辑表达式，运算的结果只有两个，即：0 和 1，表示逻辑的“真”或“假”。

逻辑表达式的算符优先顺序是：非→与→或。

逻辑表达式的运算顺序是：先括号内，后括号外，同一括号内按算符优先顺序，从左到右。

『**举例**』：设逻辑变量 $X=0$，$Y=0$，$Z=1$，求 $(\overline{X}+Y)+(X+\overline{Z})\cdot\overline{Y}$。

解：

```
 1  0       0  0
 ↓           ↓
 1           0    1
                  ↓
                  0
 1
```

则 $(\overline{X}+Y)+(X+\overline{Z})\cdot\overline{Y}=1$

数制之间的转换

（1）二进制数、八进制数和十六进制数之间的转换。由于二进制的基数与八进制、十六进制的基数有着整数幂关系，每三位二进制数可对应一位八进制数；每四位二进制数可对应一位十六进制数。在转换时，要注意小数和整数须分别对应转换。

【例 1-1】(1101011. 11001)$_2$ = (?)$_8$

解：

```
001  101  011  ·  110  010
 ↓    ↓    ↓        ↓    ↓
 1    5    3   ·    6    2
```

则　(1101011. 11001)$_2$ = (153. 62)$_8$

【例 1-2】(1101011. 11001)$_2$ = (?)$_{16}$

解：

```
0110  1011 · 1100  1000
  ↓     ↓      ↓     ↓
  6     B  ·   C     8
```

则　(1101011. 1101)$_2$ = (6B. C8)$_{16}$

【例 1-3】(345. 67)$_8$ = (?)$_{16}$

解：

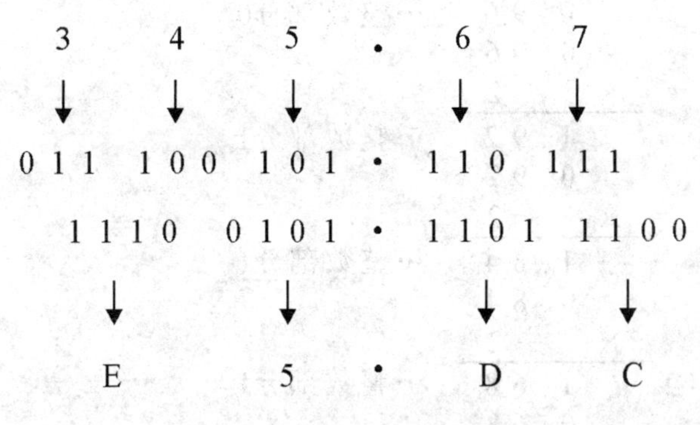

则　(345. 67)$_8$ = (E5. DC)$_{16}$

(二进制转换成八进制时，以小数点为界向两边每三位为一组，然后计算出每组对应的八进制的值；二进制转换成十六进制与此类似，只是按四位二进制数为一组求出对应的十六进制数。八进制和十六进制数之间的转换可以借助二进制数为桥梁来转换。)

(2) 二进制数和十进制数之间的转换。

①十进制数转换为二进制数，整数转换与小数转换方法不同，需要分别转换。十进制整数转换为二进制整数，采用除 2 取余法。即将十进制数的商反复整除以 2，直到商为零为止，再把各次整除所得的余数从后到前连接起来，就可得到相应的二进制整数。

【例 1-4】(23)$_{10}$ = (?)$_2$

解：

```
2 | 23
2 | 11  …… 余1（最低位）
2 |  5  …… 余1
2 |  2  …… 余1
2 |  1  …… 余0
     0  …… 余1（最高位）
```

则　$(23)_{10}=(10111)_2$

十进制小数转换为二进制小数，采用乘 2 取整法。即将十进制数的小数部分反复乘以 2，直到没有小数或达到指定的精度为止。再把各次乘 2 得到的整数（包含 0）从前到后连接起来，就可得到相应的二进制整数。

【例 1-5】$(0.87)_{10}=(\ ?\ )_2$

解：

$$
\begin{array}{r l}
 0.87 & \\
\times\quad 2 & \\
\hline
 1.74 & \cdots\text{整数部分1（最高位）} \\
 0.74 & \\
\times\quad 2 & \\
\hline
 1.48 & \cdots\text{整数部分1} \\
 0.48 & \\
\times\quad 2 & \\
\hline
 0.96 & \cdots\text{整数部分0} \\
 0.96 & \\
\times\quad 2 & \\
\hline
 1.92 & \cdots\text{整数部分1} \\
 0.92 & \\
\times\quad 2 & \\
\hline
 1.84 & \cdots\text{整数部分1} \\
 0.84 & \\
\times\quad 2 & \\
\hline
 1.68 & \cdots\text{整数部分1} \\
 0.68 & \\
\times\quad 2 & \\
\hline
 1.36 & \cdots\text{整数部分1（最低位）}
\end{array}
$$

则　$(0.87)_{10}=(0.1101111)_2$

如果某个十进制数既有整数又有小数，可分别按上面介绍的方法将整数和小数部分分别转换后再合并起来。

十进制数转换为二进制数，整数转换与小数转换方法不同，需要分别转换。十进制整数转换为二进制整数，采用除 2 取余法。

十进制小数转换为二进制小数，采用乘 2 取整法。

②二进制数转换为十进制数十分简单，可以采用按权相加法。

【例 1-6】$(10111.11)_2=(\ ?\ )_{10}$

解：　$(10111.11)_2 = 1\times24+1\times22+1\times2+1+1\times2-1+1\times2-2$

$= 16+4+2+1+0.5+0.25$

$= 23.75$

则　$(10111.11)_2=(23.75)_{10}$

八进制数或十六进制数转换为十进制数，也可以采用按权相加法。

1.4.2　计算机中常用的信息编码

西文字符和汉字编码

(1) ASCII 码。西文字符常用 ASCII 码。ASCII 码是美国标准信息交换码(American Standard Code for Information Interchange)，目前已被世界各国所采用，广泛用于计算机和通信中。

基本的 ASCII 码采用 7 位二进制数编码，共定义有 128 个字符（见表 1－2）。

表 1－2　七位 ASCII 代码表

$d_3d_2d_1d_0$位	$d_6d_5d_4$位							
0000	NUL	DEL	SP	0	@	P	`	p
0001	SOH	DC1	!	1	A	Q	A	q
0010	STX	DC2	"	2	B	R	B	r
0011	ETX	DC3	#	3	C	S	C	s
0100	EOT	DC4	$	4	D	T	D	t
0101	ENQ	NAK	%	5	E	U	E	u
0110	ACK	SYN	&	6	F	V	F	v
0111	BEL	ETB	′	7	G	W	G	w
1000	BS	CAN	(	8	H	X	H	x
1001	HT	EM	)	9	I	Y	I	y
1010	LF	SUB	*	:	J	Z	J	z
1011	VT	ESC	+	;	K	\	[	K
1100	FF	FS	,	<	L	\	L	|
1101	CR	GS	—	=	M	]	M	}
1110	SO	RS	.	>	N	↑	N	~
1111	SI	US	/	?	O	↓	o	DEL

(2) 汉字信息编码。我国制定了“信息交换汉字编码字符集及其交换码标准(GB2312－80)”。在标准中规定了计算机使用汉字总数为 6763 个，按常用汉字的使用频度分为一级汉字 3755 个，二级汉字 3008 个，并给这些汉字分配了代码，将它们作为汉字信息交换标准代码。由于汉字数量大，用一个字节无法完全区分它们，故采用二个字节对汉字进行编码。

1.5　汉字的输入方法

随着计算机的发展，汉字输入法也越来越多，掌握汉字输入法已成为我们日常使用计算机的基本要求。根据汉字编码的不同，汉字输入法可分为三种：字音编码法、字形编码法和音形结合编码法。目前，使用最多的字音编码有全拼输入法、双拼输入法和智能ABC输入法等。

1.5.1 拼音输入法

(1) 全拼输入法。在众多输入法中，全拼输入法是最简单的汉字输入法，它是使用汉字的拼音字母作为编码，只要知道汉字的拼音就可以输入汉字。因此它的编码较长，击键较多，而且由于汉字同音字多，所以重码很多，输入汉字时要选字，不方便盲打。

①输入单个汉字。在全拼输入状态下，直接输入汉字的汉语拼音编码就可以输入单个汉字。

『**举例**』使用全拼输入法输入“中”字，其操作步骤如下：

A. 先切换至全拼输入法状态。

B. 输入“中”的汉语拼音“zhong”，注意要输入小写字母，此时即会出现一个提示板，如图1-27所示。

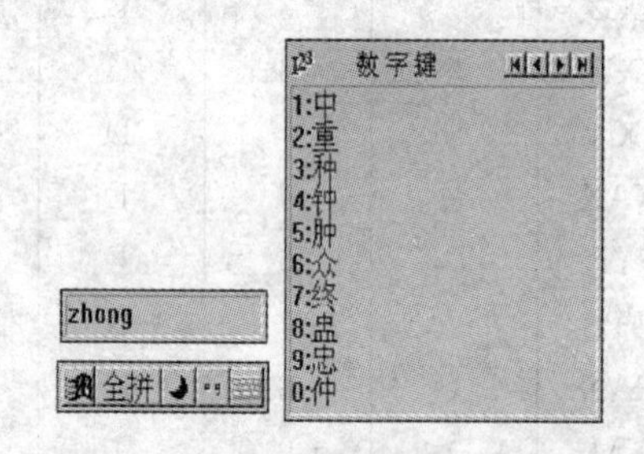

图1-27 输入拼音后出现一个提示板

C. 在提示板内可以看到“中”字对应的数字键为1，可按数字键1或直接按空格键即可输入“中”字。

②输入词组不仅可以减少编码，也可以减少输入时的重码数，从而使输入的准确性提高、输入速度加快。使用全拼输入法，可输入的词组有双字词组、三字词组、四字词组和多字词组，除了多字词组外，在输入时都要求全码输入。

(2) 智能ABC输入法。智能ABC输入法在全拼输入法的基础上进行了改善，它是目前使用较普遍的一种拼音输入法，仅次于五笔字型输入法。它将汉字拼音进行简化，把一些常用的拼音字母组合起来，用单个拼音字母来代替，从而减少了编码的长度，大大提高了输入汉字的速度。

在使用智能ABC输入法输入汉字时，其特点主要体现在词组和语句的输入。

『**举例**』使用智能ABC输入法输入多字词组“中国人民解放军”，其输入过程如下：

①先切换输入法至智能ABC输入法的状态。

②输入多字词组“中国人民解放军”中每个汉字的第一个拼音字母，即“zgrmjfj”(输入的字母必须为小写字母)。

③输入完成后，按空格键或回车键（如果确定输入的多个汉字是词组，按空格键即可显示出整个词组）屏幕上将显示一个提示板，如图1-28所示。

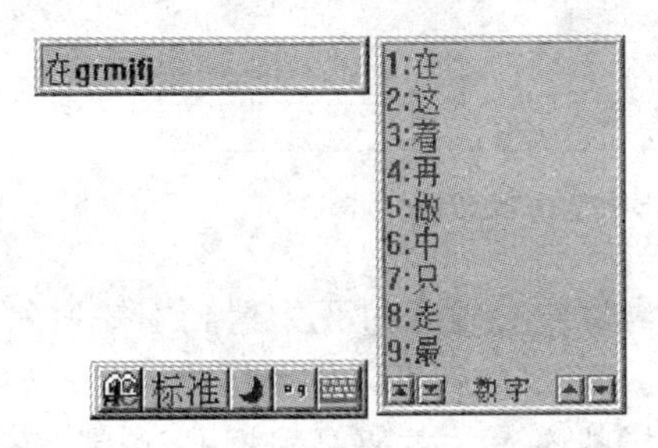

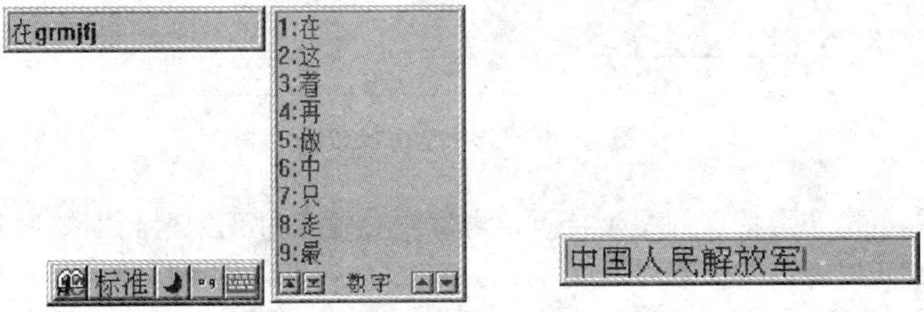

中国人民解放军

图 1－28　使用智能 ABC 输入多字词组

④需要的词组汉字都出现后，键入空格键或回车键即可输入该词组。

当输入完该语句中每个汉字的第一个字母时，按下空格键或回车键后，只有一个或几个汉字显示（如有重码，可键入需要汉字前的数字序号），再次按空格键或回车键，并在出现的提示板中进行选择，直到整个语句出现后，按空格键或回车键即可输入一个语句。

用智能 ABC 输入法录入过的句子，计算机系统会记住该句子，下次再录入该句子时，输入该句子编码后，按回车键，提示行中即可出现该句子。

『举例』使用智能 ABC 输入法输入句子“今天天气很好”，其输入过程如下：

①先切换至智能 ABC 输入法状态。

②输入句子“今天天气很好”中每个汉字的第一个拼音字母，即“jttqhh”（输入的字母必须为小写字母）。

③编码输入完成后，按下空格键，此时整个句子都显示在提示行中（即提示行显示 今天天气很好 ），表示以前用智能 ABC 输入法录入过该句子。

④再次按空格键即可。

1.5.2　智能五笔输入法

功能介绍

（1）智能转换键的妙用。智能五笔设置了一个具有强大功能的智能转换键一分号键。在智能五笔输入状态下，按一下分号键，窗口将变成如下图所示界面，我们看到输入区列出了三种提示信息，如图 1－29 所示：

图 1－29　输入区状态

①再按一下分号键，输出分号。也就是说在智能五笔中分号的输入是通过双击键盘上的分号键实现的。

②再按一下单引号键，则进入全拼状态，如图 1－30 所示：

智能五笔 | 全角 | hong GBK全拼状态，可输入非常用汉字 | 词
<< 1:哄 2:宏 3:弘 4:汪 5:泓 6:洪 7:港 8:烘 >>

图 1－30 GBK 全拼状态

这是智能五笔非常特殊的一个特点，当用户在输入过程中遇到不知道怎么用五笔输入的时候，随时可以按一下“;”，再按一下“”，就可以用全拼输入了。如上图输入“hong”，输入区列出了重码，智能五笔全拼状态下的重码是根据非常用汉字码表排列的，所以可能用户输入的是一个常用汉字，却要按几下“Shift ＋ ＞”。因此还是要使用五笔输入。不过智能五笔已经为用户想到了这一点，当用拼音输入完后，它会提示该汉字的编码是多少。这样再输入时就不用拼音了。比如上图选择“6”数字键，输出“洪”，智能五笔的窗口变成了如图 1－31 所示：

智能五笔 | 全角 | hong “洪 ”的简码为IAW ，输入简码将提高速度。| 词
<< 1:洪 >>

图 1－31 智能五笔状态

输入区多了“洪”字的简码注释。

③按下“/”键，将打开智能五笔输入特殊符号的功能，如图 1－31 所示。

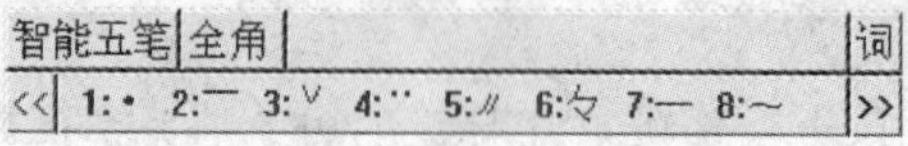

智能五笔 | 全角 | | 词
<< 1:• 2:¯ 3:ˇ 4:¨ 5:〃 6:々 7:— 8:～ >>

图 1－31 特殊符号

输出区中列出了词库中已有的特殊符号，当然用户还可以自定义特殊符号，我们将在后面的内容中介绍怎样自定义词库。

（2）智能输入语句。智能五笔的另一个特色就是提供了智能输入语句功能。采用智能输入语句的前提是该语句用户已经在智能五笔中输入过了，因为这样智能五笔就会自动记录下用户的输入习惯，在下次输入同一语句时，就可以按照编码规则去实现智能化了。编码规则是：

“;”键＋要输入语句的每一个字的第一码＋空格键

比如已经在智能五笔中输入了“洪恩在线”四个字，编码应是“IAW LDN D XG”（简码），而下次输入时，只需输入“ILDX”，如图 1－32 所示，再按一下空格键就可以了。

智能五笔 | 全角 | ILDX | 词
<< 1:洪恩在线 >>

图 1－32 智能输入语句示例图（1）

利用智能输入语句还可以控制输入文字的长短。比如输入“北京金洪恩电脑有限公司”，

按照规则输入“；UYQ”的时候，如图 1－33 所示。

图 1－33　智能输入语句示例图（2）

我们看到智能五笔已经显示出了语句的全称，而用户输入的三个简码则以红色反显。如果想输出全语句，可以按一下“。”如图 1－34 所示，整个语句就都变成了黑色并同时输出到屏幕上。

图 1－34　智能输入语句示例图（3）

如果只想输出“北京金洪恩”五个字，可以再按两下“，”或按两下“Z”键（如图 1－35所示）。

图 1－35　智能输入语句示例图（4）

若要使前五个字反显，再按一下空格键就可以了。注意简码必须是大写。充分利用智能语句输入功能，可以大大提高输入速度，这也是智能五笔智能化的一个突出表现。

1.6　计算机病毒简介

1.6.1　计算机系统安全

随着计算机的迅猛发展和日趋深入与普及，计算机应用的社会化也带来了一系列新的问题，信息化社会面临着计算机系统安全问题的严重威胁。

计算机网络的开放性、互联性和共享性程度越大，使得网络的重要性和对社会的影响也越来越大。随着电子商务、电子现金、数字货币、网络银行等新业务的兴起，资源共享被广泛地应用于各行各业及各个领域。大量在网络中存储和传输的数据需要保护，这些数据在存储和传输过程中，不能因偶然的或恶意的原因而遭到破坏、丢失或更改。另外，计算机系统本身也可能存在某些不完善的因素，硬件故障、网络软件中的臭虫或软件遭到恶意程序的攻击而使整个系统瘫痪。由此而造成的经济损失是巨大的。

计算机系统安全威胁多种多样，来自各个方面，主要是人为因素和自然因素。自然因素是一些意外事故，如服务器突然断电以及台风、洪水、地震等破坏了计算机网络等，这些因素并不可怕。可怕的是人为因素，即人为的入侵与破坏。人为的因素主要来自于计算机“黑客”、计算机犯罪和计算机病毒。

1.6.2 计算机“黑客”

计算机“黑客”就是在别人不知情的情况下进入他人的电脑体系，并可能进而控制电脑的人。所谓“黑客”是能通过技术手段进入计算机系统并获取系统信息及其工作方法的人。他们是精通计算机网络的高手，从事于窃取情报、制造事端、散布病毒和破坏数据等犯罪活动。其主要的犯罪手段有：数据欺骗、采用潜伏机制来执行非授权的功能、“意大利香肠战术”、“超级冲杀”、“活动天窗”和“后门”、“清理垃圾”等。一个“黑客”闯入网络后，可以在计算机网络系统中引起连锁反应，使运行的程序“崩溃”，储存的信息消失，情报信息紊乱，造成指挥、通信瘫痪，武器系统失灵或窃取军事、政治、经济情报。

近些年来，计算机“黑客”的活动相当猖獗，从恶作剧到蓄意破坏无所不有。

1996年8月16日，美国司法部在国际因特网的网址受到了不速之客的造访，司法部的网址被涂上了淫秽的图案和写上了反政府的字句，司法部的名称也被改成“不法部”。

美国国防部出于对计算机网络系统安全性的考虑，把一台访问监控器与Internet网相连，令人惊奇的是来自14个国家的“黑客”们，在三个月内攻击系统竟达4300次之多，平均每天50次。有的“黑客”竟然是中学生。据美国国防部统计，1995年共发生了企图侵入其非保密计算机系统的事件达25万次之多，其中有16万次获得成功。这些非保密的计算机系统90%是军队的支持系统，它们一旦受到攻击，就会使美国国防部无力动员、部署和维持军队的行动。另有报道说，在过去的几年中，一个不速之客多次闯入了美国国防部的计算机系统，关掉了审查系统后自由自在地漫游。他读取了使用者的口令，并且通过国防部的计算机网光顾了许多高技术企业的计算机系统。美国国防部的专家认为，军队的计算机系统每天被非法访问的次数可能高达500次，但其中只有可能25次被发现。

这些事实表明，使用计算机系统的信息网络很容易受到“黑客”的侵害和攻击。

1.6.3 计算机犯罪问题及对策分析

计算机犯罪的特点

随着计算机时代的到来，计算机已深刻融入我国政治、经济、文化、军事、家庭等社会生活的各个方面，其影响越来越广泛。与传统犯罪相比，计算机犯罪有其自身显著的特点：

(1) 犯罪客体复杂化。无论是哪一类计算机犯罪，其侵害的社会关系的性质是复杂的，范围是十分广泛的，都可能侵犯了多种客体。

(2) 犯罪对象特殊化。计算机犯罪的对象，不仅包括其硬件等有形资产，也包括软件、信息、数据等无形资产。

(3) 犯罪主体的专业化。计算机犯罪是一种高科技犯罪，犯罪主体往往具有专业的知识。据对我国发现的185起计算机犯罪案件的调查分析，作案者大专以上文化程度的占70%，其职业为电脑管理员、电脑操作员和程序开发员的占95%。

(4) 犯罪手段隐藏化。电脑“黑客”可能隐藏在多种面貌之下，既可能是索价高昂的艺术家、企业内的破坏分子、倔强的青少年，也可能是合法的信息科技（IT）专家。但计算机犯罪一般事先经过周密的准备，没有明显、具体的犯罪形态，作案时间与案发时间、犯罪行为与犯罪结果相分离，因此，用户很难马上察觉。据专家估计，计算机犯罪的发现率只有1%。

(5) 犯罪后果严重化。据1999年《今日美国》报道，仅“黑客”入侵，每年就给世界计算机网络带来100亿美元的损失。我国近年来发生的最大一起金融诈骗案就造成了2100万元的巨额经济损失。

计算机犯罪的防范

计算机犯罪是不同于任何一种普通刑事犯罪的高科技犯罪，随着计算机运用的广泛和深入，其危害也日益加重。政府部门应当尽快针对存在的主要问题采取切实有效的对策，来防范计算机犯罪：

(1) 制定专门的反计算机犯罪法。应直接针对计算机犯罪的特点，包括民事、行政、刑事三方面内容，形成完整的法律体系。要完善计算机犯罪条款，完善现行行政法规，增设对计算机非法行为惩治；使具有一定的社会危害性但尚未构成犯罪的行为，也能受到惩戒。

(2) 加强反计算机犯罪机构（侦查、司法、预防、研究等）的工作力度。由于计算机犯罪的高科技化、复杂化，目前侦查队伍在警力、技术方面已远远跟不上形势的需要，司法人员的素质，也离专业化的要求相去甚远，预防、研究方面还存在许多空白。

(3) 建立健全国际合作体系。网络不法分子通过因特网实施计算机犯罪行为可能发生在不同的国家之间，计算机犯罪在很大程度上都是国际性的犯罪。因此，建立健全国际合作体系，加强国与国之间的配合与协作尤为重要。同时，通过合作，也可互通信息，学习国外先进经验，以提高本国反计算机犯罪的水平和能力。

(4) 计算机用户要增加安全防范意识和计算机职业道德教育。各计算机信息系统使用单位应加强对计算机工作人员的思想教育，树立良好的职业道德，并采取措施堵住管理中的漏洞，防止计算机违法犯罪案件的发生，制止有害数据的使用和传播。

1.6.4　计算机病毒

《中华人民共和国计算机信息系统安全保护条例》中对计算机病毒的定义是：“计算机病毒，是指编制或者在计算机程序中插入的破坏计算机功能或者毁坏数据，影响计算机使用，并能自我复制的一组计算机指令或者程序代码。”显然，计算机病毒是一组人为制造的入侵计算机系统的有害程序。它不仅破坏计算机系统的正常运行，而且还具有很强的传染性。由于计算机病毒对计算机系统安全所造成的危害越来越严重，已经引起了全社会的普遍关注，消除和预防病毒已经成为计算机系统日常维护中一个非常重要的方面。

计算机病毒的性质

“病毒”一词来源于生物学，它是一种能够侵入生物体并给生物体带来疾病的微生物，具有破坏性、扩散性和繁殖性等特征。与此相似，侵入计算机系统的病毒不仅破坏计算机系统的正常运行，毁坏系统数据，并能通过自我复制和数据共享的途径迅速进行传染。

计算机病毒的来源

计算机病毒的产生不是偶然的，它是计算机犯罪的一种形式，有其一定的社会原因。病毒制造者的动机多种多样，有的源于恶作剧，有的源于蓄意破坏，也有的源于对软件产品的保护。例如，有的软件开发者在自己开发的软件产品中加入病毒程序，当有人对软件非法复制时，病毒就被触发，以此对非法复制者进行报复。还有一些计算机病毒的制造者仅仅是为了“表现”自己超群的才华而向别人“露一手”，其本意并非都是要损害计算机系统，可是一旦病毒发作，连他们自己也无法控制由此而造成的严重后果是他们始料不及的。

计算机病毒的特点

与正常程序相比，病毒程序具有以下特点：

(1) 破坏性。计算机病毒的破坏性因计算机病毒的种类不同而差别很大。有的计算机病毒仅干扰软件的运行而不破坏该软件；有的无限制地侵占系统资源，使系统无法正常运行；有的可以毁掉部分数据或程序，使之无法恢复；有的恶性病毒甚至可以毁坏整个系统，使系统无法启动。总之，计算机病毒的破坏性表现为：侵占系统资源，降低运行效率，使系统无法正常运行。

(2) 传染性。传染性是计算机病毒的一个重要标识，也是确定一个程序是否为计算机病毒的首要条件。计算机病毒一旦夺取了计算机控制权，就把自身复制到内存、硬盘或软盘上，甚至传染到所有文件中。网络中的病毒可传染给联网的所有计算机系统，已染毒的软盘可使所有使用该盘的计算机系统被传染。

(3) 寄生性。病毒程序一般不独立存在，而是寄生在磁盘系统区或文件中。侵入磁盘系统区的病毒称为系统病毒，其中较常见的是引导区病毒，如大麻病毒、2708 病毒等。寄生于文件中的病毒称为文件型病毒，如以色列病毒（黑色星期五）等。还有一类既寄生于文件中又侵占系统区的病毒，如“幽灵”病毒、Flip 病毒等，属于混合型病毒。

(4) 潜伏性。侵入计算机的病毒程序可以潜伏在合法程序中，并不立即发作。在潜伏期中，它不急于表现自己或起破坏作用，只是悄悄地进行传播、繁殖，使更多的正常程序成为病毒的“携带者”。一旦满足一定条件（称为触发条件），便表现其破坏作用。触发条件可以是一个或多个，例如，某个日期、某个时间、某个事件的出现、某个文件的使用的次数以及某种特定软硬件环境等。

计算机病毒的类型

计算机病毒的种类繁多，从不同的角度可以划分为不同的类型。

(1) 按攻击的机种分类。PC机结构简单，软件、硬件的透明度高，其薄弱环节也广为人知，所以已发现的病毒绝大多数是攻击PC机及其网络的。也有少数病毒以工作站或小型机为主要攻击对象，例如，蠕虫程序就是一种小型机病毒。

(2) 按破坏的后果分类。良性病毒：这类病毒的目的只在于表现自己，大多数是恶作剧。病毒发作时往往占用大量CPU时间和内、外存等资源，降低运行速度，干扰用户工作，但它们不破坏系统的数据。一般不会使系统瘫痪，消除病毒后，系统就恢复正常。恶性病毒：这类病毒的目的在于破坏。病毒发作时，破坏系统数据，甚至删除系统文件，重新格式化硬盘等，其造成的危害十分严重，即使消除了病毒，所造成的破坏也难以恢复。

(3) 按寄生的方式分类。PC机病毒按其不同的寄生方式，可以区分为引导型病毒和文件型病毒两大类型。其中引导型病毒又分为源码型、外壳型、嵌入型等。

引导型病毒：这类病毒出现在系统引导阶段，它在感染计算机系统后，即用自身代替磁盘引导区的引导记录，而把原来操作系统的引导记录转移到磁盘的其他存储空间内。当系统启动时，首先执行病毒程序，然后才执行真正的引导记录。表面上看，这类带毒系统似乎运行正常，但实际上病毒已隐藏下来，并伺机发作。这类病毒流行甚广，著名的“大麻”、“小球”病毒均属于此类。

文件型病毒：这是一种专门传染“.COM”、“.EXE”、“.SYS”等可执行文件的病毒。这类病毒数量大，又分为源码型、外壳型、嵌入型等种类。以流传最广的外壳型病毒为例，它通常依附在可执行程序的尾部，每执行一次这种病毒程序，它就主动在磁盘上找一个尚未染毒的可执行文件进行传染。文件型病毒的例子有“耶路撒冷”、“杨基都督”等。

复合型病毒：这类病毒一般可通过测试可执行文件的长度来判断它是否存在。这类病毒既传染磁盘的引导区，又可传染可执行文件，具有前述两类病毒的特点。

(4) 按病毒的触发条件分类。定时发作型病毒：这类病毒在自身内设置了查询系统时间的命令，当查询到系统时间后即将它和预先设置的数据相比较，如符合就调用相应的病毒表现或破坏模块，表现病毒症状或对系统进行破坏。

定数发作型病毒：这类病毒本身设有计数器，能对被病毒传染文件的个数或用户执行系统命令的个数进行计数，达到预定值时就调用相应的病毒表现或破坏模块，表现病毒症状或对系统进行破坏。

随机发作型病毒：这类病毒发作时具有随机性，没有一定的规律。

计算机病毒的传播途径

(1) 病毒的传染媒介。计算机病毒总是通过传染媒介传染的。一般来说，计算机病毒的传染媒介有以下三种：

①计算机网络。病毒可以利用网络通信从一个结点传染到另一个结点，从一个网络

传染到另一个网络。网络中传染的速度是所有传染媒介中最快的一种，严重时可迅速导致网络中所有计算机系统全部瘫痪。

②磁性介质。磁盘（主要是软盘）是传染病毒的又一重要媒介，在PC机中最为常见。目前国内流行的病毒很多是以磁性介质为传染媒介的。由于软盘具有方便、通用和可移动等特点，病毒容易隐藏其中，在交流过程中相互传染。

③光学介质。计算机病毒也可通过光盘进行传染，目前还不严重，仍应引起重视。

（2）病毒的传染过程。了解病毒的传染过程有助于对它的预防。病毒传染具有一定的规律，其过程一般要经过三个步骤：

入驻内存：这是病毒传染的第一步。病毒只有在驻留内存并取得对计算机系统的控制后，才能达到传染的目的。

寻找传染机会：病毒驻留内存实现对系统的控制后，就时刻监视计算机系统的运行，寻找可进行攻击的对象，并判定它们可否传染（有些病毒的传染是无条件的）。

进行传染：当病毒寻找到可传染的对象后，通常借磁盘中断服务程序达到磁盘传染的目的，并将其写入磁盘系统，完成整个传染过程。

计算机病毒的防治

计算机病毒的防治包括计算机病毒的预防、检测和清除。计算机机病毒的防治是系统安全管理和日常维护的一个重要方面。

（1）病毒的检测。查找病毒是清除病毒的前提，这里可能有两种情形。一种是在系统运行出现异常后，怀疑有病毒存在并对它检测；另一种是主动对磁盘或文件进行检查，或监控系统的运行过程，以便识别和发现病毒。检测的方法有人工检测和自动检测两种。

①人工检测。人工检测计算机是否感染病毒是保证系统安全必不可少的措施。利用某些实用工具软件（如DOS中的DEBUG，PC TOOLS，NORTON等）提供的有关功能，可以进行病毒的检测。这种方法的优点是可以检测出一切病毒（包括未知的病毒），缺点是不易操作，容易出错，速度也比较慢。

②自动检测。自动检测是使用专用的病毒诊断软件（包括防病毒卡）来判断一个系统或一张磁盘是否感染病毒的一种方法，具有操作方便、易于掌握、速度较快的优点，缺点是容易错报或漏报变种病毒和新病毒。

检测病毒最好的办法是人工检测和自动检测并用，自动检测在前，人工检测在后，相互补充，可收到较好的效果。

（2）病毒的清除。计算机病毒可以用软件方法或硬件方法清除。

①软件方法。用软件清除病毒是较好的方法，有些反病毒软件可以查出或清除上千种病毒。一般来说，能检测的病毒种类比能清除的种类要多，部分检测出来的病毒可能无法清除，此时可采取人工清除的方法。但人工杀毒操作十分复杂，这里就不介绍了。

软件杀毒方便实用，对使用人员的要求不高，其主要的缺点是实时性差和自身安全性差。

目前广泛使用的反病毒软件有KV3000，金山毒霸等。

②硬件方法。硬件方法指的是利用防病毒卡清毒，其类型又包括系统维护型、单纯报警型、带毒运行型和杀毒型等。硬件方法的优点是能时刻监视系统的操作情况，对危害系统的操作报警，并能自动杀毒或带毒运行等。其缺点是误报较多，有些卡会降低系统的运行速度。近几年防病毒卡的发展较快。目前使用较多的产品有“瑞星卡”、“求真卡”等。

(3) 病毒的防治。防重于治。鉴于新病毒的不断出现，检测和清除病毒的方法和工具总是落后一步，预防病毒就显得更加重要了。

人防病要讲卫生，预防计算机病毒，也要讲究计算机卫生。对于一般用户，我们建议养成以下习惯：

尽量不用软盘启动系统，如果确有必要，应该用经确认无病毒的系统盘启动。

公共软件在使用前和使用后应该用反病毒软件检查，确保无病毒感染。尤其是对交流盘片，更应该在严格检测后方可使用。

对所有系统盘和不写入数据的盘片，应该进行写保护，以免被病毒感染。

系统中重要数据要定期备份。

计算机开机后和关机前，用反病毒软件和硬盘进行检查，以便及时发现并清除病毒。

对新购买的软件必须进行病毒检查。

不在计算机上运行来历不明的软件或盗版软件。

对于重要科研项目所使用的计算机系统，要实行专机、专盘和专用。

发现计算机系统的任何异常现象，应及时采取检测。一旦发现病毒，应立即采取消毒措施，不得带病操作。

加装防病毒卡或病毒拦截卡。

1.7　计算机的使用维护常识

1.7.1　计算机的使用环境

计算机对电源、温度、湿度和清洁的环境有一定的要求。

对电源的要求

(1) 要有稳定的电压。微型机的机箱内有配套的电源，这个电源为一封闭的独立部分，要求输入 220V，50Hz 的交流电，经过变压、整流和稳压后，转换为+5V，−5V，+12V，−12V 四种直流电，供微机的其他部件使用。一般微型机允许的电压波动范围是 180V～230V，若电压不在这个范围内，应使用交流稳压电源。

(2) 电源的安全使用。要想使微机正常运行并保障用户的使用安全，首先要有可靠的接地线；其次，微机不应与大电机、电焊机和空调器等电感性大的电器共用一组电源线，因为这些电感性大的电器在启动或关闭时，由于它们的自感作用，会对微型机产生干扰。

(3) 配制UPS电源。微机在运行过程中，如果遇到突然停电的情况，微机中正在操作的一些尚未存盘的文件、数据和结果将丢失，这会给用户带来一些不必要的麻烦，而解决这个问题的方法就是使用UPS电源。

UPS电源是不间断供电系统的简称。一方面，它能在供电系统停电后，继续向微机供电，从而保证微机能正常工作；另一方面它能在电压波动大的时候保护微机。

对温度的要求

计算机对工作环境的温度有一定要求，温度过高，计算机散热不良，会影响机体部件的正常工作；温度过低，磁盘驱动器的读写容易出现错误。工作环境的温度应保持在15℃～35℃之间。

对湿度的要求

相对湿度较高时，会导致计算机元器件受潮变质，发生短路；相对湿度过低时，空气干燥，会使计算机受静电干扰，产生错误操作。所以计算机要求环境的相对湿度在20％～80％之间，才可以保障计算机的正常工作。

清洁的环境

计算机的周围环境应保持清洁，过多的灰尘会影响计算机元器件的使用寿命，而且灰尘落在磁盘或磁头上会引起磁盘读写错误，因此计算机不用时最好用防尘罩盖好，还要经常用中性清洁剂擦拭计算机。

1.7.2 安全操作与维护

开机与关机

· 开机：要先打开显示器、打印机等外部设备的电源，再打开主机电源。

· 关机：与开机相反，要先关闭主机电源，再关闭显示器、打印机等外部设备的电源。

在使用过程中，不要频繁地开机或关机。当微机出现死机现象时，首先应采用热启动（Ctrl+Alt+Del）；如果热启动失败，就要按主机上的复位键（RESET），进行复位启动；如果前两种方法都失败，可进行关机操作，即冷启动，采用这种方法关机时，要等待十几秒再开机，这样可避免频繁开机、关机而造成的电流冲击。

软件系统的维护

正确使用软件是计算机有效工作的保证，软件系统的维护应从以下六个方面着手：

①操作系统及其他系统软件是用户使用计算机的基本环境，应利用软件工具对系统区进行维护，从而保证系统区正常工作。

②对硬盘上的主要文件和数据要经常备份，以免出现意外时造成不必要的损失。

③对一些系统文件或可执行的程序、数据进行必要的写保护。

④尽量不使用软盘启动系统，而用硬盘来启动，因为软盘是主要的病毒传播体。

⑤不执行来路不明的软盘上的程序，如果需要使用外来程序时，需经过严格检查和测试，在确信无病毒后，才允许在系统中运行。

⑥及时清除硬盘上无用的数据，充分有效地利用硬盘空间。

1.7.3　计算机的常见故障及解决方法

计算机是一个敏感的机体，出现故障在所难免，以下列出的是最常见的一些故障及解决方法，供用户参考。

显示器出现故障

用户在开机后，发现显示器上无任何反应，这可能是显示器无信号输入或显示器与主机未连接上。这时，应检查显示器与主机的连接插头是否接好。

如果在开机后，屏幕上不显示图像，或出现亮线或显示的颜色不正常，可能是显示器线路出现问题或显示器适配器（显卡）出现故障，这时要找专业人员进行修理或更换显卡。

硬盘出现故障

如果硬盘无法使用，可能是因为硬盘的零磁道被损坏或硬盘上的连线接触不良，用户可以先用软盘启动计算机，启动后，对硬盘进行重新分区，然后格式化硬盘或者检查硬盘上的连线是否接好。

如果计算机启动后，屏幕提示出现错误并要求按 F1 键，这可能是硬盘的机械部分或电子控制部分出现故障，需找专业技术人员进行维修。

软盘驱动器出现故障

如果软盘驱动器无法读盘，则可能是磁头太脏或信号连线接触不良，也有可能是软盘已被损坏。这时用户要清洗磁头、检查信号连线是否接好或更换磁盘。

如果软盘驱动器不写盘，可能是因为软盘未经格式化或信号连线接触不良，这时要检查软盘是否格式化，查看信号连线是否接好。

如果软盘驱动器无法被访问，可能是电源连线接触不良或驱动器与适配器之间的信号连线接触不良。这时要检查驱动器的电源连线及驱动器与适配器之间的信号连线是否接好。

习　题

1. 计算机的发展大致分为哪四个阶段？各个阶段所使用的标志性物理器件是什么？
2. 计算机按工作原理可分为哪几类？微型计算机属于其中哪一类？
3. 简述计算机的发展趋势。

4. 计算机主要应用于哪些领域？你在哪些方面接触或使用了计算机？

5. 计算机硬件系统由哪几部分组成？软件系统可以分为哪几类？

6. 计算机程序设计语言分为哪几类？各有什么特点？

7. 简述计算机的工作原理。

8. 简述操作系统的功能。你所了解的操作系统有哪些？

9. 什么是位？什么是字节？常用哪些单位来表示存储器的容量？它们之间的换算关系是什么？

10. 微型计算机中常用的输入/输出设备有哪些？

11. 微型计算机中常用的外部存储器有哪些？

12. 简述多媒体计算机的硬件组成和软件组成。

13. 什么是计算机病毒？简述计算机病毒的特征？

14. 如何预防计算机病毒？常用的反病毒软件有哪些？

第二章　Windows 操作系统

2.1　Windows 操作系统概述

2.1.1　Windows 的发展历史

Windows 的起源可以追溯到美国 Xerox 公司早期进行的工作。1970 年，美国 Xerox 公司成立了著名的研究机构 Palo Alto Research Center（PARC），从事局域网、激光打印机、图形用户接口和面向对象技术的研究，并于 1981 年宣布推出世界上第一个商用的 GUI（图形用户接口）系统：Star 8010 工作站。但如后来许多公司一样，由于种种原因，技术上的先进性并没有给它带来它所期望的商业上的成功。

当时，Apple Computer 公司的创始人之一 Steve Jobs，在参观 Xerox 公司的 PARC 研究中心后，认识到了图形用户接口的重要性以及广阔的市场前景，开始着手进行自己的 GUI 系统研究开发工作，并于 1983 年研制成功第一个 GUI 系统：Apple Lisa。随后不久，Apple 又推出第二个 GUI 系统 Apple Macintosh，这是世界上第一个成功的商用 GUI 系统。当时，Apple 公司在开发 Macintosh 时，出于市场战略上的考虑，只开发了 Apple 公司自己微机上的 GUI 系统，而此时，基于 Intel x86 微处理器芯片的 IBM 兼容微机已渐露峥嵘。这样，就给 Microsoft 公司开发 Windows 提供了发展空间和市场。

Microsoft 公司早就意识到建立行业标准的重要性，在 1983 年春季就宣布开始研究开发 Windows，希望它能够成为基于 Intel x86 微处理芯片计算机上的标准 GUI 操作系统。它在 1985 年和 1987 年分别推出 Windows 1.03 版和 Windows 2.0 版。但是，由于当时硬件和 DOS 操作系统的限制，这两个版本并没有取得很大的成功。此后，Microsoft 公司对 Windows 的内存管理、图形界面做了重大改进，使图形界面更加美观并支持虚拟内存。Microsoft 于 1990 年 5 月份推出 Windows 3.0 并一炮走红。这个“千呼万唤始出来”的操作系统一经面世便在商业上取得惊人的成功：不到 6 周，Microsoft 公司销出 50 万份 Windows 3.0 拷贝，打破了任何软件产品的 6 周销售记录，从而一举奠定了 Microsoft 在操作系统上的垄断地位。一年之后推出的 Windows 3.1 对 Windows 3.0 作了一些改进，引入 TrueType 字体技术，这是一种可缩放的字体技术，它改进了性能；还引入了一种新设计的文件管理程序，改进了系统的可靠性。更重要的是增加了对象链接合嵌入技术（OLE）和多媒体技术的支持。Windows 3.0 和 Windows 3.1 都必须运行于 MS DOS 操作系统之上。

随后，Microsoft 借 Windows 东风，于 1995 年推出新一代操作系统 Windows 95（又名 Chicago），它可以独立运行而无需 DOS 的支持。Windows 95 是操作系统发展史上一个里程碑式的作品，它对 Windows 3.1 版作了许多重大改进，如更加优秀的、面向对象的图形用户界面，从而减轻了用户的学习负担；全 32 位的高性能的抢先式多任务和多线程；更加高级的多媒体支持（声音、图形、影像等），可以直接写屏并很好的支持游戏；即插即用，简化用户配置硬件操作，并避免了硬件上的冲突；32 位线性寻址的内存管理和良好的向下兼容性等。

1998 年 6 月 25 日，Windows 98 发布；这个新的系统是基于 Windows 95 上编写的，是一个混合 16 位/32 位的 Windows 系统，其版本号为 4.1。

它改良了硬件标准的支持，如 MMX 和 AGP。其他特性包括对 FAT32 文件系统的支持、多显示器、Web TV 的支持和整合到 Windows 图形用户界面的 Internet Explorer，称为活动桌面（Active Desktop）。

在 2000 年后，迎来了 Windows NT 5.0，这个操作系统被命名为 Windows XP。Windows XP 包含新的 NTFS 文件系统、EFS 文件加密、增强硬件支持等新特性，向一直被 UNIX 系统垄断的服务器市场发起了强有力的冲击。最终与 IBM，HP，SUN 等公司共占操作系统市场。

Microsoft Windows XP（起初称为 Windows NT 5.0）是一个由微软公司发行于 2000 年 12 月 19 日的 Windows NT 系列的纯 32 位图形的视窗操作系统。Windows XP 是主要面向商业用户的操作系统。

Windows XP 有四个版本：

（1）Windows XP Professional 即专业版，用于工作站及笔记本电脑。它的原名就是 Windows NT 5.0 Workstation。最高可以支持双处理器，最低支持 64MB 内存，最高支持 2GB 内存。

（2）Windows XP Server 即服务器版，面向小型企业的服务器领域。它的原名就是 Windows NT 5.0 Server。最高可以支持 4 处理器，最低支持 128MB 内存，最高支持 4GB 内存。

（3）Windows XP Advanced Server 即高级服务器版，面向大中型企业的服务器领域。它的原名就是 Windows NT 5.0 Server Enterprise Edition。最高可以支持 8 处理器，最低支持 128MB 内存，最高支持 8GB 内存。

（4）Windows XP Datacenter Server 即数据中心服务器版，面向最高级别的大型企业或国家机构的服务器领域。最高可以支持 32 处理器，最低支持 256MB 内存，最高支持 64GB 内存。

Windows XP 是微软把所有用户要求合成一个操作系统的尝试，和以前的 windows 桌面系统相比稳定性有所提高，而为此付出的代价是丧失了对基于 DOS 程序的支持。由于微软把很多以前是由第三方提供的软件整合到操作系统中，Windows XP 受到了猛烈的批评。这些软件包括防火墙、媒体播放器（Windows Media Player），即时通信软件（Windows Messenger），以及它与 Microsoft Pasport 网络服务的紧密结合，这都被很多计算机专家认为是安全风险以及对个人隐私的潜在威胁。这些特性的增加被认为是微软继续其传统的垄断行为的持续。

Windows XP Professional（专业版）除了包含家庭版的一切功能，还添加了新的为面向商业用户的设计的网络认证、双处理器支持等特性，最高支持2GB的内存。主要用于工作站、高端个人电脑以及笔记本电脑。

Windows XP Home Edition（家庭版）的消费对象是家庭用户，用于一般个人电脑以及笔记本电脑。只支持单处理器；最低支持64MB的内存（在64MB的内存条件下会丧失某些功能），最高支持1GB的内存。

2.1.2　操作系统的功能

从系统管理角度来看，它能合理安排计算机的工作流程，协调各部件有条理地工作；从资源角度来看，它是资源（硬件资源、软件资源和数据资源）的管理者；从用户角度来看，它是用户与计算机之间的接口；从发展的角度来看，它为计算机系统的功能、服务扩展提供支撑平台。

操作系统是计算机系统中必不可少的重要组成部分，是计算机所有硬件和软件资源的组织者和管理者。如果说硬件是计算机的物质基础，那么软件就是计算机的灵魂，而操作系统则是计算机软件的核心和基础。操作系统的功能主要有以下两个方面：

第一是管理好计算机的全部资源，包括所有硬件和软件资源。

第二是担任用户与计算机之间的接口，使得用户不必过问计算机硬件的具体细节，就能十分方便地使用计算机。

作业管理

通常将用户要求计算机完成的一个计算任务称为作业。作业管理包括作业的输入和输出，作业的调度和作业的控制。

文件管理

负责文件的存取和对文件库进行管理。主要任务为管理文件目录，为文件分配存储空间，执行用户提出的使用文件的各种命令。

中央处理机管理

在多道程序系统下，计算机内存中的作业有多个，但中央处理机只有一个，同一时刻只能有一个进程占有处理机。因此中央处理机管理实际上相当于进程的调度。

存储管理

存储管理主要工作是：合理分配内存，使各作业占有的存储区不发生冲突，对内存进行保护，使各个作业在自己所属的存储区中，不相互干扰，还有对内存进行扩充等。

设备管理

设备管理的任务是：当用户要使用外部设备时，提出申请，由它进行分配。当用户程序要使用某个外部设备时，由它驱动外部设备，同时它还能处理外部设备的中断请求。

2.1.3 操作系统的分类

单用户操作系统

它的主要特征是一个计算机系统内部每次只能运行一个用户程序。该用户占有全部硬件和软件资源。一般微型计算机多采用这种系统，如 DOS 操作系统等。

分时操作系统

把计算机和很多终端连接起来，让处理机按固定的时间片轮流地为各个终端服务，由于计算机的运行速度非常快，因此给每个用户的感觉好像是自己单独占有这台计算机一样。

实时操作系统

实时操作系统分为实时控制和实时处理两大类，是一种时间性强、响应快的操作系统。该系统能及时对外来信息在极短的时间内作出准确的响应，对系统的可靠性和安全性要求较高。

批处理系统

该系统采用批量化作业处理技术，根据一定的策略将要计算的一批题目按一定的组合和顺序执行，从而可提高系统运行的效率。

网络操作系统

这是用来管理联在计算机网络上的多个计算机的操作系统。该系统提供网络通信和网络资源共享的功能，要求保证信息传输的准确性、安全性和保密性。

分布式操作系统

分布式操作系统是在多处理机环境下，负责管理以协作方式同时工作的大量处理机、存储器、输入输出设备等一系列系统资源，以及负责执行进程与处理机之间的同步通讯、调度等控制工作的软件系统。

2.2 Windows XP 操作系统（1）

2.2.1 Windows XP 的简介

Windows XP 系列版本中的专业版是微软针对普通用户推出的基于 NT 技术并面向 21 世纪的新一代的操作系统。Windows XP 的主要特点如下：

①支持新一代的硬件和软件技术。

②工作更容易更有效，速度更快。

③工作更可靠更易于管理。

④完全的 Internet 集成。

⑤工作更安全更稳定。

⑥娱乐性更强。

2.2.2　Windows XP 的配置

Windows XP 运行时所需系统配置如下：

运行 Windows XP 的最小系统配置

- Pentium x86 166MHZ 以上 CPU
- 硬盘至少 650MB 自由空间
- SVGA（800×600，256 色）显示器
- 光驱至少 12 倍速
- 32MB 内存
- 鼠标器
- 1.44MB 软盘驱动

运行 Windows XP 的典型系统配置

- Pentium 233MHZ 以上 CPU
- 20GB 或以上硬盘，至少 650MB 自由空间
- SVGA（800×600，256 色）或更高的显示器
- 光盘驱动器 CD-ROM
- 64MB 或以上内存
- 鼠标器
- 1.44MB 软盘驱动器
- 声卡和音箱

2.2.3　Windows XP 的启动和退出

Windows XP 的启动

所有的软件在使用之前，必须先进行软件的安装，由于中文版 Windows XP 内置了高度自动化的安装程序向导，使整个安装过程更加简便、易操作，它会自动复制所需要的安装文件，然后向硬盘复制所有的系统文件，并加载各种设备的驱动程序，用户只需要输入产品密钥、用户名称和密码等等简单的信息即可完成整个安装过程。

在 Windows XP 安装之后，每次打开电源，计算机将进行一系列的硬件测试，测试无误后，Windows XP 即自动启动系统。启动成功后，屏幕将显示如图 2-1 所示的 Windows XP 的图形界面，我们称之为“桌面”。

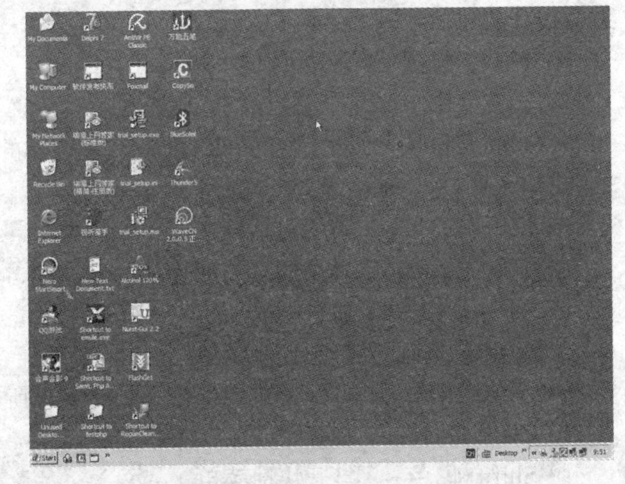

图 2-1　Windows XP 桌面

说明：如用户在安装中将

Windows XP 设置为网络环境，则在启动界面消失后，屏幕上将出现“请输入网络密码”对话框，在“用户名”和“密码”文本框中分别输入设置的相应内容，单击“确定”按钮，登陆到 Windows XP 系统。

Windows XP 的退出

使用 Windows XP 后，如想退出系统并关闭计算机，其步骤是：先关闭所有的应用程序；对未保存的文件进行存盘；然后单击“开始”按钮，选择开始菜单的“关机”命令，将出现如图 2-2 所示的“关闭 Windows”对话框。从“希望计算机做什么?”的下拉列表中，选择“关机”选项，再单击“确定”按钮即可。

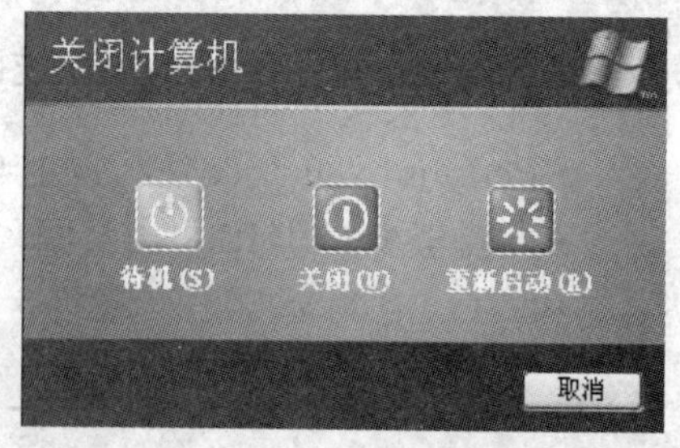

图 2-2 “关闭 Windows”对话框

说明： 用户应严格按上述关机步骤退出系统，由于 Windows XP 是一个多任务、多线程的操作系统，经常前台、后台同时运行多个程序。如果因前台程序运行完成而关闭电源，后台运行程序的数据和结果可能丢失，严重时可能造成系统的损坏。

2.2.4 Windows XP 的基本操作

鼠标和键盘操作

(1) 鼠标操作。鼠标器的左键称为主键，右键为副键。

鼠标的基本操作：

· 指向：将鼠标指针移动到屏幕上的指定位置。

· 单击：快速按一下鼠标左键。

· 双击：将鼠标指针指向某特定对象，然后快速按两下鼠标左键。

· 右击：将鼠标指针指向某特定对象，然后快速按一下鼠标右键。

· 拖放：将鼠标指针指向某特定对象，按住鼠标左键不放，然后移动指针至指定位置后再释放鼠标左键。

· 释放：将按住鼠标指针的手指松开。

右击主要用于打开“快捷菜单”。

(2) 键盘操作。使用键盘可以完成一些基本的操作，下面介绍几个常用组合键的功能。

· Esc　关闭对话框
· Tab　对话框选项的切换
· Alt+Tab　窗口切换
· Alt+空格键　打开控制菜单
· Alt+字母　打开菜单栏中带下划线字母所示菜单项的下拉菜单
· Ctrl+Esc　打开“开始”菜单
· Shift+F10　打开快捷菜单
· Alt+Esc　切换到上一个应用程序

详细的介绍请参阅“Windows XP 帮助”中“索引”标签页上“快捷键”。

“桌面”操作

所谓“桌面”是指工作的整个屏幕区域。Windows XP 的“桌面”上也设置了一些常用的“图标”。这里的“图标”是代表程序、文件和计算机信息的图形表示形式。常见的有“我的电脑”、“我的文档”、“回收站”，如上网还可以出现“Internet Explorer”，“Outlook Express”等图标。

（1）桌面的组成。①“我的电脑”。使用鼠标双击“我的电脑”图标，将打开“我的电脑”窗口，在此窗口可以管理计算机所有的资源，并可查看系统的所有内容。通过“我的电脑”窗口，用户可以管理文件，安装硬件及运行程序。

②“我的文档”。“我的文档”专门用来存放用户创建和编辑的文档。这些文档实际存放在“My Documents”文件夹中，它使用户可更加方便地存取经常使用的文件。

③“网上邻居”。对于连入网络的电脑，桌面上将出现“网上邻居”图标。在“网上邻居”窗口，用户可以像浏览本地硬盘一样地浏览和使用网络上的资源。

④“回收站”。“回收站”是用来暂时存放用户删除的文件或文件夹等内容。如果是误删除，还可从“回收站”中恢复被误删除的文件或文件夹。对于确实要删除的内容，也可以从“回收站”中永久删除。

⑤Internet Explorer。Internet Explorer 是 Windows XP 一个不可缺少的组件，双击 Internet Explorer 图标，可以快速打开微软 Internet Explorer 浏览器窗口。

⑥Outlook Express。专门用来接收和发送电子邮件（E-mail）的工具。

（2）任务栏操作。任务栏最左边为“开始”按钮，其余分为三部分：快速启动工具栏、最小化程序窗口栏和系统任务栏。如图 2-3 所示。

图 2-3　任务栏

①快速启动工具栏。快速启动工具栏提供了一种不同于桌面快捷方式的快速启动应用程序的工具。安装 Windows XP 后，快速启动工具栏上包括“启动 Internet Explorer 浏览器”、“启动 Outlook Express”和“显示桌面”。

单击“显示桌面”按钮，则最小化所有打开的窗口。再次单击此按钮则桌面将恢复到原来的状态。

除“快速启动”选项外，系统还提供有“地址”、“链接”、“桌面”3 个选项，用户需要时，可右击任务栏，从打开的快捷菜单中进行设置。

②最小化程序窗口栏。每一个打开的应用程序或窗口在任务栏上都有一个标识按钮，查看任务栏就可以知道所有活动的程序。可以通过单击这些按钮，在应用程序或窗口之间快速地进行切换。处于激活状态程序的按钮呈凹状显示，而非激活程序的按钮呈凸状显示。

③系统任务栏。以图标的形式显示系统的一些驻留程序，如音量控制图标、输入法

图标、时钟图标等。

④任务栏上新建工具栏。用户还可在任务栏上新建一个工具栏，步骤如下：

右击任务栏，从打开的快捷菜单中选择“工具栏\新建工具栏”命令。

从打开的“新建工具栏”对话框中，选择要加入到任务栏上的工具栏项目，单击“确定”按钮。

删除指定工具栏：在指定要删除的工具栏上单击鼠标右键，从弹出的快捷菜单中选择“关闭”选项。

⑤任务栏高度和位置调整。Windows XP 允许用户调整任务栏的高度和位置。

任务栏高度调整：将鼠标指针移动到任务栏边框处，待指针变成双向箭头时向上拖动，可调整任务栏的高度。

任务栏的位置调整：将鼠标指针移动到任务栏空白处，拖动到屏幕另外 3 条边之一处，可调整任务栏的位置。

⑥隐藏任务栏。为扩大窗口面积，用户可暂时将任务栏隐藏起来，一旦需要时，再将其显示出来。

右击任务栏空白处，从打开的快捷菜单中选择“属性”命令，打开如图 2-4 所示“任务栏和开始菜单属性”对话框。

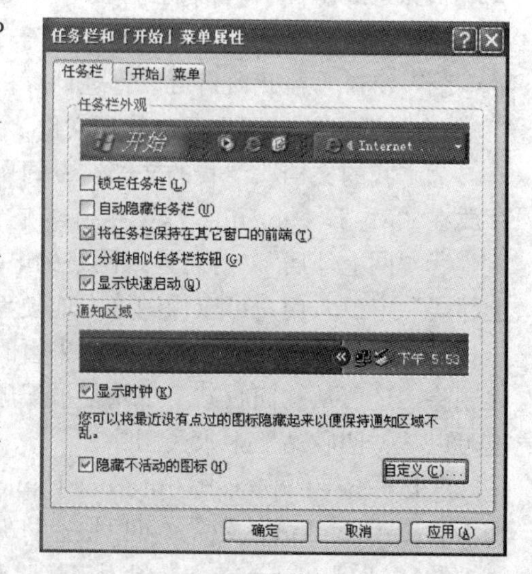

图 2-4　“任务栏和开始菜单属性”对话框

单击“自动隐藏”复选按钮。

单击“确定”命令按钮。

说明：任务栏的最佳设置为：“总在最前”＋“自动隐藏”。

图标操作

(1) 激活图标。用鼠标左键单击某一图标，则该图标颜色变深，表示该图标被激活。

(2) 执行图标。双击某一图标，则将执行该图标所代表的应用程序或打开该图标代表的文档。

(3) 复制图标。如需将某窗口的图标复制到桌面上，先按住 Ctrl 键不放，然后用鼠标左键拖动图标从该窗口到桌面指定位置，再释放 Ctrl 键和鼠标。

(4) 移动图标。用鼠标左键拖动图标到指定位置，然后释放鼠标。

(5) 删除图标。先激活需删除的图标，然后单击鼠标右键，从打开的菜单中，选择“删除”命令即可。

(6) 排列图标。右击桌面，从弹出的快捷菜单中选择“排列图标”命令，可选择“按名称”、“按类型”、“按大小”和“按日期”4 种方式之一来排列图标。

排列时，Windows XP 将系统图标，例如，我的电脑、网上邻居、Internet

Explorer、回收站、我的文档等排在最前面。

开始菜单操作

“开始”菜单是启动应用程序最直接的工具，用鼠标左键单击屏幕最左下角的“开始”按钮，将打开如图 2-5 所示的开始菜单。该菜单包括程序、文档、设置、搜索、帮助、运行和关闭系统等一组命令。如菜单项后标有实心三角形，则表示该菜单项下有一子菜单，如菜单项后标有省略号“…”，则表示该菜单项将打开一对话框。

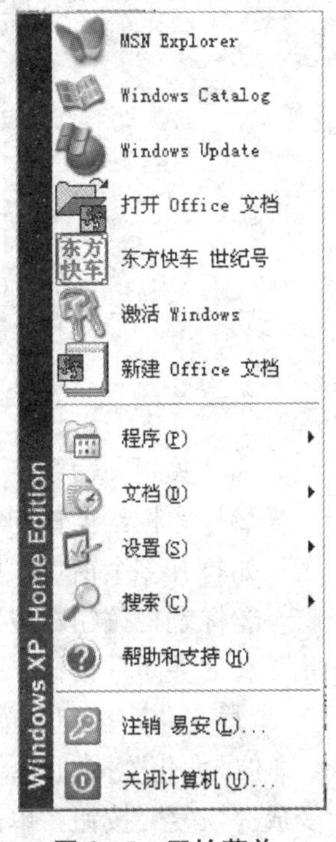

图 2-5　开始菜单

(1) 程序。程序子菜单包含 Windows XP 系统中安装的所有应用程序和用户安装的其他应用程序，如“Microsoft Office”中的各种组件。

(2) 文档。文档子菜单列出了用户最近打开过的 15 个文档的列表，从而使用户可以快速访问最近曾访问过的文档。

(3) 设置。设置子菜单主要用于系统的各项设置，包括“控制面板”、“网络和拨号连接”、“打印机”和“任务栏和开始菜单”。

(4) 搜索。搜索子菜单主要用于查找计算机中的“文件或文件夹”、在“Internet 上”进行搜索、“使用 Microsoft Outlook”以及搜索“用户”等。

(5) 帮助。打开系统的帮助窗口。Windows XP 提供了完备的帮助系统，用户在使用过程中，可以随时通过帮助窗口来解决所遇到的各种问题。

(6) 运行。打开“运行”对话框，在输入栏键入需运行程序的路径和程序名，系统立即运行该程序。

(7) 关机。打开“关闭 Windows”对话框，选择“关机”命令按钮，退出 Windows 系统。

窗口操作

窗口指在桌面上的一个矩形区域。Windows XP 是一个多任务、多线程操作系统，每运行一个应用程序都要打开一个窗口，用户可以同时打开几个不同的窗口。不管窗口是已打开还是被最小化，总有一个当前正在使用的应用程序，该程序所在的窗口称为“当前窗口”、“前台窗口”或“活动窗口”，其他程序则是后台程序。前台程序（窗口）的标题栏为高亮显示，一般位于窗口的最上层。

(1) 窗口的组成。在 Windows XP 中，每个窗口不会完全相同，但在每个窗口中，都有一些相同的元素。一个典型的 Windows XP 窗口通常由标题栏、控制按钮、菜单栏、工作区、滚动条和边框组成，如图 2-6 所示。

①控制按钮：位于窗口最左上角，根据应用程序的不同，将显示不同的图标。用鼠标单击控制按钮，将打开一个控制菜单，其中包含“恢复”、“移动”、“最小化”、“最大

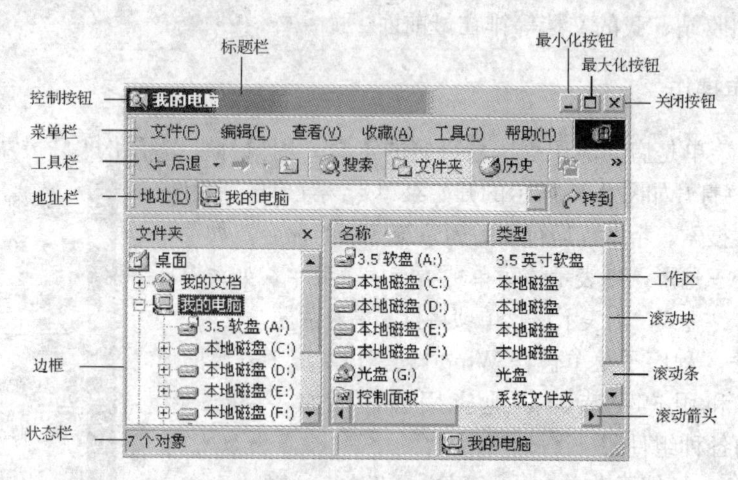

图 2-6 **“我的电脑”窗口**

化”和“关闭”命令。

②标题栏：窗口的第一行为标题栏，用于显示窗口的名称，即应用程序名或文档名。如打开多个窗口，则当前窗口的标题栏以高亮显示。

③标题栏按钮：位于窗口最右上角的三个按钮，从左到右依次为“最小化”、“最大化”和“关闭”按钮。

“最小化”按钮：单击该按钮，将窗口缩小到任务栏上。

“最大化”按钮：单击该按钮，将窗口变为最大状态。当窗口最大化后，该按钮将变成“恢复”按钮，单击“恢复”按钮，可将按钮恢复到原来状态。

“关闭”按钮：单击该按钮将关闭窗口。

④菜单栏：列出可选用的菜单项，每个菜单项均包含一系列命令。每个窗口的菜单项是不一样的，大多数窗口都有“文件”、“编辑”、“帮助”等菜单项。

⑤工具栏：在 Windows XP 的许多窗口内，都可出现工具栏，为方便用户使用，系统将“菜单栏”各菜单项中最常用的一些操作命令以图标的形式排列在其下的工具栏中，供用户直接调用，其功能与先打开菜单项，选择需执行的命令相同，但更加快捷。例如，单击工具栏“复制”按钮，相当于先打开“编辑”菜单，然后从中选择“复制”命令。

显示或隐藏工具栏：如窗口未显示工具栏，可选择“查看”菜单中“工具栏”选项，即可显示工具栏。该选项在选中后将显示一个“√”标志。再次点击“工具栏”选项，即可隐藏工具栏。此时其“√”标志将消失。

⑥地址栏：在 Windows XP 系统窗口可以见到，它的下拉列表里，包含了用户机器的所有资源，如“我的电脑”、“资源管理器”等。也可直接在此栏中键入 Web 地址而连接上 Internet。

⑦窗口工作区：一般位于工具栏或地址栏的下面，该工作区用于显示和处理工作对象的有关信息。

⑧滚动条：当窗口工作区容纳不下窗口信息时，会出现滚动条。利用滚动条，用户可以很方便地查看太长或太宽的文档、列表或图形。

⑨窗口边框：窗口边框构成窗口的大小，用鼠标移动窗口的边框可以缩短或伸长边框，移动窗口对角可以缩短或伸长两条相邻的边框。

⑩状态栏：位于窗口的最下边，用于显示一些与用户当前操作有关的信息。

可选择“查看”菜单的“状态栏”选项来“显示”或“隐藏”状态栏，方法与显示和隐藏工具栏相同。选择窗口的不同部分，状态栏将显示选中对象的有关信息，如需查看菜单项的功能，先选中该菜单项，然后直接在状态栏阅读即可。

(2) 窗口基本操作。窗口基本操作包括：窗口移动、窗口最大化、最小化、滚动条的使用、改变窗口大小和窗口关闭等。

①窗口移动：为防止一个窗口覆盖另一个窗口，或希望将窗口移动到新的位置，可以移动窗口。方法是将鼠标指针移动到标题栏上，按住鼠标左键并拖动窗口到新的位置，然后释放鼠标。

②改变窗口大小：用户使用鼠标可以改变窗口的大小，方法是将鼠标移动到窗口的边框或角上，待鼠标指针变成双箭头形状时，按住鼠标左键，拖动边框或角到所需位置，然后释放鼠标。

注意：有的应用程序的窗口，当鼠标指针放在边框或角上时，如不改变为双箭头，则该窗口的尺寸是不可改变的。

③窗口的最小化、最大化和关闭：用鼠标左键单击标题栏最右边的“最小化”、“最大化”和“关闭”按钮，可以分别使窗口最小化、最大化或关闭。

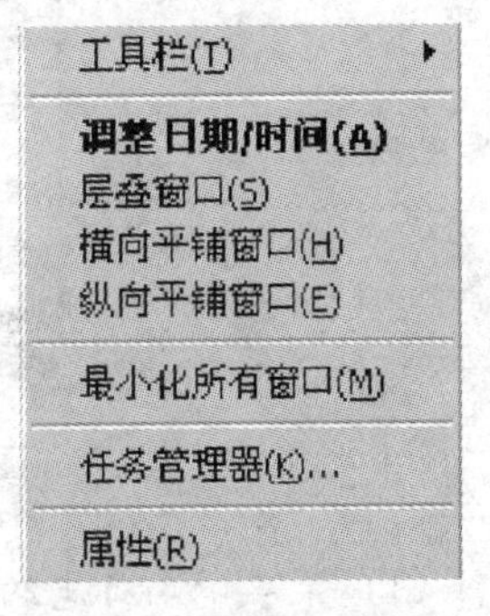

图 2-7 重排窗口菜单

④滚动条的使用：有的窗口带有滚动条、滚动箭头和滚动块，如图2-7所示。使用它们可以查看当前未能显示的内容。

向上（下）滚动一行：用鼠标左键单击垂直滚动条上（下）端的实心箭头，则向上（下）滚动一行。若按住鼠标不放，则连续滚动。

向上（下）滚动一页：用鼠标左键单击垂直滚动条上（下）端的实心箭头下（上）的滚动条，则向上（下）滚动一页。若按住鼠标不放，则连续滚动。

向左（右）滚动一列：用鼠标左键单击水平滚动条左（右）端的实心箭头，则向左（右）滚动一列。若按住鼠标不放，则连续滚动。

滚动条上“滚动块”尺寸的大小可直接反映出该窗口已显示内容的多少。

⑤窗口切换：打开多个窗口后，可用以下方法之一切换到需要工作的窗口：

单击任务栏上相应按钮，这是实现在多个窗口之间切换的最简方法。

如果窗口没有被其他窗口完全遮住，可直接单击要激活的窗口。

使用键盘，按住Alt键不放，然后反复按Tab键，此时屏幕会弹出一个窗口，按Tab键依次进行切换，当找到需要的窗口时，该窗口图标带有边框，释放Tab键，即切换到该窗口。

用Alt+Esc键，在所有打开的窗口之间进行切换，但此方法不适用于最小化以后的窗口。

⑥重排窗口。打开多个窗口后，如感到排列零乱，可重新排列窗口。

方法：右击任务栏的空白处，将弹出快捷菜单（见图 2-7），从中选择排列方式。

层叠窗口：将窗口按先后顺序依次排列在桌面上。最上面的窗口为活动窗口，是完全可见的。

横向平铺窗口：从上到下不重叠地显示窗口。

纵向平铺窗口：从左到右不重叠地显示窗口。

最小化所有窗口：将所有打开的窗口都缩小为任务栏上的按钮。

菜单操作

菜单是各种应用程序命令的集合。每个窗口的菜单栏上都有若干个菜单项，每个菜单项都是一组相关命令的集合。选择一个菜单项即打开一个下拉菜单，供用户选择需操作的命令。典型的菜单如图 2-8 所示。

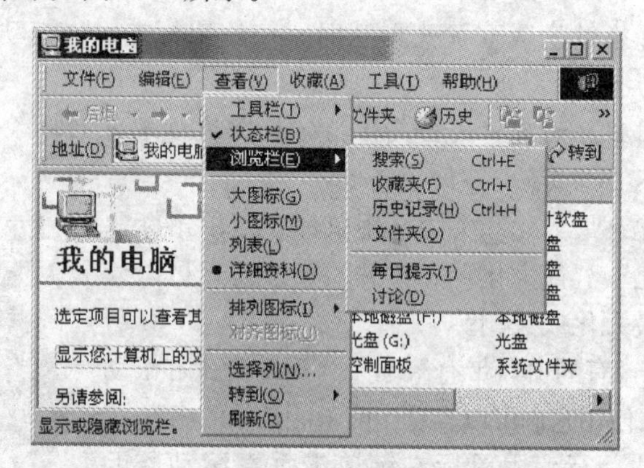

图 2-8 “我的电脑”窗口的“查看”菜单

(1) 菜单命令标志约定。

①分组标志：用一条横线将多条命令按功能进行分组。

②选中标志：命令项前带有正确号“√”或实心圆点“•”，表示该命令当前正在起作用。其中“√”为复选，在同一组菜单中可选择几条命令。第一次选中则打开，第二次选中则关闭。“•”为单选，在同一组菜单中只能选一条命令。

③灰色标志：命令项字符变灰，表示该命令当前不能使用。

④快捷键标志：命令项后方括号 [ ] 中带下横线的字母称为“热键”，显示下拉菜单后，可使用热键快捷地选择命令。

有些命令项后还带有一个组合键，这就是对应于该命令的快捷键。也可在不打开菜单时，用快捷键来选择命令，前提是该窗口必须是激活的。

⑤三角形标志：命令项后带有实心三角形标志，则表示该命令项下还有子菜单。

⑥省略号标志：命令项后带有省略号“…”时，表示该命令项将打开一个对话框，需回答有关询问后命令才能执行。

(2) 选择菜单命令。鼠标选择：用鼠标单击所需菜单项，即打开一个下拉式菜单，从中选择所需命令。

键盘选择：同时按 Alt 键和菜单项后括号中带下划线的字母键，打开这个下拉式菜单，然后键入该菜单中，所需子项后带下划线的字母，即可执行选择的命令。

(3) 撤销菜单。单击菜单外的任何地方或按“Esc”键，菜单将自动关闭。当打开一个菜单后，如想撤销此菜单并打开另一菜单，只需单击另一菜单项即可。

(4) 快捷菜单。“快捷菜单”是 Windows XP 中无处不在的一种菜单，“快捷菜单”中的命令选项是窗口命令选项的一部分。“快捷菜单”用于执行与鼠标指针所指对象最为相关的操作，从而使用户能够快速对所选择的对象进行相关的操作。

用鼠标右击不同的对象（图标、磁盘驱动器、文件夹或文件等）将弹出不同的“快捷菜单”。例如，选择文件后，右击将打开文件操作的“快捷菜单”，该菜单提供了有关文件操作的常用命令：打开、剪切、复制、删除和重命名等，如图 2-9 所示。“快捷菜单”是 Windows XP 给用户提供的一种非常方便、实用的操作方式。

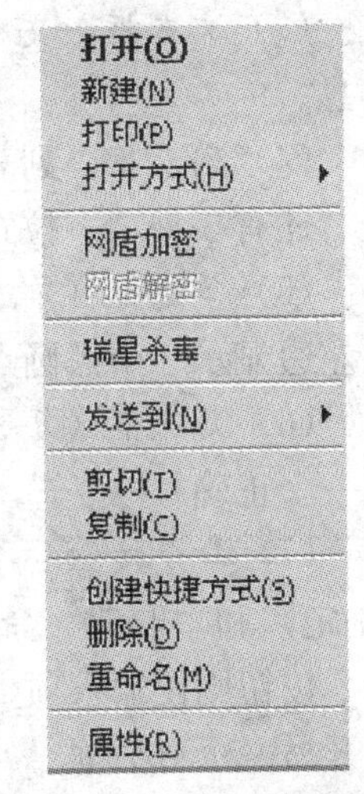

图 2-9　文件快捷菜单

用键盘来操作快捷菜单方法是：选中对象后，按组合键 Shift+F10 打开快捷菜单，用上、下、左、右光标移动键选择要执行的命令，按“Enter”键执行选择的命令。

关闭弹出的快捷菜单：单击快捷菜单之外任意位置或按 Esc 键。

对话框操作

当 Windows XP 系统窗口或其他应用程序需要一系列复杂的输入项时或菜单项之后带有省略号“…”时，系统会打开一个对话框。使用对话框可以选择选项，添加信息，改变设置或进行其他相关的操作。

Windows XP 的对话框是各不相同的，每一个对话框都是针对当时的工作任务而定义。一个典型的对话框一般由以下几部分组成，如图 2-10 所示。

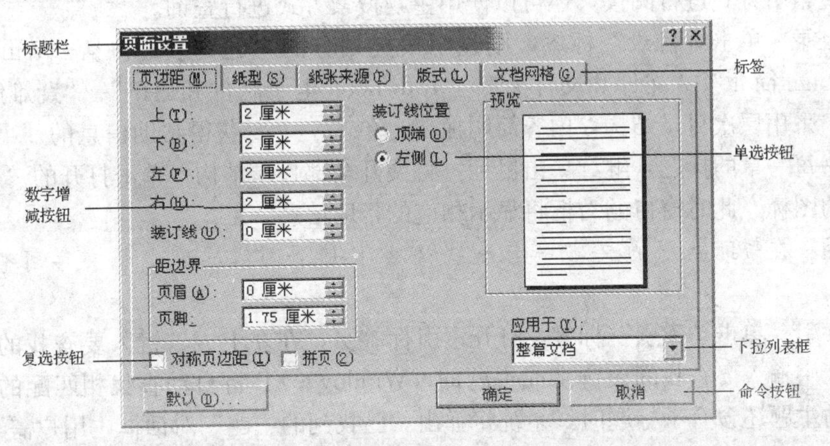

图 2-10　Word 字处理软件“文件/页面设置”对话框

（1）标题栏。对话框顶部为标题栏，左端显示对话框名称，右端为对话框“帮助”和“关闭”按钮。

（2）标签。位于标题栏之下，每个标签项表示一个对话框，选择不同标签项，就可改变该对话框输出项的选项。

（3）文本框。文本框是一个要求用户输入信息的方框，移光标到文本框，即可输入信息。

（4）列表框。列表框列出一组可供用户选择的选项，常带有滚动条，使之滚动列表。还有一种“下拉式列表框”，单击后面的实心箭头，便可以打开一个选项的列表。

（5）单选框（单选按钮）。单选框一般是一组出现，每次只能选中一项，被选中的项左边显示一个黑圆点“·”。

（6）复选框（复选按钮）。复选框每次可以选择多项，被选中时，左边小方框中出现一个正确号“√”，再次单击该项，则取消选中。

（7）命令按钮。单击“命令”按钮，可直接执行命令按钮上显示的命令。常见的“确定”和“取消”命令按钮，分别确认或作废输入项，同时关闭对话框，而“应用”命令按钮则使输入项生效，但并不关闭对话框。如命令按钮后带有省略号“…”，则可打开另一个对话框。

（8）数字增减按钮。由两个实心箭头组成，单击方向朝上的实心箭头，使数字增大，反之，使数字减少。

（9）滑动式按钮（游标）。移动游标，可在显示的两个数值之间进行选择。一般用于表示时间、速度、音量等。

说明：如对话框中某个选项呈灰色显示，则表示当前不能使用该选项功能。

求助操作

（1）从“开始”菜单获得帮助。最直接的方法是选择“开始/帮助”命令，将打开如图2-11所示Windows帮助对话框，内容包括Windows XP的基本介绍、基本操作方法指导和对用户使用中一些疑难问题的解答等。用户可以以目录方式进行阅读，也可以以主题索引方式进行阅读，还可以使用主题搜索方式进行查询。

①目录。单击“目录”标签，则显示按类划分的主题列表，包括“Windows XP Professional简介”、“文件和文件夹”、“Internet、电子邮件和通讯”、“疑难解答和维护”等。采用层次目录结构，内容简明扼要。单击一个要获得帮助信息的“书标”，将显示该书每一章的标题，继续单击鼠标，将展开全部目录结构，单击打开的“书标”或带问号的图标，此时窗口的右框将显示相应的帮助信息。

说明：在帮助主题的文本中有一些文字带有下划线，单击此文字可查看相关的信息。

②索引。单击“索引”标签，打开索引标签页，在左上方“键入要查找的关键字”的文本框中输入要查找的关键字或主题词，Windows XP将自动查找相匹配的关键字。如选定的主题还含有子标题时，系统将弹出“已找到的主题”对话框，用户需继续选择一个相关的主题后双击或单击“显示”按钮，此时选定的帮助信息将显示在右边信

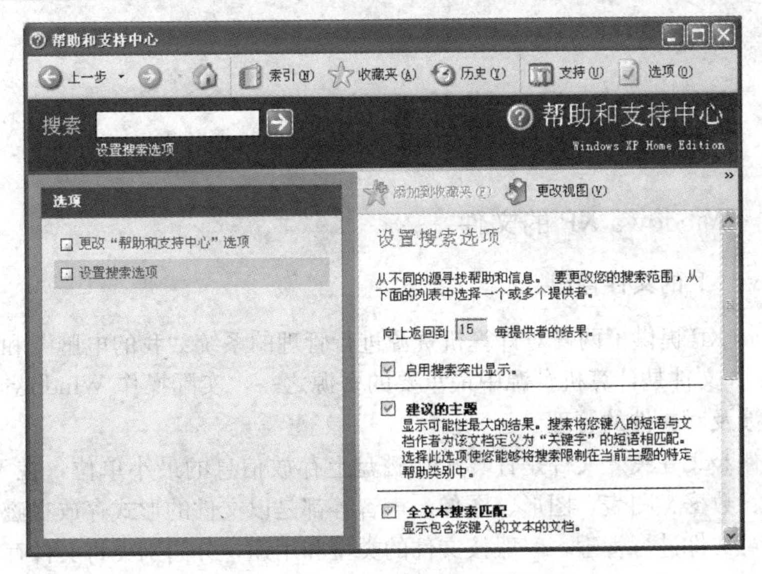

图 2—11　Windows XP 的帮助对话框

息框中。

③搜索。用户为了快速查找需要的帮助信息，可使用系统提供的“搜索”功能。单击“搜索”标签，打开搜索标签页，在左上方“键入要查找的关键字”的文本框中输入要查找的关键字，单击“列出主题”按钮，然后直接在“选择要显示的主题”列表框中，选择要查找的主题后双击或单击“显示”按钮，此时在右边信息框中将显示相应的帮助信息。

④书签。用户只要在“主题”列表框中，双击要设置为书签的帮助主题，然后单击“书签”标签，打开书签标签页。此时选中的帮助主题将显示在“当前主题”框内，单击“添加”按钮，即可将其添加到书签中。下次打开帮助窗口，进入书签对话框，即可在“主题”框中选择所保存的帮助主题，然后单击“显示”按钮或直接双击该帮助主题，在右边信息框中将显示帮助主题的详细信息。

(2) 从对话框获得帮助。方法是：单击“?”按钮，将跟有“?”的箭头移动到要了解的对象上，单击鼠标左键即可。

(3) 从应用程序中获得帮助。在 Windows XP 的每一个应用程序窗口的菜单栏中，都有一个“帮助”选项，打开帮助菜单，选择其中帮助命令项，在“请问您要做什么”框中输入要帮助的关键字，然后单击“搜索”按钮，便可获得该关键字的详细帮助信息。也可单击“这是什么”选项，待鼠标指针变成带“?”的箭头时，移动到需帮助处单击鼠标左键，即可显示有关的帮助信息。

除此之外，还可以直接按功能键 F1，更快捷地获得当前操作的详细帮助信息。

2.3 Windows XP 操作系统（2）

2.3.1 Windows XP 的文件

Windows XP 的文件管理

Windows XP 提供了两套对计算机资源进行管理的系统：“我的电脑”和“Windows 资源管理器”。文件是计算机资源中最重要的资源之一，实际操作 Windows XP 时，大量的操作都涉及对文件的管理。

（1）文件和文件夹。文件是计算机在磁盘上存放信息的最小单位，在 Windows 系统中，文字、数据、图表、图形、图像、声音等都是以文件的形式存放在磁盘上的。

为便于对文件进行管理，一般按文件的类型和用途，分门别类将文件存放在不同的“文件夹”中，（相当于 DOS 中的目录）如同目录中可以包含子目录一样，文件夹中也可以包含另一个文件夹，称为该文件夹的“子文件夹”。

需注意的是，在 Windows 中，文件夹是一个含义广泛的概念，除传统意义上的文件夹外，还可以指计算机的硬件资源。例如，名为“我的电脑”的文件夹，对应于用户所用的计算机，其中包括硬盘、软盘和光盘驱动器，以及打印机、控制面板、拨号网络、计算机任务等文件夹。

（2）文件和文件夹的命名。Windows XP 支持长文件名，文件名和文件夹名最多可以使用 255 个字符，其中可以包含一个或多个空格，也可以用多个句点“.”分隔，还可以使用汉字。但下列字符不得在文件（夹）名中出现：“?”、“\”、“*”、“<”、“>”、“|”。

（3）文件的类型。文件的扩展名用于表示文件的类型，反映了文件的格式。通过扩展名，用户可对文件有一个大概的了解，下面介绍常用的文件格式。

①文档文件：

TXT：纯文本文件格式，在不同的操作系统之间可通用，兼容不同的文字处理软件。

DOC：由文字处理软件 Word 生成的文档格式。

DOT：Word 模板文件。

WPS：由国产文字处理软件 WPS 生成的文档格式。

WPT：WPS 模板文件。

WRI：由 Windows 自带的写字板程序生成的文档格式。

XLS：由 Excel 生成的电子表格文件。

PPT：由 PowerPoint 生成的演示文稿文件。

②图像文件：

BMP：Windows 使用的基本位图格式文件，由一组点（像素）组成，表现力强，不失真，分 Windows 位图、图标、OS/2 位图等几种不同的格式。

GIF：一种应用广泛的图像文件（特别是在 Internet 网页中），最大特点是支持任意大小的图片，提供压缩功能，可将多幅图画保存在一个文件中，是唯一可存储动画的图形文件。

JPG：具有高压缩比的图形文件（一张 1000KB 的 BMP 文件压缩成 JPG 格式后只有约 20～30KB），压缩失真程度很小，目前使用广泛，尤其是在 Internet 网页中。

③视频文件：

MPEG/MPG：采用 MPEG 方式压缩的视频文件，MPEG（Motion Picture Experts Group）是目前最常见的视频压缩方式，可对包括声音在内的移动图像以 1∶100 的比率进行压缩，它支持 1024×768 的分辨率、CD 音质播放、每秒 30 帧的播放速度等优秀功能，VCD 大多采用该种文件格式。

AVI：对视频文件采用的一种有损压缩方式，压缩率高，目前主要应用在多媒体光盘上，用来保存电影、电视等各种影像信息，Windows 的"媒体播放器"可播放 AVI 文件。

④音频文件：

WAV：微软公司专门为 Windows 开发的一种标准数字音频文件，又称波形文件。该文件能记录各种单声道或立体声的声音信息，能保证声音不失真。缺点是占用磁盘空间太大，每分钟的音乐大约需 12MB 磁盘空间。

MID/MIDI：国际 MIDI 协会开发的乐器数字接口文件。采用数字方式对乐器演奏的声音进行记录，播放时再对这些记录进行合成，占用磁盘空间很小，一般来说，MID 文件适合记录乐曲。

MP3：目前最热门的音乐文件，采用 MPEG Layer3 标准对 WAVE 音频文件进行压缩而成。特点是能以较小的比特率、较大的压缩率达到几乎完美的 CD 音质（压缩率可达1∶12左右），每分钟 CD 音乐大约只需 1MB 的磁盘空间。用户可将 CD 上音乐以 WAV 文件的格式抓到硬盘上，然后再压缩成 MP3 文件，既可欣赏音乐又可减少光驱磨损。

在 Windows 中每个文件或文件夹都有一个图标，根据图标也可判断文件的类型，常见的图标与其对应的文件类型和扩展名见表 2－1。

表 2－1　Windows 常见图标及类型

图 标	扩展名	文件类型
	·SYS	系统文件
	·INI	配置设置文件
	·BMP	位图文件
	·TXT	文本文件
	·DOC 或 .WRI	WORD或书写器文件
	·XLS	EXCEL 工作表
	·HTM 或 .HTML	WEB 页文件
	·HLP	帮助文件
	·BAT	MS-DOS 批处理文件
	·EXE 或 .COM	MS-DOS应用程序或命令文件
	·TMP 或 .BAK	临时文件或备份文件

文件的存储位置

为了运行或打开一个应用程序，必须知道该文件的存储位置，即文件存放在哪个磁盘的哪个文件夹中。文件的存储位置称为文件的“路径”。路径是从驱动器或当前文件夹开始，直到文件所在的文件夹所构成的字符串。

例如：“C：＼Program Files＼Microsoft Office＼Word”

2.3.2 “我的电脑”概述

“我的电脑”是Windows的一个文件管理工具，是访问计算机文件系统的入口。使用“我的电脑”可以浏览磁盘和光盘上的内容，并对其中的文件进行管理，还可以访问“打印机”和“控制面板”文件夹，对打印机及系统的软硬件环境进行设置。

“我的电脑”窗口

双击桌面上“我的电脑”图标，即打开“我的电脑”窗口，如图2-12所示。在“我的电脑”窗口中，视图显示方式有两种：图标视图方式和列表视图方式。图标视图方式是系统设置的默认方式，具有形象、直观的特点。列表视图将窗口内容以列表形式显示，可同时显示较多内容，用户可选择“查看”子菜单中“列表”命令，进入列表视图方式。

“我的电脑”窗口中显示了用户计算机中的基本软硬件资源，其中包括软盘、硬盘和光盘驱动器、“控制面板”和“打印机”图标。如果用户所用的计算机已连接网络或通讯设备，窗口还将显示网络中其他计算机内的驱动器或文件夹，它们是以“映射”的方式成为“我的电脑”窗口的一部分。

图2-12 “我的电脑”窗口

“我的电脑”的基本操作

“我的电脑”的基本操作包括：格式化磁盘，复制软盘，浏览磁盘内容，创建文件夹，移动、删除、重新命名文件或文件夹以及对计算机系统环境进行重新调整和设置等。

2.3.3 “资源管理器”概述

“资源管理器”概述

“资源管理器”是 Windows 的另一个文件管理工具，可以管理磁盘，映射网络驱动器，可以查看“控制面板”、“打印机”的内容，还可以浏览因特网的主页。

(1)“资源管理器”窗口。用户可选择下列方式来，打开“资源管理器”窗口，如图 2-13 所示：

图 2-13 “资源管理器”窗口

①单击桌面任务栏上的“开始”按钮，打开“程序”子菜单，选择“附件”中的“Windows 资源管理器”命令项，为叙述方便，以上过程简述为：选择“开始/程序/附件/Windows 资源管理器”命令。

②右击桌面“我的电脑”图标，从快捷菜单中选择“资源管理器”命令。

③右击“开始”按钮，从快捷菜单中选择“资源管理器”命令。

④右击任一驱动器或文件夹，从快捷菜单中选择“资源管理器”命令。

如“资源管理器”窗口未显示工具栏或状态栏，可选择“查看”菜单中“工具栏”或“状态栏”命令来显示，此时该命令前将出现正确号“√”标志。再次选择“工具栏”或“状态栏”命令，即可隐藏工具栏或状态栏，此时该命令前正确号“√”标志将消失。

（2）“资源管理器”的基本操作。“资源管理器”的基本操作包括：对文件进行管理，即对文件或文件夹的创建、复制、移动和重新命名。对磁盘进行管理，即格式化磁盘以及软盘复制等。一般在“我的电脑”中能实现的操作，在“资源管理器”中都能实现。

实际上，“我的电脑”和“资源管理器”只是以不同的方式查看相同的内容或实现相同的功能。对于初学者来讲，“我的电脑”掌握起来更容易些。待熟悉之后，使用“资源管理器”可能更加方便。

2.3.4 文件与文件夹的操作

文件与文件夹的打开

（1）文件的打开。“打开文件”的含义取决于文件的类型，如打开一个应用程序，Windows将启动该程序。

可用如下方法之一打开文件：

①先选择要打开的文件，然后选择“文件”菜单中的“打开”命令。

②在文件夹内容框中双击要打开的文件。

③右击要打开的文件，然后从快捷菜单中选择“打开”命令。

④先选择要打开的文件，然后按“Enter”键。

⑤在应用程序的窗口中，选择“文件”菜单中的“打开”命令，从下拉式列表框中，选择要打开的文件。

（2）文件夹的打开。打开文件夹，指在文件夹内容框中显示文件夹的内容。被打开的文件夹称为当前文件夹，其左边的图标为一个打开的夹子。文件夹内容框中将显示当前文件夹的内容。如图标为一个关闭的夹子，则文件夹处于关闭状态，如图2-14所示。

要打开一个文件夹，可在文件夹框中直接单击要打开的文件夹，也可在文件夹内容框中双击要打开的文件夹。

在资源管理器的工具栏左端，有三个与打开文件有关的标准按钮，如图2-15所示。

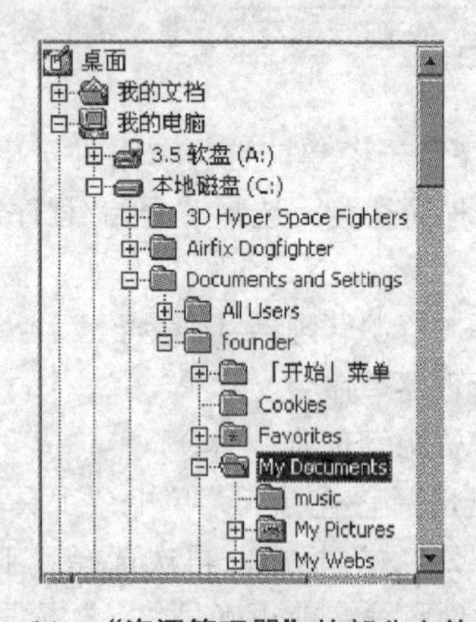

图2-14 “资源管理器”的部分文件夹

后退

图2-15 工具栏“后退”、“前进”和“向上”按钮

向上按钮：打开当前文件夹的上一级文件夹。

后退按钮：向后移到前面所选的文件夹或磁盘。

前进按钮：向前移到下一个文件夹或磁盘。

(3) 展开和折叠文件夹。展开文件夹是指将含有子文件夹的文件夹按图形目录结构显示，其逆过程则是折叠文件夹。

当文件夹图标的左边出现方框时，表示该文件夹中含有子文件夹。如方框内带“+”号，表示该文件夹未展开；如方框内带“-”号，则表示该文件夹已被展开。如文件夹图标前未出现方框，则表示该文件夹不含子文件夹，如图 2-14 所示。

如果文件夹原来为展开状态，单击方框后将变为折叠状态。相反，如原来为折叠状态，单击方框后将变为展开状态。

(4) 文件与文件夹的关闭。单击文件或文件夹窗口标题栏最右边的“关闭”按钮或双击标题栏最左边的“控制按钮”图标，即可关闭打开的文件与文件夹。

文件或文件夹的选择

在对文件或文件夹进行各种操作之前，首先必须选择要操作的文件或文件夹。在文件夹框中，一次只能选定一个文件夹；在文件夹内容框中，一次可以同时选择多个文件或文件夹。

(1) 选择一个文件。单击要选定的文件或文件夹。

(2) 选择多个连续文件或文件夹。先单击要选择的第一项，按住 Shift 键，然后单击要选择的最后一个项，释放 Shift 键，则选择包含前、后两项及两项之间的所有项。

也可从第一项（最后一项）要选择的文件的右侧按住鼠标左键，然后向下（上）拖动出一个虚框，则虚框左侧的文件或文件夹被选中。

(3) 选择多个非连续文件或文件夹。先按住 Ctrl 键，然后依次单击要选择的每一项，释放 Ctrl 键。

(4) 选择文件夹中所有文件。打开“编辑”菜单，选择“全部选定”命令，将选择文件夹中所有文件。

在“编辑”菜单中，“反向选择”命令将选择文件夹中除已选择文件之外的文件(即选择原来未选择的文件)。

(5) 取消选择。取消一项：先按住 Ctrl 键，然后单击要取消的项。

取消多项：先按住 Ctrl 键，然后单击每一个要取消的项。

取消所有选项：单击空白处。

文件与文件夹的建立

(1) 文件夹的建立。在当前文件夹中创建一个新的文件夹，其步骤为：

①打开父文件夹。

②在“文件”菜单中，选择“新建”子菜单中的“文件夹”命令。

③输入新文件夹的名字，然后按 Enter 键。

另外，在打开父文件夹后，还可用鼠标右键单击文件夹内容框中空白处，从打开的快捷菜单中，选择“新建”子菜单来实现，功能与上述方法完全相同。

还可以使用“文件”菜单中的“另存为”命令，即时建立新的文件夹，其步骤为：

①选择“另存为”命令，打开“另存为”对话框。

②从输入栏中选择要建立新文件夹的目标文件夹或磁盘驱动器。

③单击“创建新文件夹”按钮。

④在显示的文本框中输入新文件夹名后，按“确定”按钮。

(2) 新文件（档）的建立。在当前文件夹中建立一个新的文件（档），步骤如下：

①打开要在其下建立新文件（档）的文件夹。

②选择“文件/新建”命令。

③选择新文件的类型，如：“Microsoft Word 文档”、“Microsoft PowerPoint 演示文稿”、“文本文档”、“Microsoft Excel 工作表”等。

④在显示的输入栏中输入新的文件名后按 Enter 键。

文件或文件夹的删除

删除文件或文件夹的方法很多，用户可灵活选用。常用方法有以下 4 种：

①最简方法：先选择要删除的文件或文件夹，然后按“Del”键。

②先选择要删除的文件或文件夹，然后打开“文件”菜单，选择“删除”命令。

③使用快捷菜单：将鼠标指针移到要删除的文件或文件夹处，单击鼠标右键，从打开的快捷菜单中，选择“删除”命令。

④用鼠标拖动：先选择要删除的文件或文件夹，然后将鼠标指针指向要删除的对象处，用鼠标左键将其拖动到桌面上的“回收站”中。

注意：如果删除一个文件夹，将删除该文件夹中所有内容（文件或文件夹）。删除后，系统只是将文件或文件夹暂时放到桌面上的“回收站”中，用户需要时，还可从“回收站”中恢复。如果在执行删除操作的同时，按住 Shift 键，则被删除的对象将不再放入“回收站”，而被永久性删除。

文件或文件夹的更名

要更改一个文件或文件夹的名字，可选用下列方法之一：

①最简方法：选择要更名的文件或文件夹，然后单击该文件或文件夹名，在弹出的方框中输入新的名字后按“Enter”键。

②先选择要更名的文件或文件夹，然后打开“文件”菜单，选择“重命名”命令，在弹出的方框中输入新的名字后按“Enter”键。

③使用快捷菜单方法：将鼠标指针移到需更名的文件或文件夹处，单击鼠标右键，从打开的快捷菜单中，选择“重命名”命令，输入新的文件名后按“Enter”键。

文件与文件夹的复制

复制操作指把要复制的对象从源文件夹拷贝到一个或多个目标文件夹。操作要点可简述为：选择文件+复制+粘贴。

一般常用以下三种方法：

(1) 使用“编辑”菜单。

①选择要复制的文件或文件夹。

②选择“编辑”菜单中的“复制”命令（或单击工具栏上的“复制”按钮）。

③打开目标文件夹，然后选择“编辑”菜单中“粘贴”命令，将剪贴板中文件（夹）复制到目标文件夹。

(2) 用快捷菜单。①选择要复制的文件或文件夹。

②用鼠标右键单击要复制的对象，从弹出的快捷菜单中，选择“复制”命令。

③用鼠标右键单击目标文件夹，打开快捷菜单，从中选择“粘贴”命令。

(3) 用鼠标拖动。①先选择要复制的一个或多个对象。

②按住 Ctrl 键，用鼠标指针指向要复制的对象，按下鼠标左键。

③将对象拖动到目标文件夹，然后依次释放鼠标左键和 Ctrl 键。

说明：在不同驱动器之间用鼠标拖动方式复制对象时，可不用按下 Ctrl 键。

当拖动到目标文件夹时，如执行的是复制操作，则鼠标指针右下侧将显示一个带“+”号的方框。如执行的是移动操作，则无此方框。

文件与文件夹的移动

移动操作是指将选择的对象从一个位置（源文件夹）移动到另一个位置（目标文件夹），且只能从一处移至另一处，不能移到多处。

操作要点可简述为：选择文件+剪切+粘贴。

(1) 使用“编辑”菜单。

①选择要移动的文件或文件夹。

②选择“编辑”菜单中的“剪切”命令（或单击工具栏上的“剪切”按钮）。

③打开目标文件夹，然后选择“编辑”菜单中“粘贴”命令，将剪贴板中文件（夹）移动到目标文件夹。

(2) 使用快捷菜单。

①选择要移动的文件或文件夹。

②用鼠标右键单击要移动的对象，从弹出的快捷菜单中，选择“剪切”命令。

③用鼠标右键单击目标文件夹，打开快捷菜单，从中选择“粘贴”命令。

(3) 用鼠标拖动。

①先选择要移动的一个或多个对象。

②用鼠标指针指向要移动的对象，按下鼠标左键。

③将对象拖动到目标文件夹，然后释放鼠标左键。

注意：拖动对象之前必须保证目标位置可见，可以通过滚动条滚动“资源管理器”的文件夹框，使目标文件夹可见。在不同驱动器之间移动文件或文件夹：

◇先选择要移动的对象

◇按住 Shift 键，用鼠标指针指向要移动的对象，按下鼠标左键

◇将对象拖动到目标位置，然后依次释放鼠标左键和 Shift 键

在不同驱动器之间，Windows XP 默认操作是复制，因此拖动时，如果不按 Shift 键，拖动将变成复制操作而不是移动操作。

在同一个驱动器中，Windows XP 默认操作是移动，因此复制时，必须按住 Ctrl 键，否则为移动操作。

说明：在 Windows XP 中，由于系统将“软盘驱动器”也看做是文件夹，因此利用上述方法 1 和方法 2 也可实现在软盘之间、软盘与硬盘之间以及网络服务器之间文件（夹）的移动或复制。

（4）撤销移动、复制和删除操作。如用户在移动、复制或删除操作之后，想取消原来的操作，可选择“编辑”菜单中的“撤销”命令或工具栏上的“撤销”按钮，两者功能相同。但“编辑”菜单中的“撤销”命令，可显示撤销的是什么操作。

文件和文件夹的发送

用“文件”菜单或“快捷菜单”中的“发送到”子菜单，可将选择的对象快速传送到“3.5 软盘”、“我的文档”、“邮件接收者”和“桌面快捷方式”等目标位置，如图2-16所示。

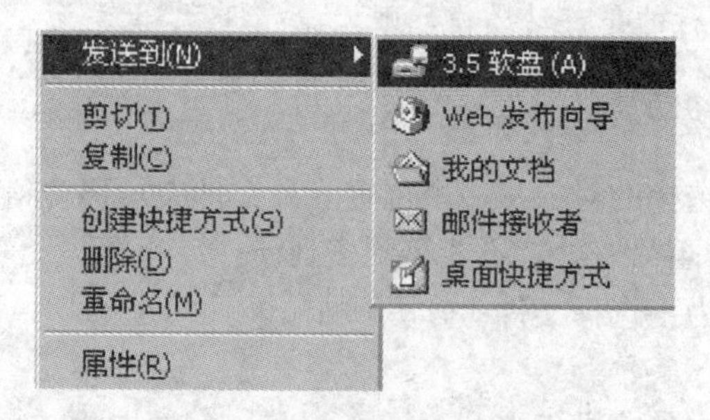

图 2-16 **文件的发送**

其具体步骤为：

①选择要发送的文件或文件夹。

②在“文件”菜单或“快捷菜单”中的“发送到”子菜单中选择一个合适的目标位置。

说明：使用发送方式，将选择的文件或文件夹发送到软盘，是复制文件的最简方式之一。

文件和文件夹的查找

当用户要查找一个文件或文件夹时，可以使用 Windows XP 提供的“搜索”功能。

①可用下列方式之一打开如图 2-17 所示的“搜索”对话框：

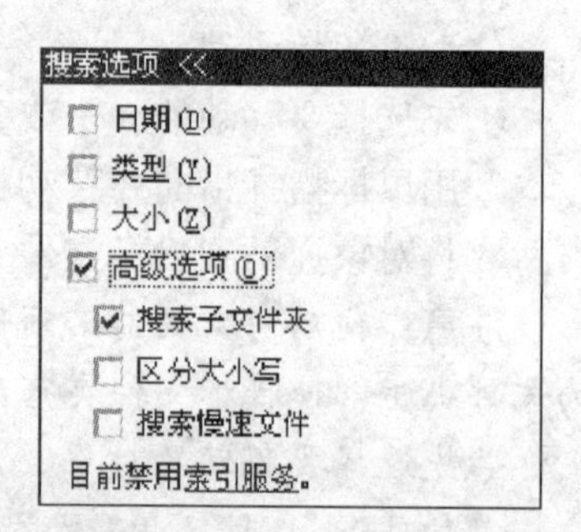

图 2-17 **搜索对话框**

从“开始”菜单打开，选择“开始/搜索/文件或文件夹”命令。

右击桌面“我的电脑”图标，从快捷菜单中选择

“搜索”命令。

右击驱动器或文件夹，从快捷菜单中选择“搜索”命令。

单击“资源管理器”窗口工具栏中“搜索”按钮，也可打开类似的搜索对话框。

②在“要搜索的文件或文件夹名为”输入框中输入要查找文件或文件夹的名称（文件名中可使用通配符：“?”代表该位置的任一个字符，“*”代表该位置的任一串字符）。

③在“搜索范围”下拉列表中，选择磁盘驱动器，如要进一步缩小搜索范围，可选择“浏览”选项，进一步选择要搜索的文件夹。

④用户要进行更精确的查找，可单击“搜索选项”，然后再进一步选择“日期”、“类型”、“大小”或“高级选项”，实现更精确的查找，如图 2-18 所示。

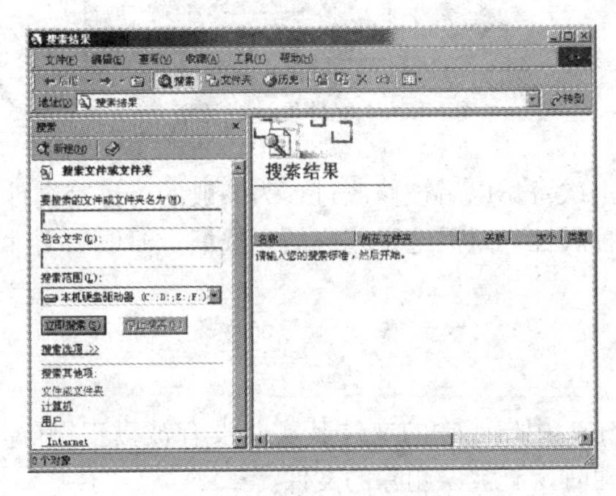

图 2-18　“搜索选项”对话框

⑤如选择“搜索其他项”中的“计算机”或“Internet”，可分别查找网络中的计算机和对网页进行查找。

⑥单击“立即搜索”命令按钮，系统开始按设置的条件进行查找，将满足条件的文件夹或文件显示在窗口右边的文件列表框中，用户可对其继续进行保存、复制、移动、删除或重命名等操作。

2.3.5　设置文件属性

文件属性是系统为文件保存的目录信息的一部分，可帮助系统识别一个文件，并控制该文件所能完成的任务类型。

先选择需要的文件，然后打开“文件”菜单，选择“属性”命令；也可将指针指向要查看的文件名后右击鼠标，从弹出的快捷菜单中，选择“属性”命令，将打开如图 2-19所示的属性对话框。

在对话框中，显示了文件的大小、位置和类型。图中底部有三个复选框用于显示和设置文件的属性。

只读：只能进行读操作，不能被修改和删除。

隐藏：该文件通常不显示在文件夹内容框中。

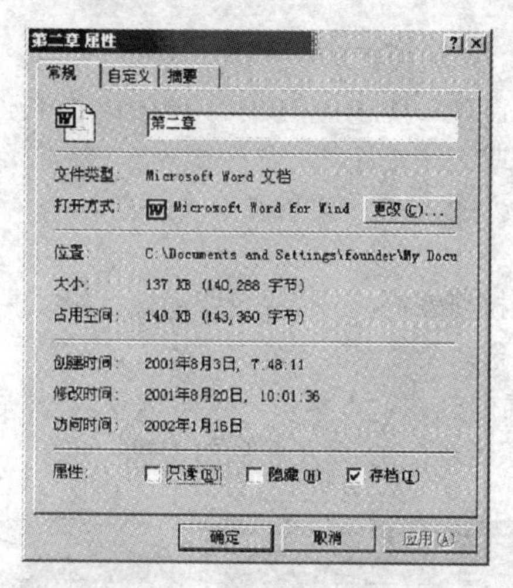

图 2-19 **文件属性对话框**

存档：该文件自上次备份以后被修改过，为一般的可读写文件。

要使文件具有某种属性，只需选定相应的复选框。要取消文件某种属性，只需清除相应的复选框。

2.3.6 回收站

在 Windows XP 中，用户删除的文件其实并没有被真正删除，而是被系统放到了“回收站”。用户可以随时恢复被误删除的文件。

用鼠标左键双击桌面“回收站”图标，即可打开如图 2-20 所示的回收站窗口。

图 2-20 **“回收站”窗口**

恢复删除的文件

可以用以下两种方式恢复被删除的文件：

①在回收站窗口中选择要恢复的文件，然后选择“文件”菜单中的“还原”命令。

②用鼠标右键单击要恢复的文件，然后从快捷菜单中选择“还原”命令。

“还原”命令将被删除的项目，还原到原来的文件夹中，如原文件夹已不存在，系统将自动重建该文件夹。

注意：如果文件是使用 DOS 命令删除的，则用上述命令无法恢复。

永久性删除

用户要想真正从磁盘上删除回收站中的文件，有两种方式可供选择：

（1）全部删除。选择“文件”菜单中的“清空回收站”命令或直接单击窗口左侧的“清空回收站”按钮，将全部删除回收站中所有文件。

（2）部分删除。先选择要真正删除的文件，然后选择“文件”菜单中的“删除”命令或工具栏“删除”按钮，从打开的“确认文件删除”对话框中，单击“是”按钮。

说明：①在“资源管理器”窗口，先选择要删除的文件，然后按 Shift+Del 键，也可以直接从磁盘上真正删除该文件。②原来存放在软盘或网络服务器中的文件，在执行该操作后将被永久性删除。

2.4　Windows XP 操作系统（3）

2.4.1　Windows XP 的磁盘操作

格式化磁盘

无论是新磁盘，还是感染病毒的磁盘，或安装了新硬盘，在使用之前却必须进行格式化。通常在使用中最常用的操作是格式化软盘，其步骤如下：先在软盘驱动器中插入要格式化的软盘。再打开“我的电脑”或“Windows 资源管理器”窗口，单击选中准备格式化的磁盘。

然后打开“文件”菜单，选择“格式化”命令（或右击文件夹窗口磁盘图标，从弹出的快捷菜单中，选择“格式化”命令）将出现如图 2-21 所示的“格式化”对话框。

注意：不要双击磁盘图标，因为打开的磁盘将无法进行格式化。

①选择格式化容量。在“容量”下拉式列表框中，选择格式化磁盘的容量。

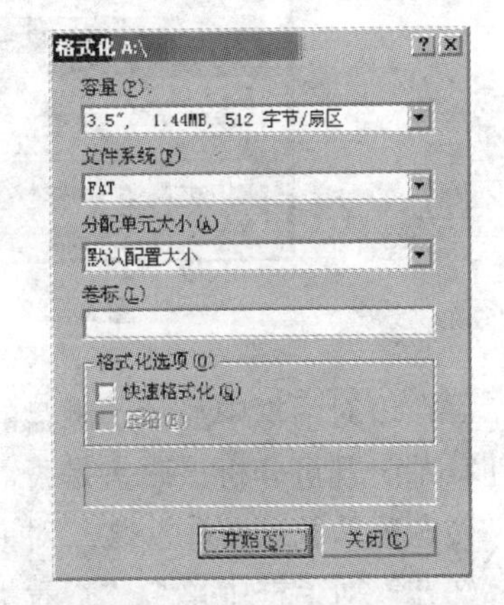

图 2-21　**“磁盘格式化”对话框**

②选择格式化磁盘类型。在“文件系统”框中，软盘默认类型为“FAT”，如格式化硬盘，将有“FAT”、“FAT32”和“NTFS”三种类型，用户可根据需要选择。

③在“分配单元大小”框中，选择“默认配置大小”。

④标识磁盘。磁盘卷标用于标识不同的磁盘。如用户需标识磁盘，可在“卷标”文本框中输入或修改卷标名。缺省时，不给格式化的磁盘命名。

⑤在“格式化选项”中选择“快速格式化”，则只删除磁盘上的所有文件，不检查磁盘的坏扇区，只适用于以前格式化过的磁盘。

整理磁盘碎片

磁盘（尤其是硬盘）经过长时间的使用后，难免会出现很多零散的空间和磁盘碎片，一个文件可能会被分别存放在不同的磁盘空间中，这样在访问该文件时系统就需要到不同的磁盘空间中去寻找该文件的不同部分，从而影响了运行的速度。同时由于磁盘中的可用空间也是零散的，创建新文件或文件夹的速度也会降低。使用磁盘碎片整理程序可以重新安排文件在磁盘中的存储位置，将文件的存储位置整理到一起，同时合并可用空间，实现提高运行速度的目的。

运行磁盘碎片整理程序的具体操作如下：

①单击“开始”按钮，选择“程序”｜“附件”｜“系统工具”｜“磁盘碎片整理程序”命令，打开“磁盘碎片整理程序”之一对话框，如图 2-22 所示。

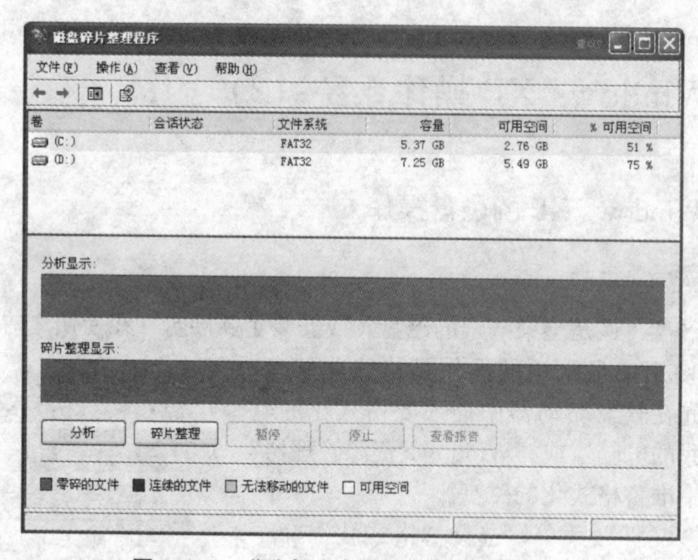

图 2-22 “磁盘碎片整理程序”对话框

②在该对话框中显示了磁盘的一些状态和系统信息。选择一个磁盘，单击“分析”按钮，系统既可分析该磁盘是否需要进行磁盘整理，并弹出是否需要进行磁盘碎片整理的“磁盘碎片整理程序”之二对话框。

③在该对话框中单击“查看报告”按钮，可弹出“分析报告”对话框。

④整理完毕后，会弹出“磁盘整理程序”之三对话框，提示用户磁盘整理程序已

完成。

⑤单击“确定”按钮即可结束“磁盘碎片整理程序”。

查看磁盘属性

磁盘属性是系统为每个磁盘保存的目录相关信息，以便用户对磁盘进行相应的管理。

在“我的电脑”窗口或“资源管理器”窗口，选择要查看的磁盘，然后选择“文件”菜单或快捷菜单中的“属性”命令，将打开如图 2-23 所示的磁盘属性对话框。

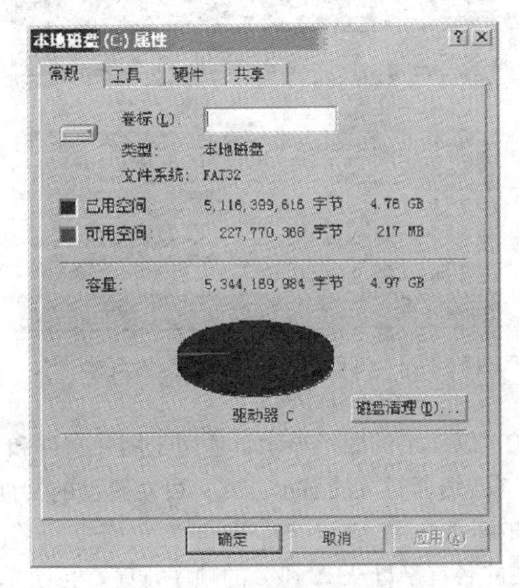

图 2-23　“磁盘属性”对话框

“常规”标签页中显示了磁盘的卷标、类型、文件系统以及磁盘空间的使用情况，并以饼图的形式直观地显示磁盘的占用空间和剩余空间的情况。

另外，在“我的电脑”或“资源管理器”窗口的地址栏输入盘符时，在窗口右框左侧也将显示该磁盘资源的使用情况。

如显示硬盘的属性，还将出现“磁盘清理”按钮，单击该按钮，将打开“磁盘清理程序”对话框，用以对磁盘进行清理，以释放一些磁盘空间。

“卷标”文本框显示磁盘的卷标，用户可以修改卷标。

“工具”标签页中提供了三个按钮，用以对磁盘进行维护：

“开始检查”按钮：启动磁盘扫描程序，检查磁盘错误并进行修复。

“开始备份”按钮：启动备份程序，对磁盘进行备份。

“开始整理”按钮：启动磁盘碎片整理程序，整理磁盘碎片。

“硬件”标签页：显示所有磁盘驱动器的名称、设备属性及工作状况。

“共享”标签页：设置与网络中的其他用户共享的文件夹及可共享的用户数等。

浏览磁盘内容

(1) 改变对象显示方式。Windows XP 提供了 5 种显示对象的方式，单击“查看”菜单，用户可在“大图标”、“小图标”、“列表”、“详细资料”或“缩略图”中任选一种显示方式。

“详细资料”显示方式：文件的每列信息的上部都有一个按钮，分别标有“名称”、“大小”、“类型”和“修改时间”，如图 2－24 所示。

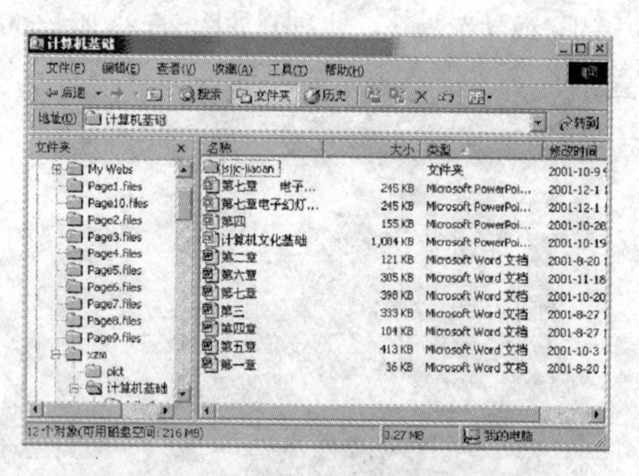

图 2－24　浏览“资源管理器”的内容

“缩略图”显示方式：以缩小的图形显示，适用于图片文件和 HTM 文件。

(2) 文件排序。以“详细资料”的显示方式，可对磁盘的文件按一定的方式进行快速排序，以方便对文件的查找。

“名称”按钮：按文件名首字母从 A 到 Z 的顺序排序，再次单击该按钮则按 Z 到 A 的顺序排序。

“大小”按钮：按文件长度从小到大的顺序排序，再次单击该按钮则按从大到小的顺序排序。

“类型”按钮：按文件类型排序。

“修改时间”按钮：按文件创建或修改的时间先后进行排序。

另外，选择“查看/重排图标”命令，然后再选择排序方式，即可按选择的方式对文件进行排序。

2.4.2　Windows XP 的其他常用操作

中文输入操作

(1) 选择汉字输入法。Windows XP 提供了智能 ABC，微软拼音、全拼、郑码、双拼等汉字输入方法。在输入汉字前，必须选择输入法。方法是：单击任务栏右边的输入法指示器图标“EN”，将弹出如图 2－25 所示的“输入法列表框”，单击所需输入法即可。

键盘方法：逐次按 Ctrl+Shift 键，从多种输入法中选择一种。

(2) 输入法状态条。选择一种汉字输入法以后，该输入法指示器左侧将出现一个“输入法配置”图标，单击该图标将打开如图 2-26 所示的“输入法配置”图标的弹出菜单。

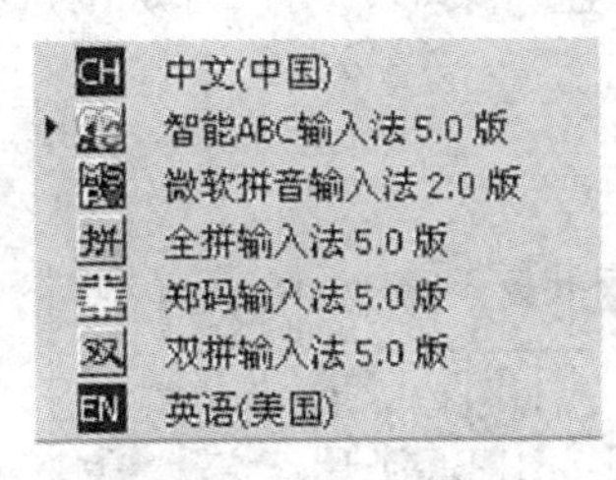

图 2-25　**输入法列表框**

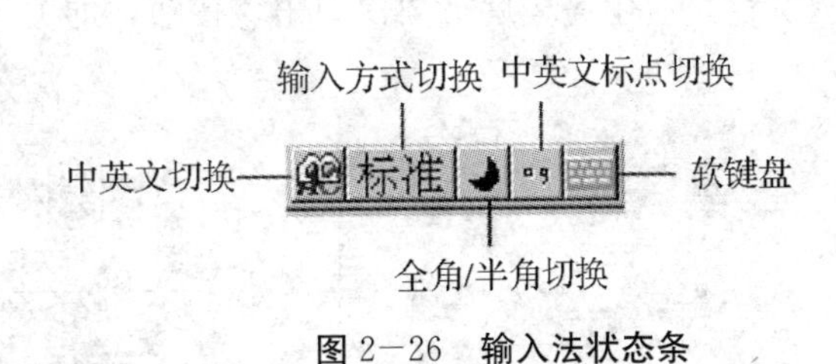

图 2-26　**输入法状态条**

关闭输入法状态条：选择“输入法配置”，弹出菜单的“关闭输入法”命令即可。

①“中英文切换”按钮：在中文和英文之间进行切换。单击该按钮，将变为［A］，表示转为英文输入状态。再次单击将重新转换为中文状态。

②“输入方式切换”按钮：有的汉字输入法还携带有其他的输入方式，单击该按钮可在不同的输入方式之间进行切换。如智能 ABC 含有标准和双打两种输入方式，单击该按钮将变为“双打”输入方式。

③“全角/半角切换”按钮：在全角与半角之间进行切换，当用户使用宋体和黑体等中文字体时，输入的英文字符和数字均为半角，其宽度为汉字的一半。如希望两者同宽，可单击该按钮切换到全角状态。

④“中英文标点切换”按钮：在中文与英文标点符号之间进行切换。单击该按钮将切换到英文标点状态。中文标点符号与键位对应关系见表 2-2。

表 2-2　**中文标点符号与键位对应关系**

标点符号	键　位	说　明	标点符号	键　位	说　明
。　句号	.		）　右括号	)	
，　逗号	,		〈《　单双书名号	<	自动嵌套
；　分号	;		〉》　单双书名号	>	自动嵌套
：　冒号	:		……　省略号	^	双符处理
？　问号	?		—　破折号	—	双符处理
！　感叹号	!		、　顿号	\	
“”　双引号	"	自动配对	·　间隔号	@	
‘’　单引号	'	自动配对	-　连字号	&	
（　左括号	(		￥人民币号	$	

⑤“软键盘”按钮：Windows XP 提供了 13 种软键盘，每种软键盘用于输入某一类字符或符号。如英文字母、西腊字母、俄文字母、拼音字母、标点符号、数学符号、数字序号和特殊符号等。

缺省时为“PC键盘”，如图2－27所示。如需使用其他软键盘，右击“输入法状态条”中“软键盘”按钮，将弹出如图2－28所示的“软键盘”菜单。用户可从中选择所需软键盘。使用完毕后，再次单击该按钮，即关闭软键盘。

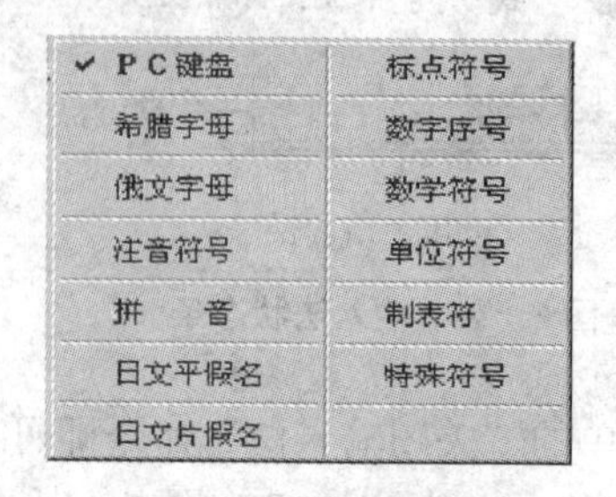

图2－27　PC软键盘

图2－28　“软键盘”菜单

键盘操作：

Ctrl+Space	启动或关闭中文输入法
Ctrl+Space	中英文输入切换
Ctrl+Shift	中文输入法切换
Shift+Space	全角与半角切换
Ctrl+．(句点)	中英文标点符号切换

Windows XP下的DOS操作

在Windows XP中使用MS－DOS方式工作时，有两种工作方式：窗口方式和全屏方式。用户可以通过组合命令“Alt+Enter”在窗口方式与全屏方式之间进行切换。

选择“开始/程序/附件/命令提示符”命令，将进入MS－DOS全屏方式。在MS－DOS命令提示符下即可输入DOS命令。

说明：在全屏方式下返回Windows XP环境，在DOS提示符后键入Exit命令。在窗口方式下返回Windows XP环境，可以直接单击右上角“关闭”按钮。

控制面板

(1) 设置多用户使用环境。在实际生活中，多用户使用一台计算机的情况经常出现，而每个用户的个人设置和配置文件等均会有所不同，这时用户可进行多用户使用环境的设置。使用多用户使用环境设置后，不同用户用不同身份登录时，系统就会应用该用户身份的设置，而不会影响到其他用户的设置。

设置多用户使用环境的具体操作如下：

①单击“开始”按钮，选择“控制面板”命令，打开“控制面板”对话框。

②双击“用户帐户”图标，打开“用户帐户”之一对话框，如图2－29所示。

③在该对话框中的“挑选一项任务…”选项组中可选择“更改用户”、“创建一个新用户”或“更改用户登录或注销的方式”三种选项；在“或挑一个账户做更改”选项组中可选择“计算机管理员”帐户或“来宾”帐户。

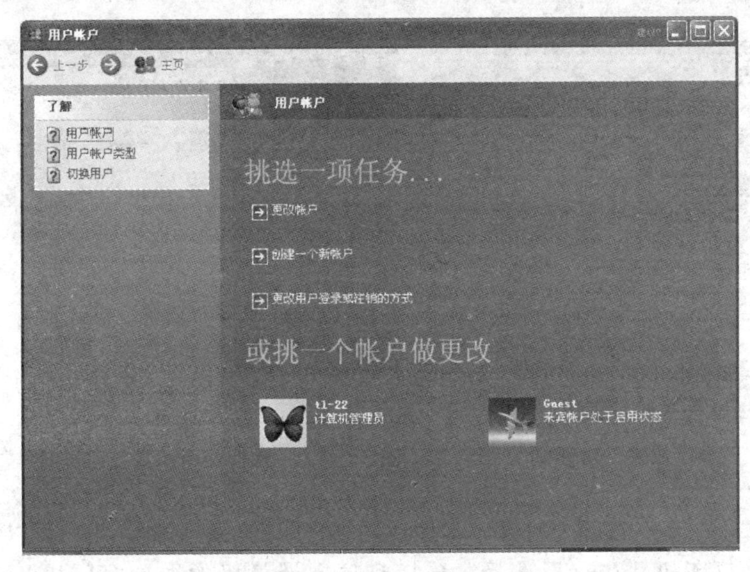

图 2-29　“用户帐户”对话框

④在该对话框中选择要更改的账户，例如选择“计算机管理员”帐户，打开“用户帐户”。在该对话框中，用户可选择“创建一张密码重设盘”、“更改我的名称”、“更改我的图片”、“更改我的帐户类别”、“创建密码”或“创建 Passport”等选项。例如，选择“创建密码”选项。

⑤弹出“用户帐户”之四对话框，在该对话框中输入密码及密码提示，单击“创建密码”按钮，即可创建登录该用户帐户的密码。

若用户要更改其他用户帐户选项或创建新的用户帐户等，可单击相应的命令选项，按提示信息操作即可。

(2) 设置显示器。在控制面板中双击“显示器”图标，或在桌面上单击鼠标右键选择“属性”选项，均可出现如图 2-30 所示的“显示属性”对话框。

在此对话框的“屏幕保护程序”选项卡中，设置屏幕保护方式。

在“背景”选项卡中，可设置屏幕桌面的背景图案和壁纸。

在“外观”选项卡中，可设置桌面及窗口中图标的大小、文字的外观。

在“效果”选项卡中，可更改桌面图标及视觉效果。

在“设置”选项卡中，可以设置屏幕的颜色和屏幕分辨率。

(3) 打印机管理。Windows XP 对打印机管理作了进一步改进和完善，它具有一个多线程抢占式假脱机体系结构，并提供了改进的打印性能和平稳的后台打印。

①安装打印机。单击“开始”按钮，在“开始”菜单中选择“控制面板”命令，在打开的“控制面板”窗口中双击“打印机和传真”图标，这时打开“打印机和传真”窗口，如图2-31 所示。

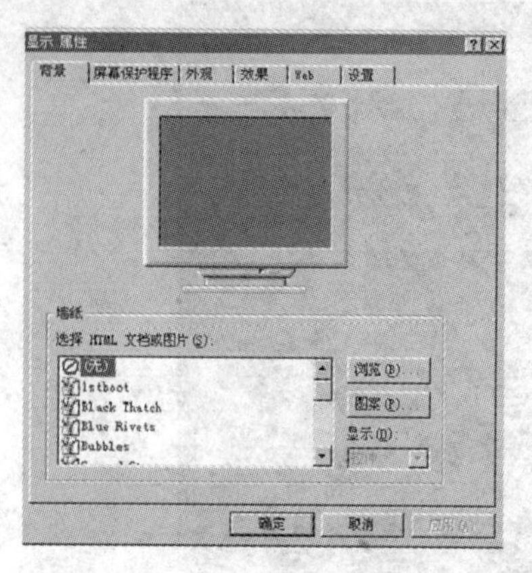

图 2－30　“显示属性”对话框

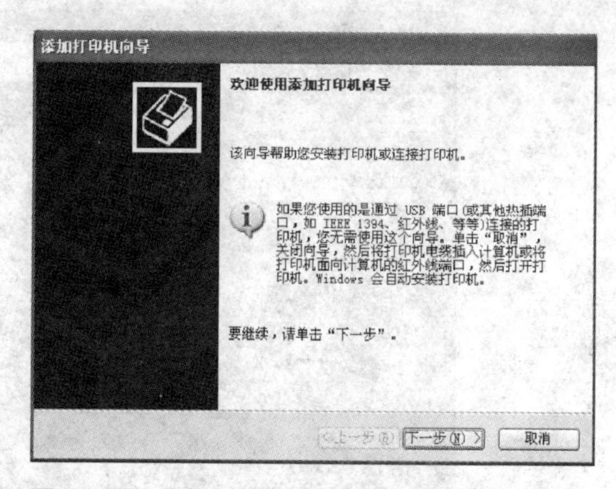

图 2－31　“欢迎使用添加打印机向导”对话框

②单击“下一步”按钮，打开“本地或网络打印机”对话框，用户可以选择安装本地或者是网络打印机，在这里选择"连接到这台计算机的本地打印机"单选项，如图2－32 所示。

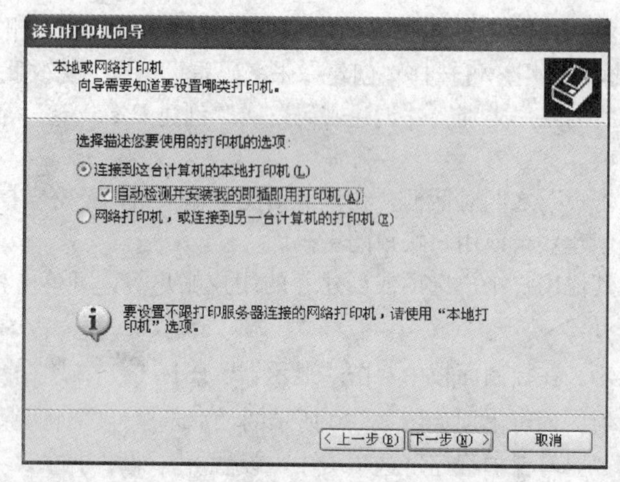

图 2－32　“本地或网络打印机”对话框

按照向导提示进行操作，即可完成安装工作。

（4）用户管理与密码管理。在 Windows XP 中，每个用户都可以使用自己的用户名和密码登录。当某个用户已完成自己的工作，而另外一个用户想继续使用时，可以选择“开始”菜单下的“注销”选项，注销当前用户，然后使用另一用户名登陆。

①用户管理。在控制面板上双击“用户”图标，打开用户设置对话框，如图 2－33所示。在该对话框中，不仅可以删除已有用户，还可以创建新用户。只要单击“新用户”按钮，按照操作向导，即可完成操作，添加新用户。

②密码管理。在控制面板上双击“密码”图标，即可打开密码属性窗口，如图 2－34所示，用户可根据需要修改本机密码。

（5）添加新硬件。对于即插即用（ Plug And Play 简称 PnP）设备，只要根据生产

图 2－33　**“用户设置”对话框**

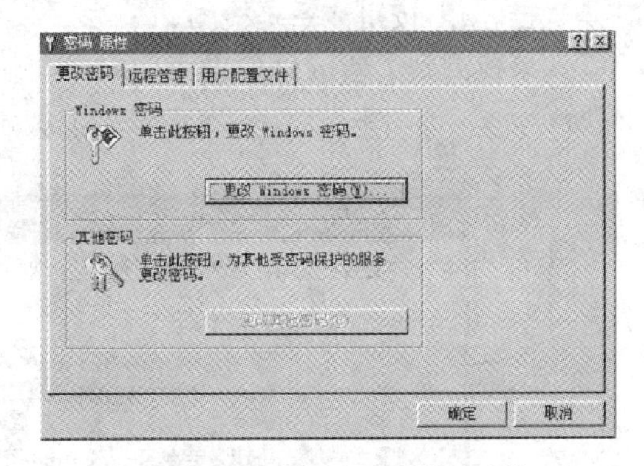

图 2－34　**“密码属性”对话框**

商的说明将设备连接到计算机上，然后打开计算机并启动 Windows，Windows 将自动检测新的“即插即用”设备，并安装所需的驱动程序软件。如果 Windows 没有检测到新的“即插即用”设备，则有可能是设备本身没有正常工作，没有正确安装或者根本没有安装。对于这些问题，仅靠“添加新硬件向导”是不能够解决的。但是，对那些“沿用（Legacy)”设备，需要使用控制面板中的“添加新硬件”工具。

添加新硬件的操作步骤如下：

①双击控制面板中的“添加新硬件”图标，将弹出“添加硬件向导”窗口，如图2－35 所示。

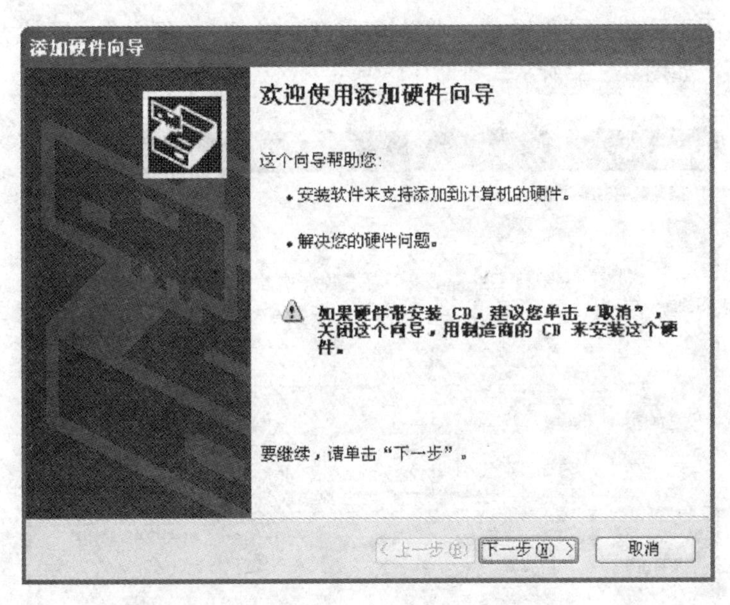

图 2－35　**“添加硬件向导”对话框**

②向导提示用户关闭所有的应用程序。

③向导检测新的即插即用型设备。

④向导询问用户是否让 Windows 自己检测新的即插即用兼容型设备。一般用户选择“是（推荐）”按钮让系统检测。

⑤如果检测到了新的硬件设备，向导会显示检测到的新设备，再进行安装，如图2－36所示。

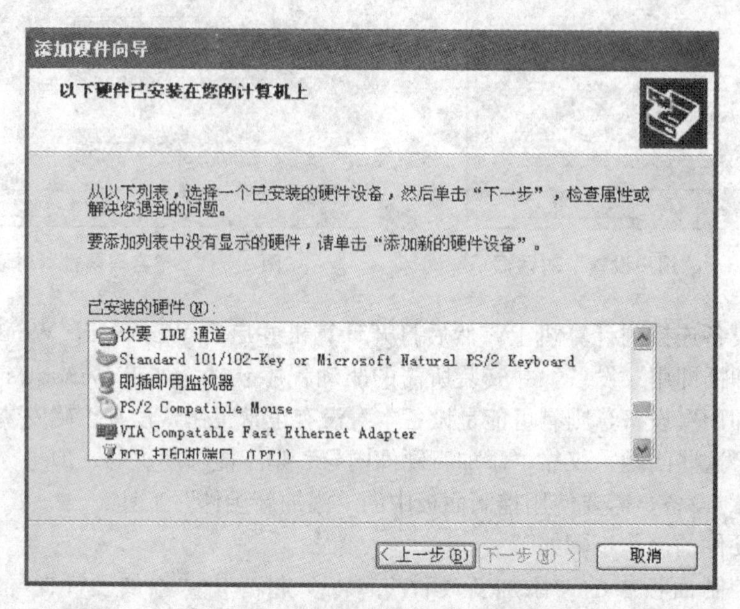

图 2－36　“添加硬件向导”对话框

⑥如果检测不到新的硬件设备，则必须手工安装，需要用户选择硬件类型、产品厂商和产品型号，如图 2－37 所示。

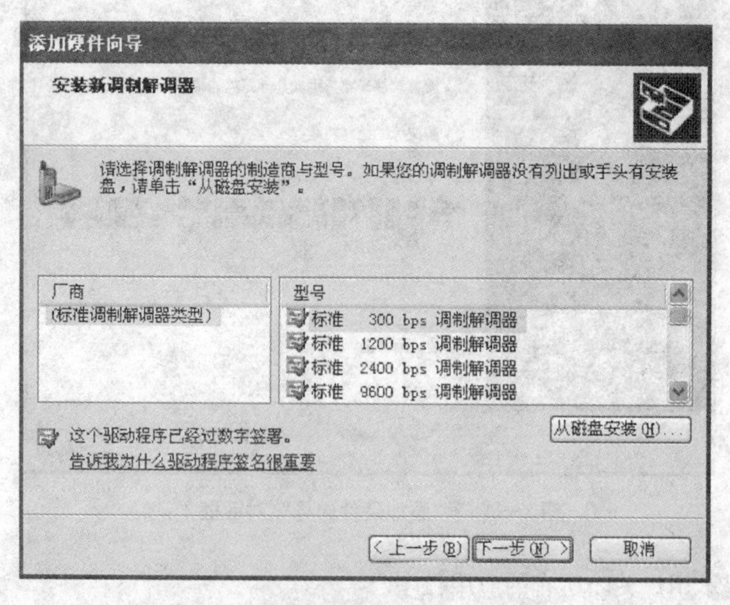

图 2－37　“添加硬件向导”对话框

注意：在运行向导之前，应确认硬件已经正确连接或已将其组件安装到计算机上。如果在厂商和类型列表框中找不到所安装的硬件，则选择“从磁盘安装”按钮，从安装盘中安装该硬件的设备驱动程序。

写字板

“写字板”是 Windows XP 提供的一个简易的文字处理程序，可用于编写简单的文稿、信函、便条，也可以组合来自其他程序中的信息（如声音、图片和动画等）。

写字板具有以下功能：

①文档的输入、编辑、修改和删除等。还可将选择的文本从一个地方复制或移动到另一个地方，也可在两个不同的程序之间复制或移动文本。

②文本的查找或替换。

③文档字体、字型和字符大小以及段落对齐方式、缩进方式的设置。还可设置特殊的标签并创建段头或数据列表。

④文档的页面设计，如页面的大小及边界设置等。

⑤创建复合文档，该文档可以包含其他应用程序创建的图片、图表、电子表格信息、音频和视频信息等。

(1) 写字板的启动。从“桌面”选择“开始/程序/附件/写字板”命令，将打开如图 2-38 所示的“写字板”窗口。

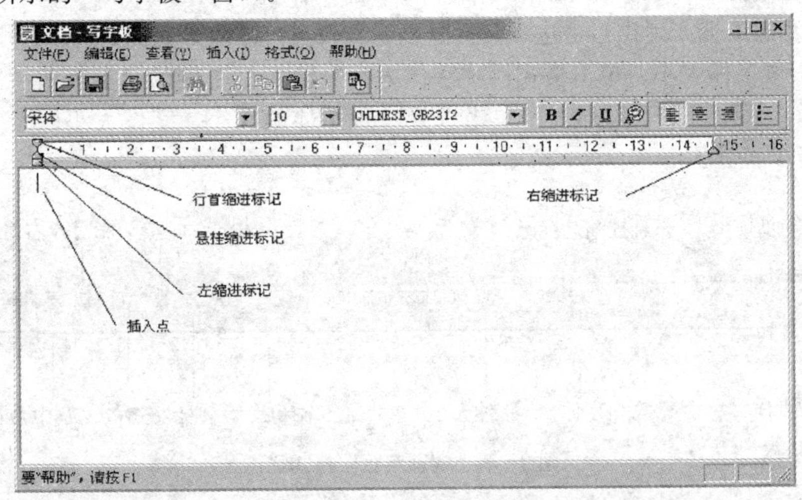

图 2-38　**“写字板”窗口**

“写字板”窗口从上到下分为标题栏、菜单栏、工具栏、格式栏、标尺栏、编辑区和状态栏。如窗口没有显示工具栏、格式栏、标尺栏和状态栏，可选择“查看”菜单中相应命令使之显示。

(2) 打开旧文档及建立新文档。选择“文件/打开文件”命令，将打开一个对话框，在“文件名”输入框输入文件名，在“文件类型”列表框选择要打开文件的类型。写字板可打开和存储多种格式的文件，包括 Word for Windows 文件（＊.Doc）、书写器文件（＊.Wri）、Rich Text Format 文件（＊.Rtf）、Unicode 文档以及各种纯文本文件（＊.Txt）。其中，Rtf 文件是可在不同文字处理程序中使用的文件；纯文本文件只能包含普通字符，不能进行字符格式化；Unicode 文件是统一码文件。文件类型缺省时为 Word 文件。同样，建立新文档时也将打开一个对话框，以定义文件的类型和文件名。

（3）编辑文档。文档输入完成后，即可对文档进行编辑。例如，文字的增加、删除及恢复，文本的复制及移动，文字的查找及替换。

（4）页面设置。编排文档时，建议用户首先确定文档的页面设置，然后再设置具体的格式。选择“文件/页面设置”命令，从弹出的“页面设置”对话框中，在纸张组合项的“大小”下拉列表中，选择打印纸的规格，在边框组合项的“左”、“右”、“上”和“下”文本框中设置边距（文档内容与纸张之间的距离）。其他各项取缺省值即可。

（5）设置文字格式。其主要包括字符的格式和段落的格式。

①文字格式。文档中出现的字母、数字、汉字、标点符号和特殊符号统称为字符。设置字符格式用于确定文字在屏幕上的显示效果及在打印机上的打印效果。

文字格式包括设置字体、字号、字体效果、字符颜色等内容。

A. 设置格式。必须先选择要格式化文字的内容，然后再设置格式。“写字板”仅对用光标选择了的文字进行格式化。

B. 设置字体。选择格式栏“字体”输入框右侧的向下箭头“▼”，从弹出的下拉列表中单击选择一种字体。字体前标有“T”的字体为“True Type 字体”，该字体在放大或缩小时不会产生锯齿毛边现象，且显示效果与打印效果完全一致。

C. 设置字体大小。单击格式栏“字体大小”输入框右侧的向下箭头“▼”，如图 2－39所示。从弹出的下拉列表中单击选择一种字体的大小。字体大小以点为单位，1 点约为 1/72 英寸。

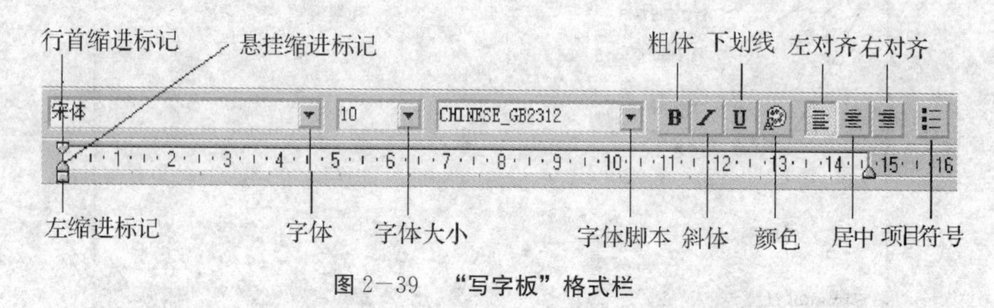

图 2－39 “写字板”格式栏

D. 设置字体效果。单击格式栏“粗体”、“斜体”、“下划线”按钮，将分别设置字体的不同效果，如图 2－39 所示。

E. 设置颜色。单击格式栏中“颜色”按钮，从弹出的下拉列表框中，单击选择一种颜色。文字的颜色缺省时为黑色。

以上操作也可通过选择“格式/字体”命令打开“字体设置”对话框来实现。

②段落格式。段落格式包括对齐方式、段落缩进和项目符号等。设置段落格式之前，必须先选择要格式化的段落，即单击要格式化段落中的任意位置。

A. 对齐方式。段落的对齐方式分为左对齐、居中、右对齐三种，可分别选择格式栏中“左对齐”、“居中”、“右对齐”按钮实现，如图 2—39 所示。

B. 段落缩进。段落缩进指文字与边距的距离，利用段落缩进可使文档中的某一段相对于其他段落偏移一定的距离。

段落缩进分行首缩进、左缩进和右缩进三种。分别拖动标尺上的缩进标记，可使插入点所在的段落快速按标记的指示进行缩排（见图 2—38、图 2—39）。

向右拖动首行缩进标记，使段落中第一行的开始列向右缩进所需的距离。

向右拖动左缩进标记，使整个段落（包括第一行）向右缩进所需的距离。

向右拖动悬挂缩进标记，将使段落的第一行不动，其余行向右缩进所需的距离，从而产生悬挂效果。

C. 项目符号。项目符号是指在一段文字的开始处插入一个实心圆点，使文档易于阅读和理解。先选择要添加圆点的段落，然后单击格式栏中“项目符号”按钮（见图 2—39）。

以上操作也可通过选择“格式/段落”命令打开“段落设置”对话框来实现。

（6）设置制表符。制表符指用户每按一次“Tab”键后，插入点移动的距离。“写字板”中制表符的缺省值为 1.27 厘米，即每按一次“Tab”键可移动 1.27 厘米。制表符一般用在多行列表中。可以用“标尺栏”来设置制表符，方法是：在标尺栏上单击要设置制表符的位置，每单击一次，该位置就将出现一个“L”标志。如图 2—40 所示。设置制表符后，每按一次“Tab”键，插入点就会向后移动一个制表符定义的位置。

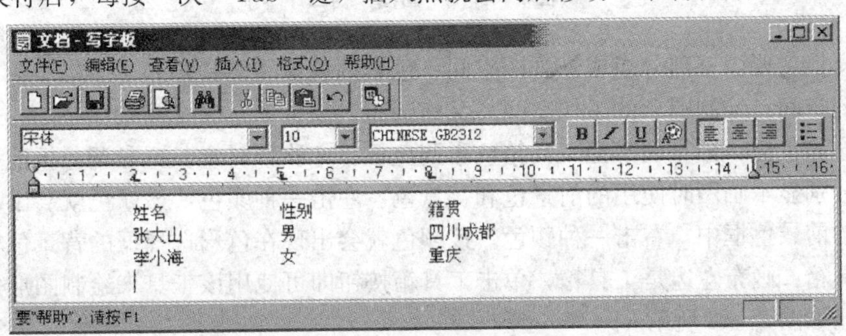

图 2—40　“写字板”制表符

如需改变制表符的位置，可用鼠标将其拖动到新的位置。如需取消制表符，可用鼠标将其拖动到标尺之外。

（7）插入图形。在“写字板”中插入图形可以采用两种方法：一种方法是利用剪贴技术，将剪切板内的图形像文字一样粘贴到写字板内。另一种方法是使用链接或内嵌方式来插入图形，具体介绍参见本书 3.9.4 Windows 应用程序间的数据共享。

（8）文件的存盘及打印。①文档的存盘。单击工具栏“保存”按钮，或选择“文件/保存”命令，可将已命名文件存入磁盘。如文件未命名，将弹出“另存为”对话框，要求用户输入文件名和选择文件的类型。

如用户要以新的文件名或格式来保存文件，可选择“文件/另存为”命令。一般在修改文档后而又不改变原来的文档时使用。

②文档的打印。选择“文件/打印”命令，将弹出“打印”对话框，选择打印机、打印范围、打印份数后，按“确定”按钮即开始打印文档。

如使用工具栏“打印”按钮，则不会显示“打印”对话框，而按缺省值直接打印。

“画图”程序

(1) 启动“画图”程序。选择“开始/程序/附件/画图”命令，即可启动“画图”程序，打开如图 2-41 所示的“画图”窗口。

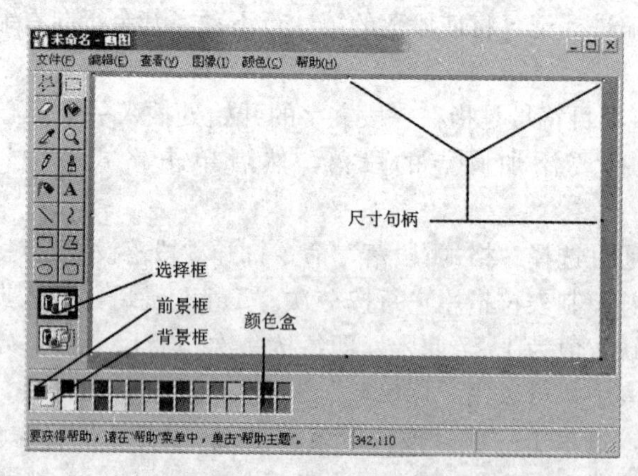

图 2-41 “画图”窗口

该窗口主要由三部分组成：画图空间、色彩调色板和工具箱。

画图空间：绘制图形的工作空间，又称画布。

色彩调色板：画布底部是工具箱色彩调色板，亦称颜料盒。色彩调色板前是色彩选择框，分别显示画图时使用的前景色和背景色。左击一种颜色，该颜色就会出现在色彩选择框的前景色框中，右击一种颜色，该颜色就会出现在色彩选择框的背景色框中。

工具箱：画布左边是工具箱，单击工具箱按钮即可使用该工具来绘制图形，各种工具的功能如图 2-42 所示。

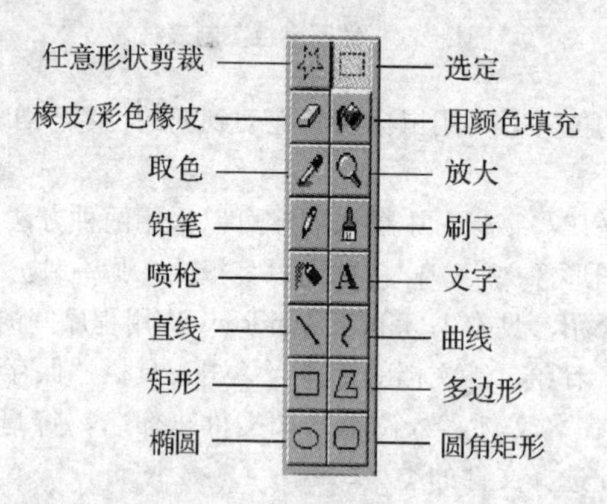

图 2-42 “画图”工具箱

(2) 确定画布尺寸。方法是：选择“图像/属性”命令，在弹出的“属性”对话框中进行设置。

在“宽度”和“高度”文本框中设置画布的大小。缺省值为 320×240 像素点，每英寸有 96 个像素点。

在“单位”选项组选择度量单位为英寸、厘米或像素。缺省值为像素。

清除画布中图形有三种方法：

①选择“图像/清除图像”命令。

②选择“文件/新建”命令新建图形文件时，画布即变成当前所选的背景色。

③按“选定”按钮，选择要清理的图形，然后选择“编辑/剪切”命令，将其剪切掉。

(3) 选择颜色。选择前景色，左击颜色盒中要用的颜色。如选择背景色，则右击颜色盒中要用的颜色。选定后，前景色框和背景色框将显示选定的颜色。

(4) 绘制图形。

①徒手绘制。徒手绘制图形是用“铅笔”绘图，可以在画布上绘制各种线条或图形，也可用“铅笔”书写汉字。

首先选择一种颜色作为绘图的颜色（前景色），然后单击工具箱中的“铅笔”。

移动指针到画布绘制图形的起点。

拖动鼠标画出任意形状的线条。如要画直线，在拖动时按住 Shift 键。

绘图完成后释放鼠标左键。如要放弃所画的线条，在释放前，右击鼠标。

②用工具箱中工具绘图。使用画图程序提供的工具可以非常方便地绘制各种直线、曲线、矩形、圆角矩形、圆形及椭圆形。

如要画圆，选择“椭圆”工具，先按住 Shift 键，再拖动直到所需大小后再释放 Shift 键和鼠标左键。

③输入文字。要在绘制的图形中输入文字，方法如下：

先单击工具箱“文字”工具。

选择一种颜色，缺省时为黑色。

移动指针到要输入文字的起始位置，用左键斜拉拖动画出一个虚线文字框，此时屏幕将显示“字体”工具栏，如没有显示，则用“查看/文字工具栏”命令进行显示。

单击虚线文字框内并输入文字，如输入文字大于虚线文字框，则虚线文字框自动向下延伸。也可拖动虚线文字框的尺寸句柄放大虚线文字框。

从“字体”工具栏设置文字的字体、大小和字体效果。

如要在彩色背景上输入文字，则必须单击选择框的“不透明处理”，再选择一种颜色作背景。

单击虚线文字框外，则将文字插入到图形中。如要修改，只能先清除再重新输入。

在图形绘制过程中，鼠标指针将随时改变其形状，不同的操作对应不同的光标形状。根据鼠标指针的形状，可以了解目前进行的操作。

选择菜单命令、工具和颜色时，光标变为箭头状。

用“选定”、“直线”、“矩形”、“椭圆”、“多边形”工具绘制图形时，光标变为

“+”形。

使用“文字”工具时，光标变为“I”形。

选择“橡皮/彩色橡皮”后，光标变为一个方框。其大小可在选择框中设置。

(5) 图形着色。

①涂色。单击“刷子”工具，从工具箱下部的选择框中选择任意一种形状的刷子。

如要用前景色涂色，用鼠标左键在画布上拖动；如要用背景色涂色，用鼠标右键在画布上拖动。

涂完后释放鼠标。

②喷色。使用工具箱中“喷枪”工具，可以用选择的前景色或背景色在画布上喷色。

单击“喷枪”工具，从工具箱下部的选择框中选择一种喷枪。

移鼠标指针到画布中，用鼠标拖动。喷射的密度取决于拖动的速度，速度越快，颜色越淡；速度越慢，颜色越浓。

用鼠标左键拖动，则用前景色喷色；用鼠标右键拖动，则用背景色喷色。

③填色。使用工具箱中“用颜色填充”工具，可以用选择的前景色或背景色来填充封闭的图形区域。

单击“用颜色填充”工具。

选择前景色和背景色。

移鼠标指针到一封闭的图形区域中并左击，则用前景色来填充；如右击，则用背景色填充。

说明：如选择的图形有缺口，不是封闭的图形，则颜色会从缺口泄漏出来，直到填满画布的其他区域。

(6) 取色及颜色的擦除。

①取色。选择工具箱中“取色”工具，可从正在编辑的图形中取出颜色。

单击“取色”工具。

移动鼠标指针到要取出颜色的图形位置。

单击左键将取出的颜色作前景色，右击则将取出的颜色作为背景色。取出的颜色将显示在前景色框或背景色框中。

②擦除。选择工具箱中“橡皮/彩色橡皮”工具，可用于擦除图形中的某块区域(使该区域变为背景色)。

单击“橡皮/彩色橡皮”工具。

从颜料盒中右击鼠标选择一种颜色作背景色。

从工具箱下部的选择框中选择一种橡皮擦形状。

用左键在要擦除的区域拖动，则拖动过的区域变为背景色。

(7) 图形的编辑。图形的编辑主要包括图形的移动、复制、删除、翻转、旋转和拉伸等操作。

①“选定”及“任意形状的裁剪”。对部分图形进行编辑处理时，首先要选择需要处理的部分图形，如要选择规则的矩形区域，单击工具箱“选定”工具。移动指针到待

选图形区域的一角，用左键拖动到另一角后释放鼠标左键。在拖动过程中，一个虚线框随指针拖动而改变大小，围住选定的区域。可用虚线框四周的尺寸句柄来改变被选择区域的大小。

如要选择不规则图形，则单击工具箱“任意形状的裁剪”工具。用左键在需要选择的图形区域四周拖动，待围住要选择的区域后再释放鼠标左键。若要选择整个图形，选择“编辑/全选”命令。

②移动及复制。A. 移动图形。先选择要移动的图形区域，然后移动指针到选定的区域，将其拖动到所需的位置后释放鼠标。B. 复制图形。先选择要复制的图形区域，按住 Ctrl 键，用鼠标左键将其拖动到所需的位置后释放鼠标。

如先按住 Shift 键，再拖动，则将产生拖尾效果。即沿拖动的轨迹留下部分图形。如要进行透明处理，在拖动前先单击工具箱下部选择框中的“透明处理”，缺省时为“不透明处理”。

移动和复制操作也可使用剪贴技术来实现。选择要移动或复制图形区域，如执行移动操作，则选择“编辑/剪切”命令；如执行复制操作，则选择“编辑/复制”命令。然后选择“编辑/粘贴”命令。此时，选定的图形区域将出现在画布左上角，将其拖动到所需的位置即可。

③图形的拉伸及扭曲：拉伸即按水平或垂直方向放大图形。扭曲是将图形按水平或垂直方向倾斜一定的角度。

先选择图形区域，然后选择“图像/拉伸和扭曲”命令，在弹出的“拉伸和扭曲”对话框进行设置。

说明：图形的拉伸也可使用拖动尺寸句柄来实现。拖动左、右边尺寸句柄则可在水平方向拉伸图形。拖动上、下两边尺寸句柄则可在垂直方向拉伸图形。拖动四角上的尺寸句柄则可按一定比例放大或缩小图形。

④翻转及旋转。先选择图形区域，然后选择“图像/翻转和旋转”命令，从弹出的“翻转和旋转”对话框中，选择是按水平或垂直翻转，还是按一定角度旋转。

⑤裁剪整个图形。可以用拖动尺寸句柄的方法来缩小画布，以便裁剪右边或底边的部分图形。如向左拖动右边的尺寸句柄，则裁掉右边部分图形；如向上拖动底边的尺寸句柄，则裁掉底边部分图形；如向左上方拖动右下角的尺寸句柄，则同时裁掉右边和底边部分图形。

如要裁掉上边、左边或左上角的部分图形，先选择“编辑/全选”命令，然后将图形向上边、左边或左上角拖动，再单击工具箱“选定”工具即可。

⑥放大图形。要对选定的区域进行局部放大，以便对图形的细节进行修饰。单击工具箱“放大”工具，待指针变成一个矩形时，将其移到要放大的区域，然后再次单击鼠标。则矩形内的图形被放大充满整个“画图”窗口。另外放大图形也可以选择“查看/缩放/大尺寸”命令来实现。

放大图形也可按选择的倍数进行，缺省值为 4 倍。调整倍数的方法是：单击工具箱“放大”工具，然后从工具箱下部的选择框中选择一种放大倍数。另一种方法是选择“查看/缩放/自定义”命令，从弹出的“自定义缩放”对话框中进行选择。

要恢复放大的图形，可再次单击工具箱“放大”工具，然后单击画布。或选择“查看/缩放/常规尺寸”命令。

图形放大后，可使用“铅笔”、“刷子”、“喷枪”、“橡皮/彩色橡皮”等工具对图形进行修饰。为修饰方便，可选择“查看/缩放/显示网格”命令来显示网格。网格将整个图形划分为许多小方格，每个方格一个像素。单击小方格就将其颜色改为前景色，右击小方格则改为背景色。还可选择“查看/缩放/显示缩略图”命令来显示缩略图。缩略图即正常的显示效果，便于边修改，边观察修改效果。再次单击上述命令则可关闭网格或缩略图。

⑦图形反色。反色即将图形的每种颜色变为相反的颜色，先选择要反色的区域，然后选择“图形/反色”命令。

⑧自定义颜色。

A. 如要使用颜色盒中没有的颜色，可自定义颜色。

B. 单击颜色盒中很少使用或用不到的颜色。

C. 选择“颜色/编辑颜色”命令，从弹出的“编辑颜色”对话框中，单击“规定自定义颜色”按钮，扩展“编辑颜色”对话框。

D. 在颜色矩阵中，拖动光标移动以改变颜色；拖动亮度滑杆以改变颜色亮度。随光标或滑杆的移动，“颜色|纯色”框中颜色也随之变化。颜色的红、绿、蓝分量值也将反映这些变化。

E. 选择合适的颜色后，单击“添加到自定义颜色”按钮。

F. 单击“确定”，此时颜色盒单击的颜色被替换成自定义的颜色，作为前景色。也可直接从“基本颜色”区域中，选择一种颜色单击“确定”按钮，将其换到调色板上。

(8) 图形的保存。图形的“保存类型”有六种格式：单色位图、16色位图、256色位图、24位位图、JPEG和GIF。

单色位图适用于黑白图形。16色位图为低色彩格式，所需磁盘空间较小。256色位图为高色彩格式，支持256色。24位位图为缺省格式，图形颜色超过256色时，可用24位位图保存。GIF和JPEG格式图形便于因特网上传送，GIF格式是交错图形格式，采用无损压缩，其颜色不能超过256色。JPEG格式采用有损压缩，可保存超过256色的图形。

如图形已保存，选择“文件/保存”命令后，将直接保存。如要以新的文件名或格式保存已保存过的图形，选择“文件/另存为”命令。如保存部分图形，先选择要保存的图形区域，然后选择“编辑/复制到”命令，指定文件名和格式后，按“保存”按钮。

习　题

1. 简述Windows XP操作系统的特点。
2. 举例说明鼠标的几种基本操作。
3. 简述Windows XP窗口的基本组成。

4. 打开和关闭窗口各有哪几种方法?

5. Windows中有哪几种类型的菜单?

6. 简述Windows XP“对话框”的功能和特点。

7. 简述Windows XP任务栏的组成及功能。

8. 如何显示和隐藏“快速启动”栏?如何在“快速启动”栏中添加或删除快捷方式图标?

9. 在Windows系统中，文件扩展名的作用是什么?

10. 在文件管理和文件搜索中，“*”和“?”有什么特殊作用?请举例说明如何使用这两个特殊符号。

11. 如果需要保存文件名和扩展名完全相同的两个文件，怎样操作才能满足要求?

12. “在桌面上不能创建文件夹和文件”的说法对吗?为什么?

13. 在Windows XP“我的电脑”窗口中，如何选择连续的和不连续的文件?

14. 什么是Windows“剪贴板”?举例说明在哪些操作中使用了剪贴板?

15. 文件(夹)的复制和移动有什么区别?简述复制文件(夹)和移动文件(夹)的几种方法。说明一种或几种需要复制或移动文件(夹)的理由。

16. 快捷方式的特点是什么?试以名为“常用文件”的文件夹为例，说明如何在桌面上建立其快捷方式。如果将桌面上“常用文件”的快捷方式删除，那么“常用文件”文件夹及其中的文件会如何?反之，如果删除的是“常用文件”文件夹，那么它的快捷方式又会如何?

17. Windows XP中有哪几种账户类型?各有什么运行权限?

18. 在Windows XP操作系统中，“命令行提示符”的功能和作用是什么?如何进入命令行方式?

19. 简述Windows XP“磁盘扫描程序”的基本功能。

20. 简述Windows XP“磁盘碎片整理程序”的基本功能。

第三章　Word 2003 文字处理软件

3.1　文字处理软件概述

3.1.1　文字处理软件的发展简史

WordStar（简称 WS）是一个较早产生并已十分普及的文字处理系统。它是由 Microsoft 公司在 1979 年研发成功的，并且很快成为畅销软件，风行于 20 世纪 80 年代，汉化的 CWS 在我国非常流行。

1989 年香港金山电脑公司推出的 WPS（Word Processing System），是完全针对汉字处理重新开发设计的，在当时我国的软件市场上独占鳌头。

1990 年 Microsoft 公司推出的 Windows 3.0，是一种全新的图形化用户界面的操作环境，受到软件开发者的青睐，英文版的 Microsoft Word for Windows 因此诞生。

近年来随着软、硬件技术的不断发展，Microsoft 公司对 Word 的功能不断改进，先后推出 Word 相应的中文版，字处理软件 Word 2003 中文版是办公自动化套件 Office 2003 中文版的重要组成部分。

3.1.2　Word 2003 简介

Word 2003 是目前功能较强大的字处理软件之一，它具有强大的编辑排版功能和图文混排功能，可以方便地编辑文档、生成表格、插入图片、动画和声音等，实现“所见即所得”的效果；Word 的向导和模板，能快速地创建各种业务文档，提高工作效率；同时 Wo r d 也拥有强大的网络功能。

3.1.3　Word 2003 的运行环境

硬件

带 Pentium 或更高级处理器的个人或多媒体计算机。

内存：需要 32MB 以上。

硬盘空间：至少需要 100MB 左右的可用空间，完整安装 Office 2003 中文版，则至少需要占用 350 MB 硬盘空间。

光驱：CD−ROM 驱动器。

显示器：VGA 或分辨率更高的显示卡。

鼠标：Microsoft mouse 或兼容指向设备。

软件

操作系统必须是中文 Windows 2000/XP 之一或 Windows NT 4.X 或更高版本，至少安装一种以上的汉字输入法。

3.2　Word 2003 工作窗口

3.2.1　Word 2003 的启动

启动 Word 2003 通常使用以下三种方法，图 3-1 示例了前面两种：

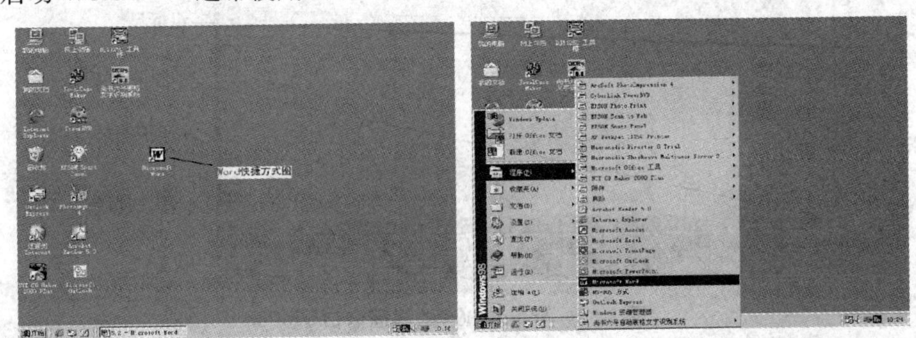

图 3-1　启动 Word 的两种方法

①通过“Word 2003 快捷方式”启动。
②通过“开始”菜单中的“程序”项启动 Word 2003。
③利用 Word 2003 文件启动。

3.2.2　Word 2003 的界面窗口

标题栏

该栏位于屏幕顶部，主要起两个作用，一是提示当前软件环境（这里是“Microsoft Word”）及正在编辑的文档名称；二是控制 Word 2003 窗口的变化，在右边有三个键，它们分别是“最小化”、“最大化”（或恢复）及“关闭”按钮。

菜单栏

菜单栏以下拉菜单的方式分类给出了 Word 2003 支持的各种操作命令，供用户编辑文档时选择。

工具栏

Word 2003 带有很多工具，分为几种类型，窗口中显示的工具栏数量，根据打开工具的多少而定。一般主要打开“常用”工具栏，在图 3－2 中打开了“常用”工具栏、“格式”工具栏和“绘图”工具栏。工具栏由快捷按钮组成，工具栏的每一个图标快捷按钮代表一种操作功能，用户使用非常方便，只要用鼠标单击某一特定按钮即可执行该功能按钮的操作。

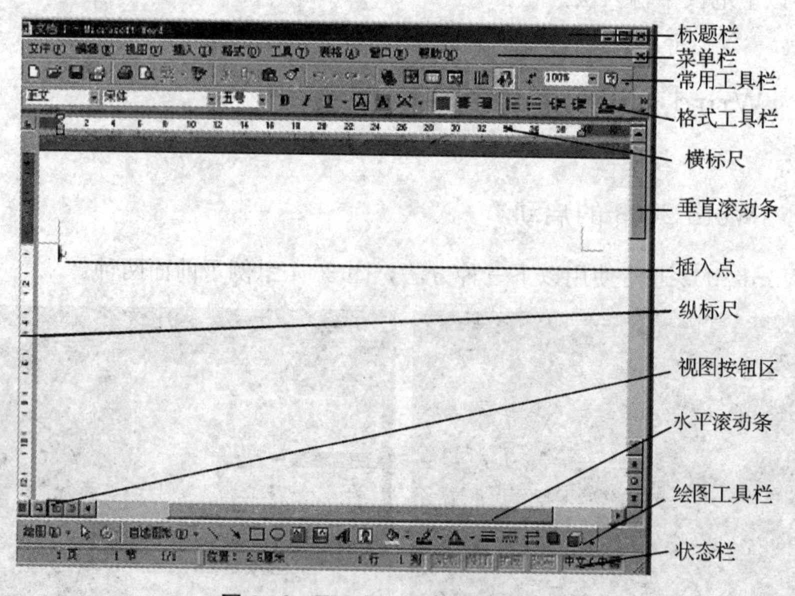

图 3－2　Word 2003 的界面窗口

标尺栏

标尺分为纵横两种，作用首先是显示当前页面的尺寸，横标尺可以设置制表、缩进选定段落和调整样式栏的宽度。在页面视图和打印预览时，可以使用纵横标尺调整页边距或在页面上设置某些项目。

文档窗口

用于正文编辑和显示的区域，包括文字、图形、表格的输入，及排版等，最后形成用户满意的文档。

状态栏

状态栏是位于 Word 2003 文档窗口底部的水平区域，用来提供关于当前正在窗口中查看的内容的状态以及文档上下文信息；状态栏分为若干段，用于显示当前状态，如文档的页数、现在是第几节、第几行、第几列等。如果要显示状态栏，请单击“工具”菜单中的“选项”命令，再单击“视图”选项卡，然后选中“显示”下的“状态栏”复选框。

3.2.3　Word 2003 的菜单栏

Word 2003 有 9 个一级功能菜单，每个菜单都可以通过鼠标单击菜单栏上的项目名称激活相应的下拉菜单，单击下拉菜单中选中的命令，即可执行该命令的功能。也可以利用组合键激活下拉菜单，从图 3－2 中可以看出菜单栏的每个一级功能菜单右边括号中都有一个带下划线的字母，通过按＜Alt＞＋＜带下划线字母＞可激活相应的下拉菜单。在下拉菜单中每个命令右边括号中都有一个带下划线的字母，如果需要选择某个命令，可直接键入该命令后面带下划线字母，即可执行相应的命令。

3.2.4　Word 2003 中文版帮助功能

①使用“Microsoft Word 帮助”主题获取帮助：如果关闭了 Office 助手，选择“帮助”菜单中的“Microsoft Word 帮助”命令，会显示如下界面。

“Microsoft Word 帮助”窗口包括目录和索引两个选项。其中“目录”项提供了 Word 2003 按类别划分的在线帮助目录。在左窗格中，显示了对话框中当前激活的选项卡；在右窗格中，显示了用户当前选中的帮助主题的详细内容，如图 3－3 所示。“索引”项提供快速索引 Word 2003 帮助主题的索引列表，单击“索引”项，即可显示如图 3－4 所示的索引目录列表。

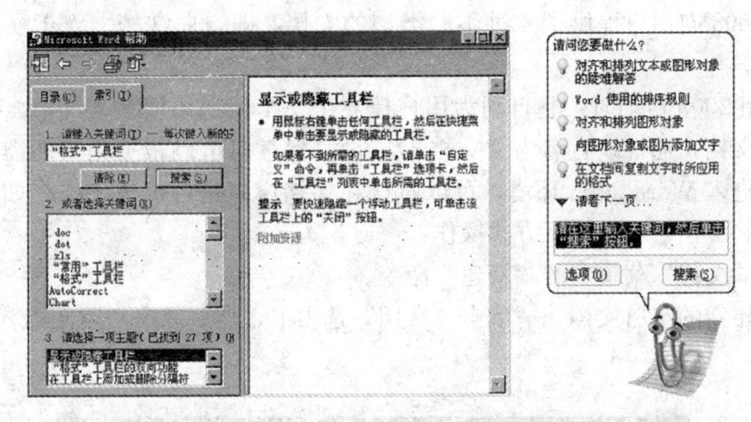

图 3－3　Word 2003 的帮助界面

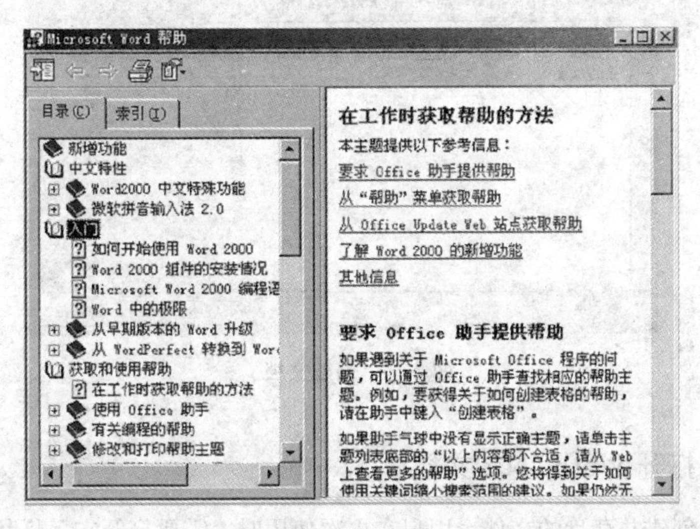

图 3－4　帮助目录

②使用“这是什么”获取帮助。

③通过“网上 Office”获取网上的资料。

④使用 Office 助手获取帮助。

3.3 创建 Word 2003 文档的基本操作

文档在 Word 2003 中，泛指用户使用 Word 2003 创建、打开、编辑或修改的所有文字、表格或图形的集合。在 Word 2003 的文档窗口中，我们将用户正在处理的文字、表格或图形的集合称为文档。而在用户将处理过的文档进行保存时，我们将文档保存在系统中的形式称为文件。也就是说，文件是文档的保存形式，而文档是文件的打开形式。

3.3.1 创建 Word 2003 文档

Word 2003 向用户提供了 4 种不同类型的文档，即空白文档、Web 页、电子邮件消息和模板。

当 Word 2003 启动时，它自动为用户建立了一个以通用模板“Normal. doc”为基准模板的新文档，通常缺省名为“文档 1. doc”，保存时可以根据用户的需要更改为其他文件名。进入 Word 2003 环境，可以直接在文档窗口进行编辑工作。如果用户想重新建立一个新文档，可按如下方式操作：

①单击“文件”菜单中的“新建”命令。

②要创建新的空白文档，请单击“常用”选项卡，然后双击“空文档”图标，如图 3-5 所示。

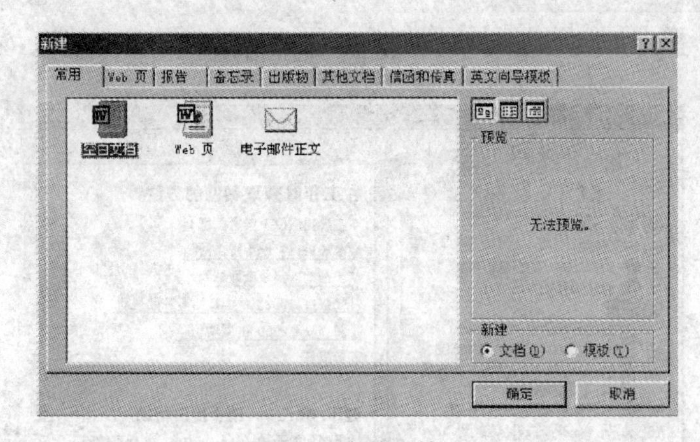

图 3-5 新建文档

3.3.2 打开 Word 2003 文档

对用户已创建并存盘的文件，用户在再次使用时，需要打开它，将其内容调入当前文档窗口，才能对它进行各种操作。在 Word 2003 的“打开”对话框中，可打开位于不同位置的文件。比如，可打开本机硬盘上或与本机相连的网络驱动器上的文件，即使本机不与网络服务器相连，只要所在的网络支持 UNC 地址，就可打开网上的文件。对于硬盘或有读写权的网络驱动器上的文件，可创建并打开该文件的一个副本，所有操作都在副本上进行，而原文件则保持不变。无论文件位于何处，都可作为只读文件打开，以保证原文件不被修改。如果用“文件”菜单中的“版本”命令保存了一篇文档的多个版本，则可找到并打开较早的版本。

打开硬盘或网络上的文档

①单击常用工具栏的“打开”按钮或在文件下拉菜单中单击“打开”菜单命令，将弹出“打开”对话框，如图 3-6 所示。

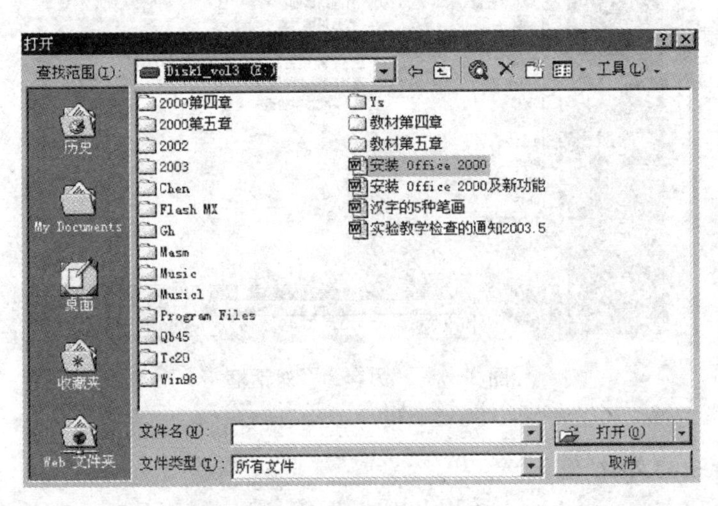

图 3-6　打开文档

②在“查找范围”框中单击包含该文档的驱动器、文件夹或 Internet 地址。

③在文件夹列表中双击各文件夹，直到打开包含所需文件的文件夹。

④双击要打开的文件名。

打开近期编辑过的文件

如要打开最近编辑过的文件，请单击“文件”下拉菜单底部的文件名或输入该文件名左边对应的数字。如果没有显示最近使用过的文件，请单击“工具”菜单中“选项”命令，在“常规”选项卡上选中“列出最近所用文件”复选框。

3.3.3　保存 Word 2003 文档

当启动 Word 2003 后，就可以在文档窗口中输入文档内容。用户在 Word 2003 中正在编辑输入的文档是驻留在计算机内存中，不会自动存储到磁盘上，当退出 Word 2003 或发生意外时都会全部丢失。用户应在退出 Word 2003 或在一定时间间隔内对编辑的文档进行一次存盘操作，以便以后使用。

保存新建的、未命名的文档

单击常用工具栏的“保存”按钮，或单击菜单栏的“文件”菜单上的“保存”命令，将弹出如图 3－7 所示的“另存为”对话框，在“保存位置”确定新文档存放的路径（默认路径为“My Documents”），在“文件名”框中，键入文档的名称，如果需要，可用长的、描述性的文件名；在“保存类型”框确定要保存的文件类型；最后单击“保存”按钮，新建的文档内容将以指定的路径、文件名及文件类型等选定的参数存盘，存盘后，仍然保持在当前文档编辑窗口，用户可继续进行编辑工作。

图 3－7 “另存为”对话框

保存已存在的文档

单击“保存”按钮，或单击菜单栏的“文件”菜单上的“保存”命令，则当前编辑的内容将以原文件名存盘，存盘后，仍然保持在当前文档编辑窗口，用户可继续进行编辑工作。

同时保存所有打开的文档

按下 Shift 键并单击“文件”菜单中的“全部保存”命令，则同时保存所有打开的文档和模板。如果某个文档从未保存过，将弹出“另存为”对话框，以便用户为其命名。

更改文件名或路径以保存文档

更改文件名或路径以保存文档一般用于：第一次保存文档，用户希望给当前编辑的文件命名一个便于见名知义的文件名；或该文件已经存在，用户希望以另一个名字保存文件，换名、换路径或换文件格式保存文件，给文件保存一个备份。

设置定时自动保存文档

如果用户选择了“自动保存时间间隔”复选框，系统会将用户对文档的修改保存在恢复文件中。“自动恢复”功能可定期保存文档，而且在保存或关闭文档时，系统将删除恢复文件。如果出现断电，或者在保存或关闭文档前必须重新启动计算机，恢复文件仍将存在。重新启动 Word 2003 后，Word 将打开所有恢复文件，以便用户保存该文件。如果选择不保存恢复文件，系统将删除这些文件。因此，用户必须作一次真正的存盘操作，才能将“自动恢复”的文档内容存盘。

操作步骤为：首先，单击“工具”菜单中的“选项”命令，然后，单击“保存”选项卡，弹出如图 3-8 所示的窗口。选中“自动保存时间间隔”复选框，在“分钟”框中，输入时间间隔，以决定需要 Word 保存文档的频繁程度。

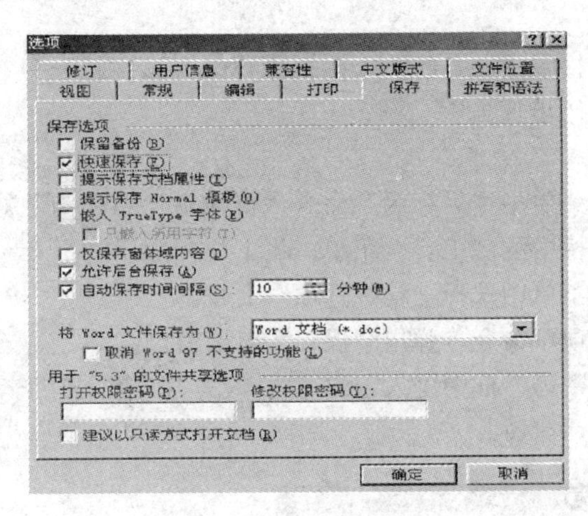

图 3-8　**选项窗口**

3.3.4　关闭 Word 2003 文档

为了保证文档的安全，一般一个文档编辑结束时都应将其关闭。

关闭文档的操作是：单击“文件”菜单中的“关闭”命令。如果被关闭的文档在关闭前进行过操作，且尚未保存过，则屏幕将弹出如图 3-9 所示的窗口，如果需要保存修改的内容，则回答“是（Y）”；确定不需要保存，则回答“否（N）”；若单击“取消”，则返回到文档编辑窗口，不做关闭操作。

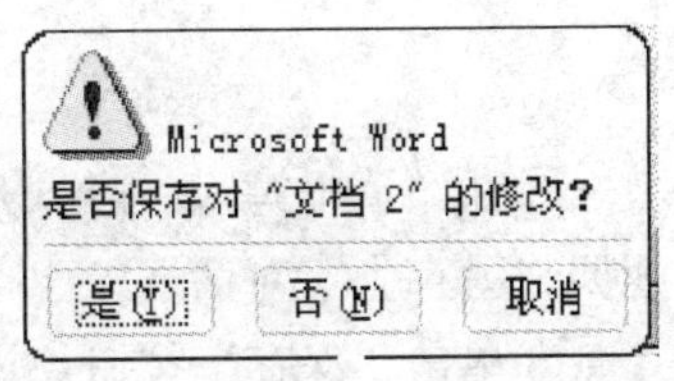

图 3-9　**保存选项窗口**

如果要关闭所有打开的文档而不退出该程序，请按下 Shift 键，并单击“文件”菜单中的“全部关闭”选项。

3.3.5　退出 Word 2003 窗口

完成文档编辑操作后，可以按下列方式退出 Word 2003 编辑器窗口。

①选择菜单栏“文件”下拉菜单，单击“退出（X)”，即可退出 Word 2003 编辑窗口。

②也可以单击屏幕左上角☒系统控制钮，退出 Word 2003 编辑器窗口。

如果修改过的文档尚未保存，同样会弹出如图 3－9 所示的窗口，可以按上述步骤选择操作，退出 Word 2003 编辑器。

如果被关闭的文档未命名，则屏幕将弹出“另存为”对话框，按“另存为”方式操作，即可退出 Word 2003 编辑器。

3.3.6 Word 2003 文档保护

Word 2003 提供了若干对文档的安全和保护功能，其主要方法是通过给文档设置口令来保护文档，防止未授权用户打开、修改和保存文档。

设置打开文档权限密码

设置打开文档的权限密码，防止未授权用户打开该文档，只有授权用户才能打开、修改和保存文档。操作步骤为：

①打开文档。

②单击“文件”菜单中“另存为”命令，将弹出“另存为”对话框；在“另存为”对话框中，单击工具栏中的“工具”菜单，将下拉出属于“另存为”对话框的“工具”菜单中的命令，从该菜单中选择“常规选项”命令。

③单击“常规选项”命令，弹出“保存”对话窗口。

④在“打开权限密码”框中键入密码，再单击“确定”按钮，则弹出如图 3－10 所示的“确认密码”对话窗口。

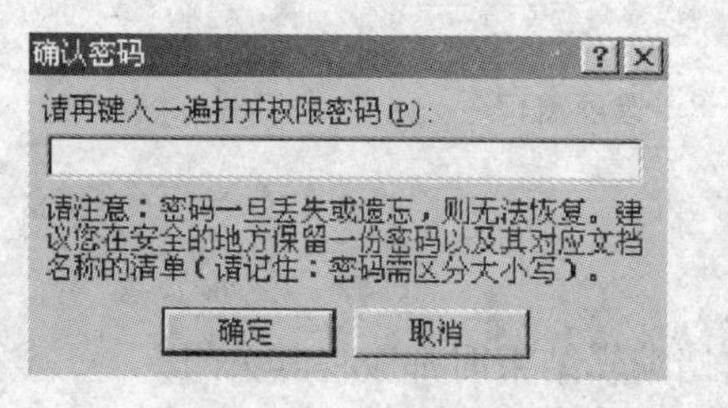

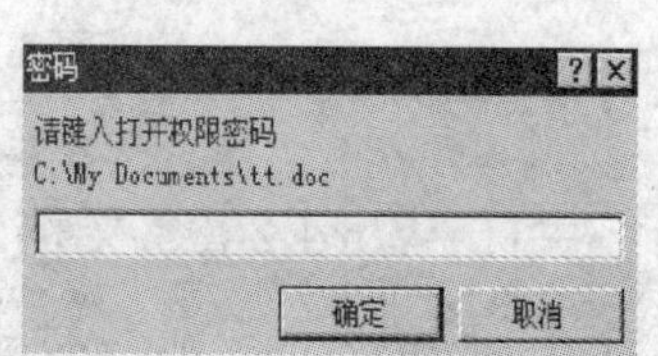

图 3－10 密码对话框

⑤在“请再键入一遍打开权限密码”框中再次键入该密码，单击“确定”按钮，则返回“另存为”对话框。

⑥单击“保存”按钮，该文档即可存盘，并设定刚输入的密码。

设置修改文档权限密码

与上文所述的设置打开文档权限相似，只是第④步为：在“修改权限密码”框中键入密码再单击“确定”按钮；然后在“请再键入一遍修改权限密码”框中再次键入该密码，单击“确定”按钮；再单击“保存”按钮，即可将该文档存盘，并设定刚输入的修改文档权限密码，如图 3－11 所示。

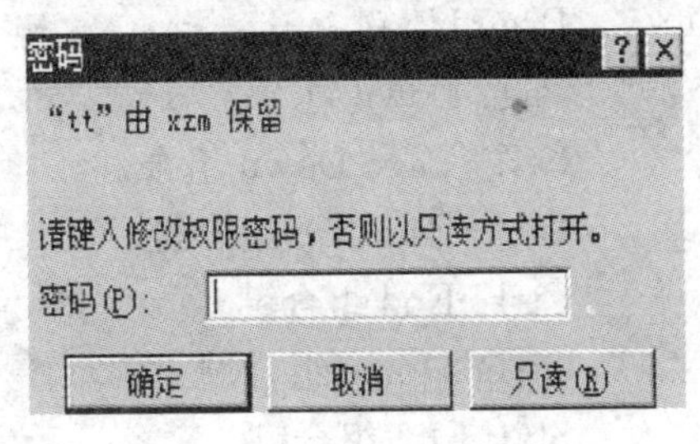

图 3－11　密码修改窗口

修改或删除密码

如果要修改或删除文档的密码，那么必须知道文档的密码。操作步骤为：

①打开文档。

②单击“文件”菜单中“另存为”命令，将弹出“另存为”对话框。

③单击“选项”按钮，则弹出“选项—保存”对话框窗口。

④在“打开权限密码”框或“修改权限密码”框中，选择替代已有密码的符号。

⑤要更改密码，可键入新密码再单击“确定”按钮，或如果要删除密码，按下“Delete”键，再单击“确定”按钮。

⑥如果是更改密码，重新输入新密码后再单击“确定”按钮。

⑦单击“保存”按钮，该文档即可存盘，并设定刚才修改的密码，或删除密码。

3.4　Word 2003 的文档编辑与排版

3.4.1　文档编辑

确定插入点位置

进入 Word 2003 编辑窗口，在窗口中有一个闪烁的光标竖线“｜”，即为当前输入位置（插入点）。在文档中，可以使用鼠标或快捷键滚动文档、确定选择页或文字的位置。

用键盘移动光标

若要使用键盘选择文档位置，请按下组合键：

向右移动一个字符或汉字：（右箭头）→

向左移动一个字符或汉字：（左箭头）←

向下移动一行：（下箭头）↓

向上移动一行：（上箭头）↑

移至行尾：End 键

移至行首：Home 键

向上移动一屏（滚动）：　Page Up 键
向下移动一屏（滚动）：　Page Down 键
移动到下页顶端：　Ctrl+Page Down 组合键
移动到上页顶端：　Ctrl+Page Up 组合键
移动到文档末尾：　Ctrl+End 组合键
移动到文档开头：　Ctrl+Home 组合键
返回前一编辑位置：　Shift+F5 组合键

用鼠标移动光标

如果需要将光标在当前窗口内移动，只要将鼠标指针定位到所需要的位置处，单击鼠标确定即可；如果需要的目标位置不在当前屏幕上，则需要将用户需要的文档内容移动到当前屏幕窗口内，通常使用文档窗口的滚动条来定位。

使用定位命令

用户还可以使用“定位”命令方式选定文档位置。操作如下：单击“编辑”菜单；选择“定位”命令，在弹出的“定位”窗口中，根据需要选定页、行等，确定后“关闭”，即可“定位”到选择的位置。

输入操作

在 Word 2003 编辑窗口中，既可以输入汉字，又可以输入英文字母、符号、图形和表格等。

(1) 选择文字。在启动 Word 2003，进入编辑窗口，就可以在插入点输入文字。一般启动 Word 2003 后默认的输入状态是英文方式，这时可以输入键盘上的字母和符号；如果要输入汉字，必须选择一种第四章介绍的汉字输入法中用户熟悉的中文输入方法，打开该输入方法（如何打开及选择汉字输入方法在第四章“汉字输入法”将有介绍），然后才能输入汉字。

输入的文字总是紧靠插入点左边，而插入点随着文字的输入而向后移动。如果在输入过程中，输错了字，可用两种方法删除：一是将插入点移到要删除的文字前面，用“Delete”键删除插入点后面的文字；二是将插入点移到要删除的文字后面，用“BackSpace”键删除插入点前面的文字。在编辑窗口内可以使用键盘上的方向键（←↑→↓）移动插入点，也可以使用鼠标移动插入点。

Word 具有自动换行功能，当输入的文字充满一行时，将自动换行，而不用按回车<Enter>键。而按<Enter>键是输入一个段落的结束标记，仅当一个段落输入结束时才使用<Enter>键。

(2) 输入特殊字符或符号。如果要输入键盘上没有的符号，如特殊字符、国际通用字符以及符号。可用下述方法操作：

①单击要插入符号的位置（选定插入点）。

②单击“插入”菜单中的“符号”命令，然后单击“符号”选项卡，弹出图3-12

所示的“符号”对话框；从中选择需要的符号，如果需要的符号不在对话框的窗口中，可以通过右边的滚动条将欲选择的符号显示在对话框的窗口中，也可以通过“字体”和“子集”框的下拉按钮选择显示某一类型的符号。

③再双击要插入的符号或字符，即可将选定的符号插入到插入点。

④可以连续插入若干个需要的特殊符号或字符，直到不需要时，单击“取消”框，即可返回文档编辑窗口。

(3) 在文档中插入日期和时间。在文档中可插入固定的或当前的日期或时间。插入当前日期和时间的方法是：

①单击要插入日期和时间的插入点。

②单击“插入”菜单中的“日期和时间”命令，弹出图 3－12 所示的“日期和时间”对话框。

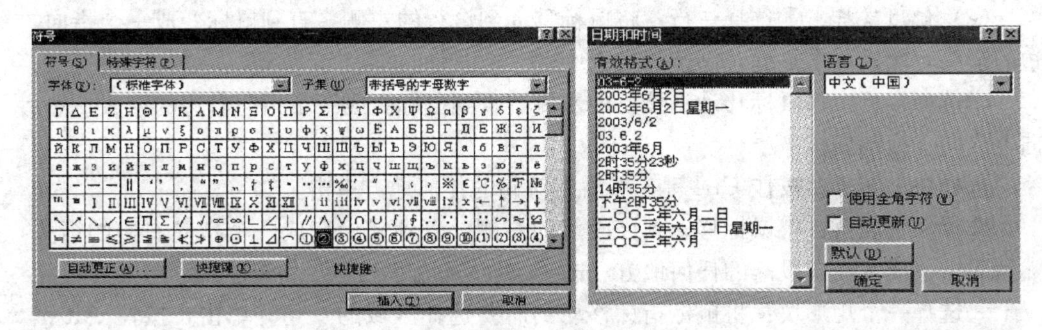

图 3－12　符号对话框与日期和时间对话框

③单击“有效格式”框中的一种格式以指定要用的日期或时间格式。如果需要的“日期和时间”不在其中，可以通过右边的滚动条将欲选择的“日期和时间”显示在“有效格式”框中，然后单击“有效格式”框中选定的日期或时间格式，再单击“确定”，即可将其插入到文档中的插入点位置。

④如果要对插入的日期或时间应用其他语言的格式，请单击“语言”框中的语言。

选择文字

(1) 键盘方式。用键盘方式选定文字时，需将光标定位到欲选择的文字块首，然后再使用相关的组合键实现操作。选定文字的方法是：按住 Shift 键并按箭头键。以下是相关组合键的功能说明：

右侧一个字符	Shift＋右箭头→
左侧一个字符	Shift＋左箭头←
单词结尾	Ctrl＋Shift＋右箭头→
单词开始	Ctrl＋Shift＋左箭头←
行尾	Shift＋End 组合键
行首	Shift＋Home 组合键
下一行	Shift＋下箭头↓

上一行	Shift+上箭头↑
段尾	Ctrl+Shift+下箭头↓
段首	Ctrl+Shift+上箭头↑
下一屏	Shift+Page Down 组合键
上一屏	Shift+Page Up 组合键
窗口结尾	Alt+Ctrl+Page Down 组合键
文档开始处	Ctrl+Shift+Home 组合键
包含整篇文档	Ctrl+A 组合键
纵向文字块	Ctrl+Shift+F8 组合键，然后使用箭头键
文档中的某个具体位置	F8+箭头键

按 Esc 键可取消选定模式。

(2) 使用鼠标。①选择一行：将鼠标移动到该行的左侧，直到鼠标变成一个指向右边的箭头，然后单击鼠标，则该行被选中。

②选择多行：将鼠标移动到该行的左侧，直到鼠标变成一个指向右边的箭头，然后向上或向下拖动鼠标。

选择一个句子：按住 Ctrl 键，然后在该句的任何地方单击。

选择一个段落：将鼠标移动到该段落的左侧，直到鼠标变成一个指向右边的箭头，然后双击。或者在该段落的任何地方三击。

③选择一个矩形块：将鼠标指针移动到需要选择区域的一角并单击，按住 Alt 键，然后拖动鼠标至矩形区域的对角，则该区域被选中。

④选择整篇文档：将鼠标移动到任何文档正文的左侧，直到鼠标变成一个指向右边的箭头，然后三击。

复制、剪切、粘贴与移动文字

剪切、复制和粘贴是 Word 2003 提供的用来移动文字和图形的功能，它能使用户在当前文档中移动文字和图形，以及在当前文档与其他 Word 文档，甚至其他 Windows 应用程序之间移动文字和图形。

(1) 复制。复制是文档编辑常用的操作，可在文档内、文档间或应用程序间移动或复制文字。

①使用剪贴方式复制文字。

②使用拖动方式复制文字。

③与键盘结合复制文字。

(2) 剪切。剪切是将选定的文字剪切到剪贴板中，原文字不再存在，即原文字被删除。剪贴板中的内容还可以根据需要选择粘贴操作，实现复制功能。

(3) 粘贴。粘贴是将剪贴板中的内容复制到用户指定的位置。

(4) 剪贴板。在 Office 2003 剪贴板中，用户最多可以保存 12 个剪切或复制项目，按剪切或复制对象的先后次序存放。

(5) 移动文字。移动文字操作是将所选择的文字块从原位置移动到另一个新的位置。其操作方式是先将要移动的文字剪贴到剪贴板中，然后将之粘贴到新的位置，操作与复制方法相似，不再重复。

删除文字

删除文字也是 Word 2003 中常见的操作，主要包括：

①单个字的删除。

②文字块的删除。

③文字块的删除还可以通过“编辑”菜单中的“清除”命令实现，或使用“剪切”按钮剪贴到剪贴板中，也可以达到删除的目的。

查找与替换

在文档编辑过程中，查找和替换是常用的操作。查找和替换可以搜索和替换文字、指定格式和诸如段落标记、域或图形之类的特定项。

(1) 查找文字。查找功能的使用如图 3-13 所示。

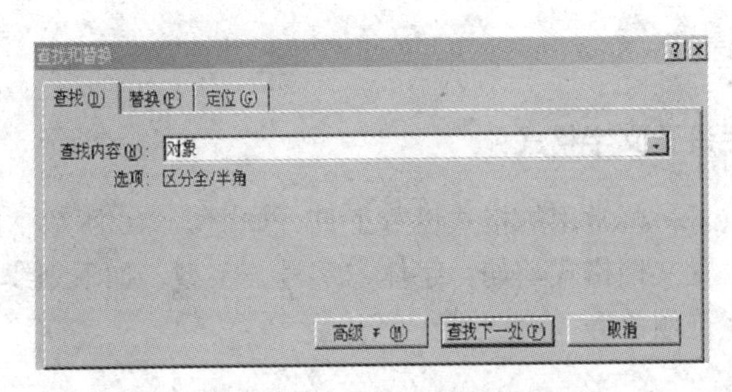

图 3-13　**“查找和替换—查找”对话框**

(2) 替换。替换与查找功能非常相似，不同的是，替换能自动查找并替换指定查找到的文字，如图 3-14、图 3-15 所示。

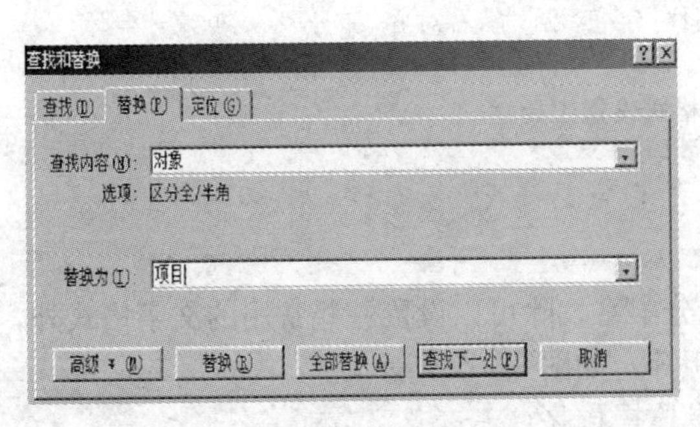

图 3-14　**“查找和替换—替换”对话框**

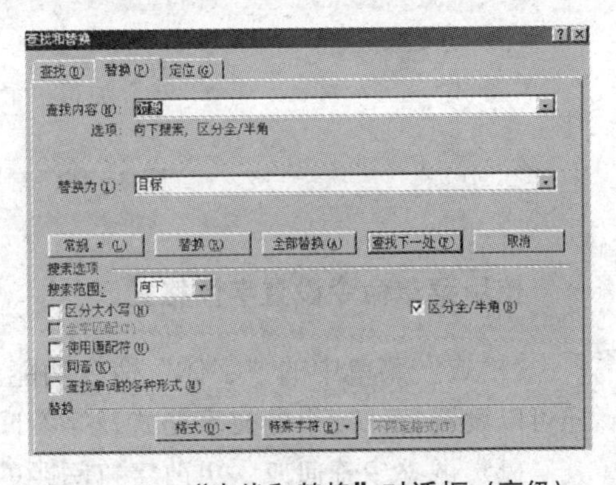

图 3-15　**“查找和替换”对话框（高级）**

查看文档

(1) 页面视图。页面视图方式具有所见即所得功能。在页面视图中可以查看在打印出的页面中文字、图片和其他元素的位置。页面视图可用于编辑页眉和页脚、调整页边距和处理栏及图形对象；可以直接观察文档的输出效果。

(2) 普通视图。在普通视图中可以键入、编辑和设置文档格式。普通视图可以显示文档格式，但简化了页面的布局，所以可便捷地进行键入和编辑。

(3) 大纲视图。在大纲视图中，能查看文档的结构，能通过拖动标题来移动、复制和重新组织文档；还可以通过折叠文档来查看主要标题，或者展开文档以查看所有标题，以至正文内容。大纲视图还使得主控文档的处理更为方便，主控文档有助于使较长文档（如有很多部分的报告或多章节的书）的组织和维护更为简单易行。

(4) Web 版式视图。在 Web 版式视图中，可以创建能显示在屏幕上的 Web 页或文档。在 Web 版式视图中，可看到背景和为适应窗口而换行显示的文档，且图形位置与在 Web 浏览器中的位置一致。

3.4.2 排版操作

使用格式工具栏设置文字格式

格式工具栏提供了一些常用的格式设置工具，如图 3-16 所示。用户可以通过工具栏的快速设置按钮设置文档格式，如：字体、字号、字型、加下划线、添加边框、添加底纹、字符缩放、字符颜色等。

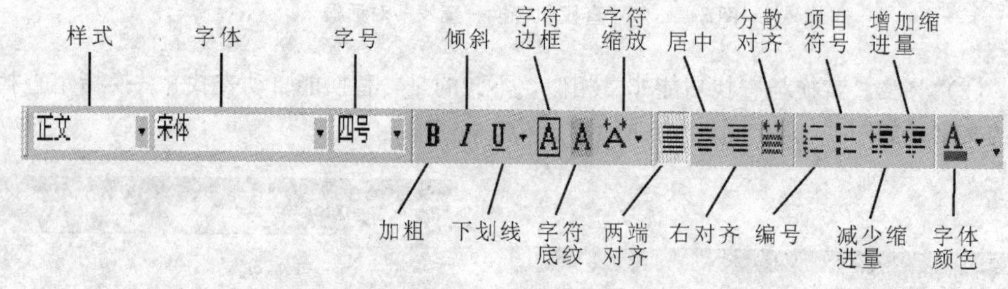

图 3-16　常用格式设置工具栏

使用菜单命令设置字体格式

“格式”菜单中的“字体”命令功能十分丰富，除可以设置一些常用的文字格式外，还可以设置特殊效果的文字格式及字符间距等，如图 3-17 所示。

(1) 调整字符间距。更改字符间距的具体操作是：

①选定要更改字符间距的文字。

②单击“格式”菜单中的“字体”命令，再单击“字符间距”选项卡，弹出图 3-18所示的“字体-字符间距”对话框。

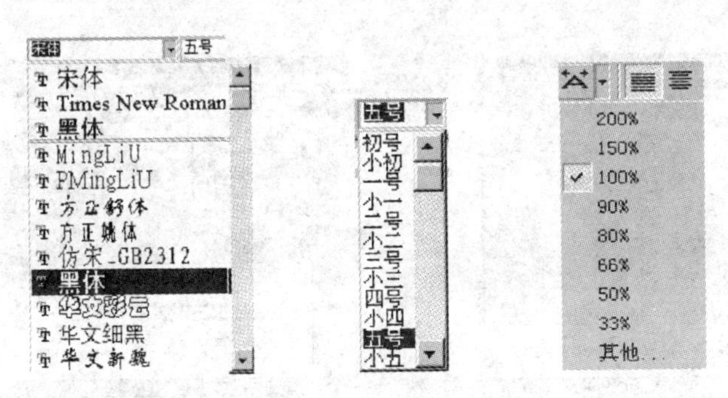

图 3－17　字体选项栏

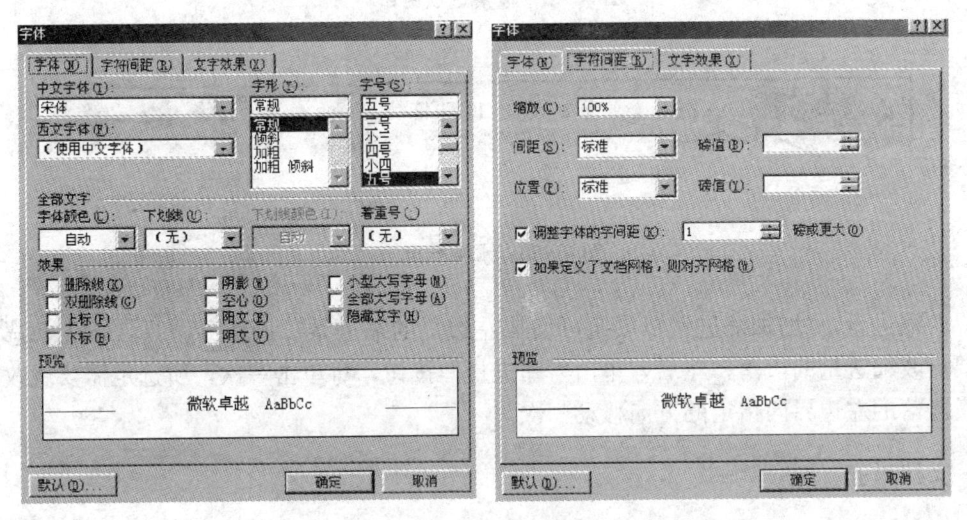

图 3－18　“字体一字符间距”对话框

(2) 设置文字效果。可为联机文档设置动态文字效果（如移动或闪烁等）。

段落格式设置

Word 2003 中除可以进行文字格式设置外，还可以对“段落”进行格式设置。Word 2003 中的段是指用户输入回车键结束的一段图形或文字。段落的格式包括文档对齐、缩进大小、行距、段落间距等。Word 2003 中显示的文档和打印出的文档是完全相同的，Word 2003 不用格式代码表示格式。因此，设置好段落格式对文档的美观易读是非常重要的（如图 3－19 所示）。

段落缩进有三种设置方式：

(1) 使用“段落一缩进和间距”对话框设置。在段落“缩进”框中用户可以设置段落的缩进格式，包括：“左缩进”和“右缩进”；在“特殊格式”框，可选择“首行缩进”和“悬挂缩进”。

(2) 用标尺设置左、右缩进量。段落缩进也可以使用文档窗口的水平标尺进行快速设置。水平标尺如图 3－20 所示。

(3) 使用常用工具栏改变缩进量。使用常用工具栏“减少缩进量”按钮，可减少左

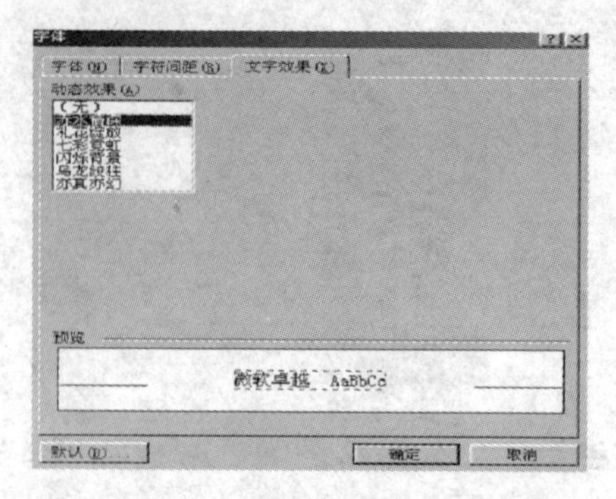

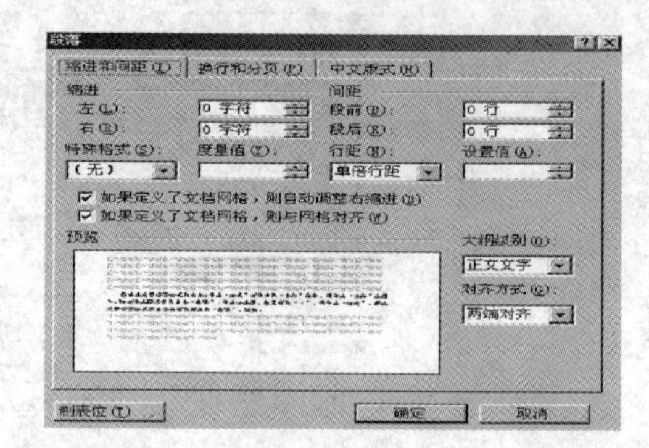

图 3-19　段落选项窗口

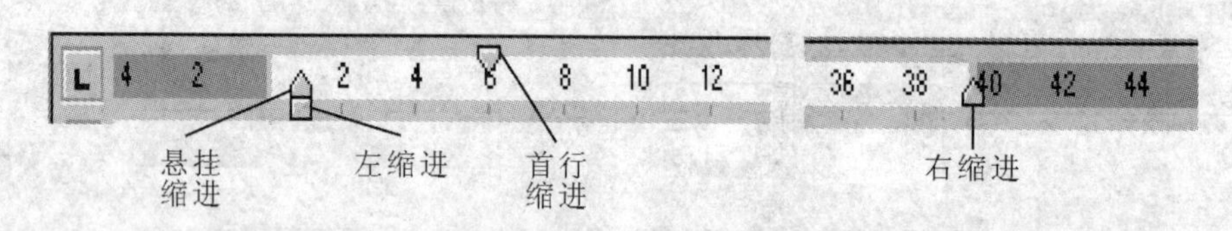

图 3-20　水平标尺

边界的缩进量，“增加缩进量”按钮可增加左边界的缩进量。操作方法是：首先，选定需要更改缩进量的段落；然后，单击“缩进量”按钮，每单击一次，所选定需要更改缩进量段落的左边界向指定的方向移动一次。

文档对齐

改变文档水平对齐，有五种方式：两端对齐、左对齐、居中、右对齐、分散对齐。

①两端对齐——使当前段中的各行均匀地沿左右边界对齐。

②左对齐——使当前段中的各行沿左边界对齐。

③居中——使当前段中的文字居中。一般用于文档标题。

④右对齐——使当前段中的各行沿右边界对齐。一般用于文档末尾的署名等。

⑤分散对齐——使当前段中的各行字符等距排列在左右边界之间。

3.4.3　表格与图文混排

表格

(1) 创建表格。

①创建简单表格。也可以使用菜单命令创建表格，具体操作如下：单击要创建表格的位置，即将插入点移动到需要创建表格的位置；单击“表格”下拉菜单中的“插入”子菜单中的“表格”命令（如图 3-21 所示）；弹出图 3-22 所示的“插入表格”对话框；在“列数”框内选择欲建表格的列数；在“行数”框内选择欲建表格的行数；在“自动调整”操作中选择“固定列宽”，默认值为“自动”，则以 Word 2003 自定的相等

列宽，如输入一个确定的值，则以该值表示列宽；如果选中“根据窗口调整表格”，则 Word 2003 将在创建表格的过程中，据当前文档窗口的大小自动对表格的列宽进行调整，以符合文档窗口的大小；如果选中“根据内容调整表格”，则 Word 2003 将在创建表格的过程中，根据表格中的内容自动对表格的列宽进行调整，以符合表格本身；选择完毕后单击“确定”，则在插入点位置产生一创建的空表格。

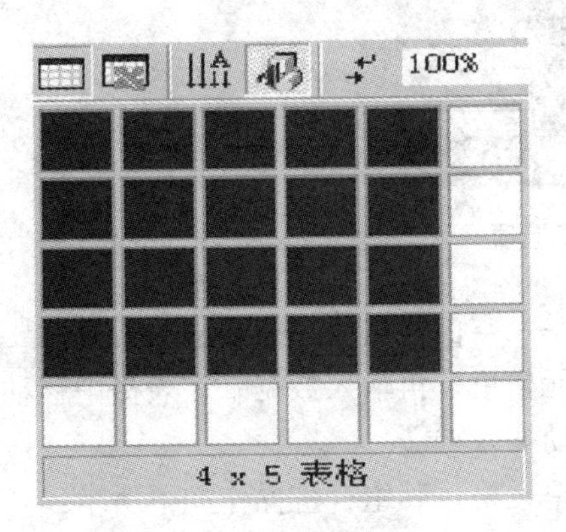

图 3—21　**插入表格**

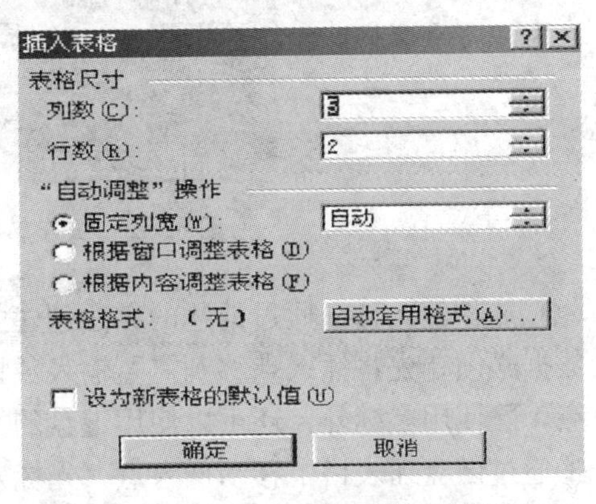

图 3—22　**插入表格对话框**

②绘制表格。使用前述方式一般只能创建规则的表格，即表格的行与行之间，列与列之间都是等距的。在实际应用中可能需要制作不规则的复杂表格，如表格中需要斜线或某局部单元格较多等，则可以通过“绘制表格”来创建，如图 3—23 所示。

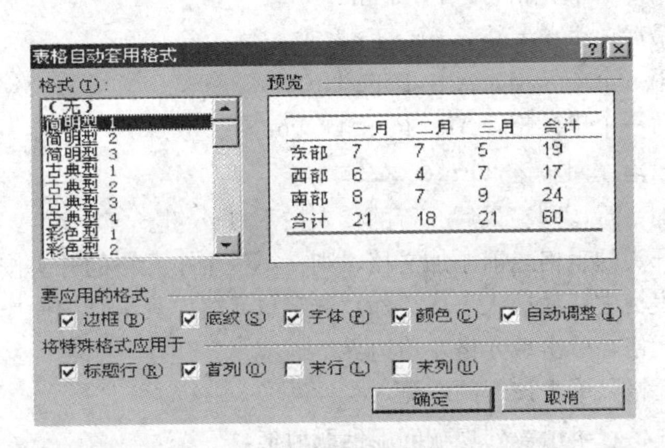

图 3—23　**表格自动套用格式**

③将文档转换成表格。A. 选择欲转换为表格的文字，在各数据项之间插入分隔符，可指明文档的行、列。例如，插入制表符来划分列，插入段落标记来标记行结束。B. 选定要转换的文档。C. 单击“表格”菜单中的“转换”命令，然后选择“将文字转换成表格”，弹出图 3—24 所示的“将文字转换成表格”对话框。该对话框中的行、列等参数是用户所选定欲转化为表格的文档的数字，此时，只要单击“确定”，则所选文字便转换为表格。

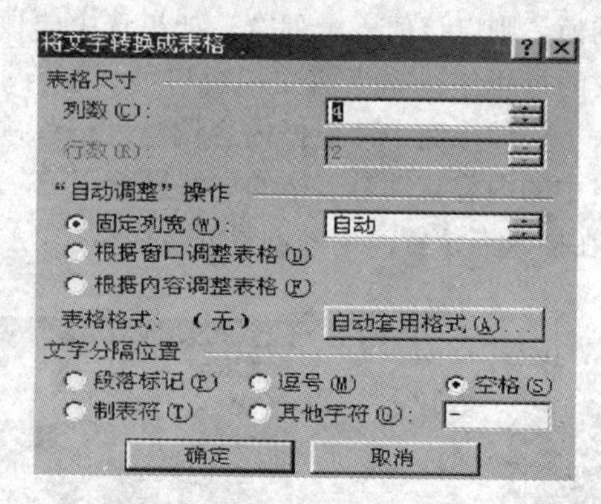

图 3-24 文字转换为表格选项

(2) 选择单元格。通过前述的方法创建的表格是一空白表格，还需要输入数据。要输入数据必须首先将插入点移到需要输入数据的单元格里，再输入数据。在表格中移动插入点，除使用鼠标外，还可以使用键盘的方法移动插入点。

①通过键盘在表格中移动插入点（光标）选定单元格，其组合键操作如下所示：

移至下一单元格，按 Tab 键，如果插入点位于表格的最后一个单元格时，按下 Tab 键将添加一行。

移至前一单元格，Shift+Tab 组合键。

移至上一行或下一行，按向上或向下（↑↓）箭头。

移至本行的第一个单元格，Alt+Home。

移至本行的最后一个单元格，Alt+End。

移至本列的第一个单元格，Alt+Page Up。

移至本列最后一个单元格，Alt+Page Down。

开始一个新段落，回车键（Enter ↵）。

在表格末添加一行，则在最后一行的行末按下 Tab 键。

在位于文档开头的表格之前添加文档，则在第一个单元格的开头按下回车键。

②用鼠标在表格中移动插入点（光标）选定单元格，其组合键操作如下所示：

选定一个单元格，单击单元格左边边界。

选定一行单元格，单击该行的左侧。

选定一列单元格，单击该列顶端的虚框或边框。

选定多个单元格、多行或多列，在要选定的单元格、行或列上拖动鼠标；或者，先选定某一单元格、行或列，然后在按下 Shift 键的同时单击其他单元格、行或列。

使用表格菜单选定单元格，选定单元格、行、列或整个表格，单击表格内任意位置，再用“表格”菜单中的“选定”命令；或者使用快捷键进行操作。

③在单元格中使文档对齐的操作如下所示：

改变表格单元格中文档的垂直对齐方式（如果未显示“表格和边框”工具栏，则单击“视图”下拉菜单中“工具栏”下拉菜单中的“表格和边框”命令，在屏幕上显示“表格和边框”工具栏。）其操作如下：

A. 单击要设置文档对齐方式的单元格。

B. 对齐单元格中横向显示的文档，可使用“表格和边框”工具栏上的“对齐”命令菜单中的九种“对齐”按钮。该命令按钮根据用户上一次选择的该菜单中的命令，在工具栏中该位置处会出现不同的命令按钮。

(3) 添加单元格、表行和表列。①添加单元格的操作方法如下：

A. 选定添加单元格的位置，选定的单元格数与要插入的单元格数相同。

B. 单击菜单栏“表格”，弹出下拉菜单，再单击“插入”菜单中的“单元格”命令，将弹出“插入单元格”对话框；从对话框中可以选择插入单元格后，原位置的单元格内容如何移动；四个选项只能选择其中一项，若选择“左侧单元格右移”，则插入到所选定单元格的左边；若选择“活动单元格下移”，则插入到所选定单元格的上边；若选择“整行插入”，则在所选定单元格之上插入一整行；若选择“整列插入”，则在所选定单元格左边插入一列，选定之后按“确定”即可。

②添加行。在选定将在其下面插入新行的行后，常用工具栏上的“插入表格”命令按钮将相应地变为“插入行”命令按钮。单击“插入行”命令，则新行被插入到选中行的下边。

A. 选定将在其上面插入新行的行，选定的行数与要插入的行数相同。

B. 单击菜单栏“表格”，弹出下拉菜单，再单击“插入”子菜单，然后单击“行（在上方）”或“行（在下方）”命令。或单击“表格和边框”工具栏上“插入表格”旁边的箭头，然后单击所需的“插入”命令。

如果在表格末添加一行，请单击最后一行的最后一个单元格，再按下 Tab 键。

③添加列。在选定将在其上面插入新列的列后，常用工具栏上的“插入表格”命令按钮将相应地变为“插入列”命令按钮。单击“插入列”命令，则新列被插入到选中列的右边。

A. 选定将在其插入新列的列，选定的列数与要插入的列数相同。

B. 单击菜单栏“表格”，弹出下拉菜单，再单击“插入”子菜单，然后单击“列（在左侧）”或“列（在右侧）”命令。或单击“表格和边框”工具栏上“插入表格”旁边的箭头，然后单击所需的“插入”命令。

(4) 删除表格、单元格、表行和表列、删除表格内容。用户可以删除单个或多个单元格、行或列，也可删除整张表格，还可只清除单元格的内容而不删除单元格本身。

①删除整个表格。删除整个表格，必须首先选择整个表格；再单击常用工具栏上的“剪切”按钮。

②单元格、行或列的删除。

A. 选定要删除的单元格、行或列。删除单元格时，要包括单元格结束标记。删除行时，要包括行结束标记。

B. 单击“表格-删除”菜单中的“表格”、“单元格”、“行”或“列”命令。

C. 根据需要删除的内容选择，如果删除单元格，请单击所需的选项。

③删除表格内容。首先选定要删除的表格项；然后按下 Delete 键，则被选定的表格中的内容就被删除，只保留表格的单元格。

（5）拆分表格、拆分单元格与合并单元格。①拆分表格是指将一个表格拆分成两个完整表格。

②拆分单元格是指将表格中的一个单元格拆分成两个或多个单元格。

③合并表格单元是将同一行或同一列中的两个或多个单元格合并为一个单元格。例如，用户可将若干横向的单元格合并成横跨若干列的表格标题。

（6）单元格列宽和行高的调整。在创建表格时，一般选择自动设置行高和列宽，如果觉得不合适，可以在创建表格后随时调整，如图 3－25 所示。

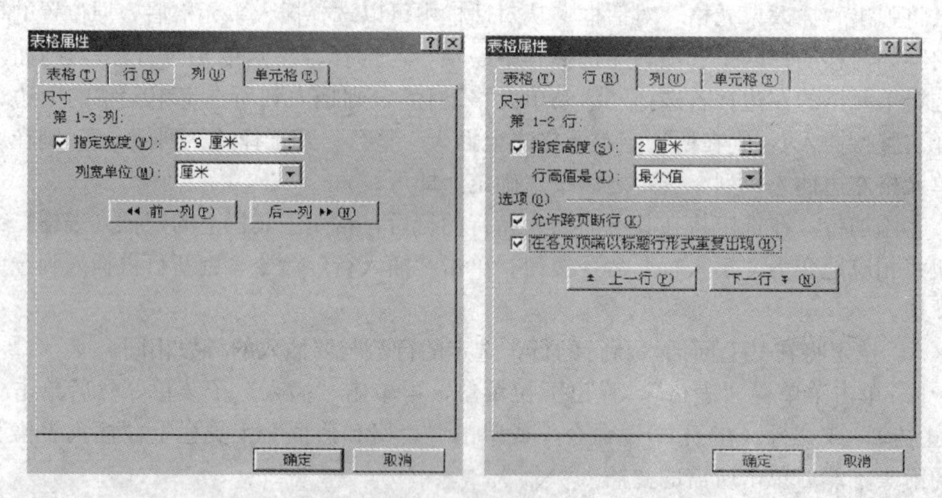

图 3－25　表格属性

对 Word 文档而言，如果没有指定行高，则各行的行高将取决于该行中单元格的内容以及段落文档前后间隔。

（7）边框和底纹。

①添加边框。在 Word 文档中，用户可为表格、段落或选定文档的四周或任意一边添加边框。也可为文档页面四周或任意一边添加各种边框，包括图片边框。还可为图形对象（包括文档框、自选图形、图片或导入图形）添加边框或框线。

在 Word 文档中，默认情况下，所有的表格边框都为 1/2 磅的黑色单实线。用户还可以使用“表格自动套用格式”，自动为表格添加边框或底纹。

②取消边框。要取消表格边框，首先单击该表格中任意位置。要取消指定单元格的边框，请选定该单元格，包括单元格结束标记；单击“格式”菜单中的“边框和底纹”命令，再单击“边框”选项卡，然后在“边框和底纹—边框”对话框中单击“设置”下的“无”。

如果要快捷地取消表格的边框或底纹，请单击“表格”菜单中的“表格自动套用格式”命令，再单击“格式”下的“无”。

若要取消表格中的部分边框，单击“表格和边框”按钮，以显示“表格和边框”工具栏；再单击“外部框线”旁边的箭头，再单击“无边框”命令。

（8）图文混排

①使用“插入剪贴画”任务窗格插入剪贴画

a. 将插入点移到文档中要插入剪贴画的位置。

b. 选择“插入”菜单中“图片”命令的“剪贴画”子命令，在工作区的右边弹出“插入剪贴画”任务窗格。

c. 单击“搜索范围”组合框右端的下拉按钮，在弹出的下拉列表中选择搜索的范围。

d. 单击“结果类型”组合框右端的下拉按钮，在弹出的下拉列表中选择剪贴画的类型。

e. 在“搜索”文本框中输入剪贴画关键词，例如输入“人物”，然后单击“搜索”按钮，“人物”剪贴画即显示于“插入剪贴画”任务窗格。鼠标指向所需的剪贴画，该剪贴画的右侧即出现一个下拉按钮，单击该按钮，弹出下拉菜单。

f. 单击弹出的下拉菜单中的“插入”命令，该剪贴画即插入文档。

②使用“剪辑管理器”插入剪辑

a. 将插入点移到文档中要插入剪贴画的位置。

b. 单击“插入剪贴画”任务窗格底部的“剪辑管理器”超级链接，打开“剪辑管理器”窗口。

c. 在“剪辑管理器”窗口左边的“收藏集列表”中选择一个剪辑收藏文件夹，例如选择“人物”文件夹。在右边窗格中即显示“人物”文件夹所包含的剪贴画。

d. 单击选定所需的剪贴画，该剪贴画的右侧即出现一个下拉按钮，单击该按钮，弹出下拉菜单。

e. 在击弹出的下拉菜单中，选择“插入”命令，该剪贴画即插入文档

③插入图片文件

a. 将插入点移到文档中要插入图片的位置。

b. 选择“插入”菜单中“图片”命令的“来自文件”子命令，打开“插入图片”对话框。

c. 在“查找范围”列表框中选择图片所在的驱动器和文件夹；在“文件类型”列表框中选择“所有图片”；单击对话框右上角“视图”按钮右侧的下拉按钮，在其下拉菜单中选择“缩略图”选项。该文件夹所包含的图片文件即以“缩略图”的形式显示于列表框中。

d. 单击选中所需的图片文件，然后单击“插入”按钮，该图片即插入文档。

图片插入文档后，可以根据排版的需要进行编辑修改，如改变图片的大小、对图片进行剪裁等。编辑图片要用到“图片“工具栏。

习　题

1. 简述文字处理软件的一般功能。

2. Word 2003 的窗口由哪几部分组成？

3. 菜单栏和工具栏的作用是什么？使用菜单栏与使用工具栏创建一个新文档有什么不同？

4. 打开和关闭工具栏有几种方法？试用“图片”工具栏加以说明。

5. 如何打开和关闭任务窗格？能同时打开多个任务窗格吗？如果不能，如何从一个任务窗格切换到另一个任务窗格？

6. 文件菜单中的“保存”和“另存为”命令有什么不同？举例说明。

7. 在编辑 Word 文档时，如何正确使用回车键？

8. 在 Word 中，通过哪些途径可以输入一些特殊符号？以“【”，“→”为例说明。

9. 如何在选择区选定文本？举例说明。

10. 简述“剪切”和“删除”操作的异同点。

11. 对选定文本执行“剪切”命令和“复制”命令的区别在哪里？

12. 如何使用剪贴板移动或复制文本？

13. Word 2003 提供了哪几种视图方式？如何切换到不同的视图方式？

14. 如何使用“格式刷”复制文字格式或段落格式？

15. 如何实现强制分页？

16. 如何对一页中的多个段落实现不同的分栏？

17. 如何创建奇偶页或首页不同的页眉页脚？

18. 建立表格有哪几种方法？

19. 选定表格以及选定表格中的行、列、单元格有哪些方法？

20. 如何拆分与合并表格中的单元格？

21. 表格中的单元格有几种对齐方式？如何设置？

22. 如何设置表格的边框和底纹？

23. 简述“绘图画布”的作用？在绘图时如何取消“绘图画布”？

24. 如何改变图形对象的大小与位置？

25. Word 2003 提供了哪几种图形环绕方式？各有什么特点？

26. 使用样式的优点是什么？在文档中如何使用样式？

27. 什么是模板？如何创建和应用自己的模板？

28. 在 Word 2003 中如何生成目录？

第四章　Excel 2003 电子表格处理软件

Excel 2003 是 Microsoft 公司于 1999 年推出的电子表格软件，它是 Office 2003 套件中的一组组件，在数据处理方面，具有公式计算、函数计算、数据排序、筛选、汇总、生成图表等功能，被广泛应用于分析、统计和财务等领域。

4.1　Excel 2003 的基本操作

4.1.1　Excel 2003 的启动与退出

安装 Office 2003 套件后，在 Windows“开始”菜单的“程序”中会增加一项“Microsoft Excel”命令选项，单击该命令选项，即可启动 Excel 2003。

打开 Excel 2003 菜单栏上的“文件”菜单，选择“退出”选项即可退出 Excel 2003。退出 Excel 2003 将关闭所有的文件，如果用户对文件作了修改而未存盘，则系统会提示退出 Excel 2003 前是否存盘，选择“是”则存盘后退出 Excel 2003，选择“否”则不存盘退出 Excel 2003，选择“取消”则取消退出操作。

4.1.2　Excel 2003 的工作界面

启动 Excel 2003 后的界面如图 4-1 所示，由以下各部分组成。

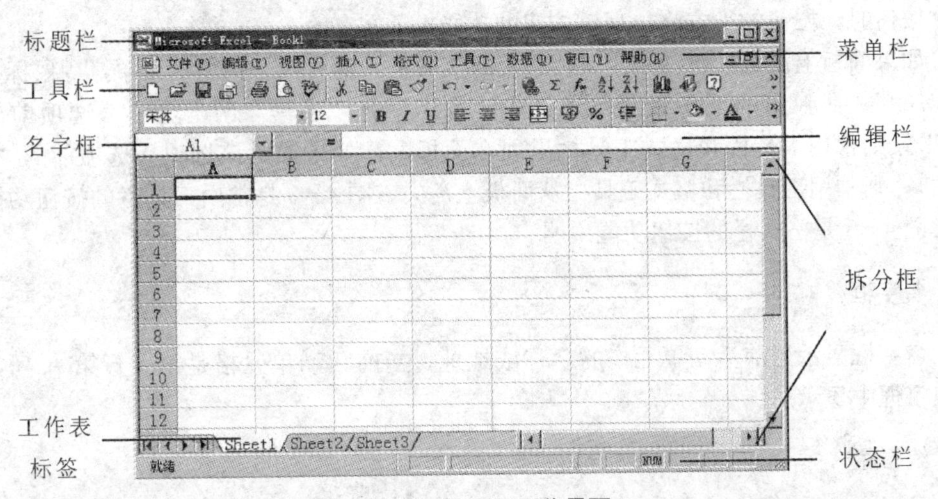

图 4-1　Excel 2003 工作界面

标题栏

标题栏处于 Excel 2003 的最上方，用来标识 Microsoft Excel 和当前正在编辑的文件名称，如果被编辑的文件还没有取名存盘，则用“Book1”表示，以后新建立的文件依次命名为“Book2”、“Book3”等。用鼠标单击标题栏左端“×”位置，弹出一个控制 Excel 2003 窗口的菜单，在该菜单中可选择关闭、改变窗口大小、窗口最小化等操作，如双击标题栏左端“×”位置，则关闭 Excel 2003 窗口。标题栏右端三个按钮的功能分别是窗口最小化、改变窗口大小和关闭 Excel 2003 窗口。

菜单栏

标题栏的下面一行是菜单栏，用鼠标单击菜单栏左端“×”位置，弹出一个控制文件窗口的菜单，在该菜单中可选择关闭、改变窗口大小、窗口最小化等操作，如双击菜单栏左端×位置，则关闭当前文件窗口（注意不是关闭 Excel 2003 窗口）。标题栏右端三个按钮的功能分别是使文件窗口最小化、改变窗口大小和关闭文件窗口。

菜单栏中包括“文件”、“编辑”、“视图”、“插入”、“格式”、“工具”、“数据”、“窗口”和“帮助”9 项菜单，这是一组下拉式菜单，包含了进行表格数据处理所需要的绝大部分功能和命令。用鼠标单击其中的一项菜单，则会打开该菜单项的下拉菜单，在下拉菜单上列出了与该项目有关的一组命令。如果命令是黑色显示，表示该命令可用；如果命令是灰色显示，表示该命令当前因不具备使用条件而不可用；如果命令后跟有省略号“…”，表示执行该命令后会弹出一个对话框，需要进一步选择、输入信息或确认。

工具栏

菜单栏下面的两行分别是常用工具栏和格式工具栏，工具栏上形象直观地排列着一些最常用的 Excel 2003 命令按钮，分别对应着特定的常用操作命令，当把鼠标指向某一个按钮时，按钮的下方将出现该按钮的功能提示文字。

如果面板上没有显示常用工具栏和格式工具栏，需打开“视图”菜单，用鼠标指向“工具栏”，在弹出的下一级菜单中选中“常用”和“工具”两个选项（选项前出现“√”），则常用工具栏和格式工具栏出现在面板上，如果撤销该选项（选项前的“√”消失），则常用工具栏和格式工具栏从面板上消失。图 4-2 是常用工具栏的按钮功能说明，图 4-3 是格式栏的按钮功能说明。

名字框

名字框显示当前活动单元格的名称或地址，当前活动单元格是第一行第 A 列，因此名字框中显示 A1。

编辑栏

编辑框是输入和编辑数据、公式的地方，按下“=”按钮后开始输入计算公式或函数。如果直接在单元格中输入或编辑数据，则输入和编辑的内容同时在编辑框中显示。

“√”按钮确认编辑框内键入的内容，“×”按钮取消编辑框内键入的内容。如果直接在单元格中输入和编辑数据，则输入或编辑的内容同时在编辑框中显示。

100%
新建空文件
打开已有文件
保存当前文件
电子邮件
打印当前文件
打印预览
拼写和语法检查
剪切选定字符到剪贴板
复制选定字符到剪贴板
粘贴剪贴板中的内容到光标处
把选定格式复制到其他文本
撤消最近一次操作
恢复最近的『撤消』操作
插入超级链接
自动求和
粘贴函数
升序排序
降序排序
绘制图表
绘图工具栏
显示比例窗口
帮助按钮

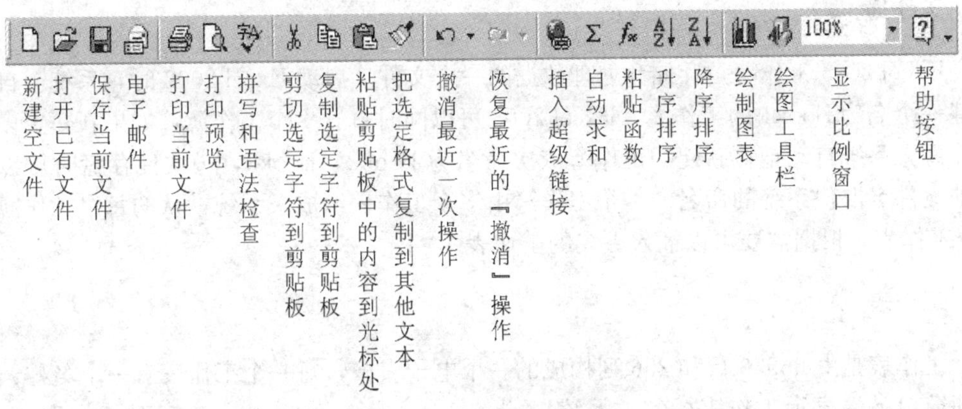

图 4－2　常用工具栏按钮功能

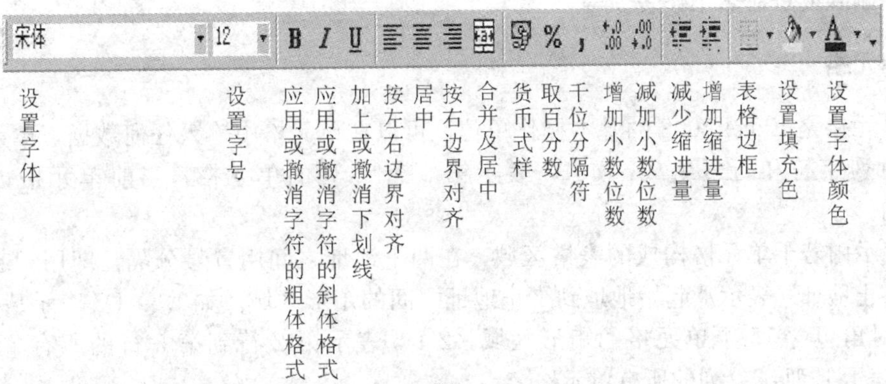

宋体
12
设置字体
设置字号
应用或撤消字符的粗体格式
应用或撤消字符的斜体格式
加上或撤消下划线
按左右边界对齐
居中
按右边界对齐
合并及居中
货币式样
取百分数
千位分隔符
增加小数位数
减加小数位数
减少缩进量
增加缩进量
表格边框
设置填充色
设置字体颜色

图 4－3　常用格式栏按钮功能

工作表

工作表为一张电子表格，表格的行数用 1，2，3，… 自然数表示，最大行数为 65536 行，表格的列数用 A，B，C，…字符表示，最大列数为 256 列。

拆分框

利用水平拆分框和垂直拆分框可以将工作簿窗口拆分为四格窗格，在一个工作簿窗口中查看工作表的不同部分。

状态栏

Excel 2003 窗口的最下端为状态栏，显示当前窗口的编辑状态。

4.1.3 工作簿与工作表简介

工作簿

Excel 2003 工作簿是存储和处理数据的一个文件。启动 Excel 2003 时，系统会自动创建一个名为 Book1 的工作簿，Excel 2003 可以同时打开多个工作簿，如果新建更多的工作簿，系统自动把再新建的工作簿依次命名为 Book2，Book3，…文件存盘时可以用其他文件名取代系统的命名。一个工作簿由多个工作表组成，系统默认的每个工作簿有 3 个工作表，根据需要可以插入更多的工作表。

工作表

工作表是由 65536 行和 256 列构成的一个电子表格，每一个工作表有一个名称，工作簿窗口下端显示工作表标签，系统以 sheet1，sheet2，sheet3，…来对工作表命名，当前工作表的标签显示为白色，用鼠标右击工作表标签，弹出一组快捷命令菜单，可以插入、删除或重命名工作表。

单元格

单元格是 Excel 2003 的基本操作单位，可以在单元格中输入任何数据，单元格的地址由列字符和行号组成，如 B5 表示第 5 行 B 列的单元格，当前单元格被黑线框包围。

表示由若干单元格构成的表格区域，在两个地址之间用冒号分隔，即用“起始地址：终止地址”表示从起始地址到终止地址之间的矩形区域。如 B1：D5 表示从 B1 到 D5 为对角包含 15 个单元格的矩形区域，2：5 表示第 2 行到第 5 行的所有单元格，B：D表示 B 列到 D 列的所有单元格。

表示不连续的单元格，单元格之间用逗号分隔，如用 A3，B2，D7 表示这三个单元格。

表示两个区域的公共单元格，用空格分隔两个区域，如 B1：C6，C5：E7的公共单元格是 C5，C6。

单元格地址

单元格地址有三种表示，分别是相对地址、绝对地址和混合地址。

相对地址：由列字符和行号组成，如 B5，B1：D5，如果公式中引用了相对地址，公式将随地址而变化。

绝对地址：在列字符和行号前分别加上＄符号，如＄B＄5，＄B＄1：＄D＄5，如果公式中引用了绝对地址，绝对地址固定不变。

混合地址：在列字符或行号前加上＄符号，如＄B5，D＄5，若行设为绝对地址，则行地址不变，若列设为绝对地址，则列地址不变。

单元格地址的另一种表示方式为 R1C1 方式，其中 R 表示行，C 表示列，在行标志

R 和列标志 C 的后边跟上行号和列号来表示单元格地址。执行“工具”菜单中的“选项”命令，在“常规”标签中（见图 4-4）选中“R1C1 引用样式”复选框，单击“确定”按钮后工作表的列数变为 1，2，3，…表示，则第 5 行第 2 列的单元格用 R5C2 表示。

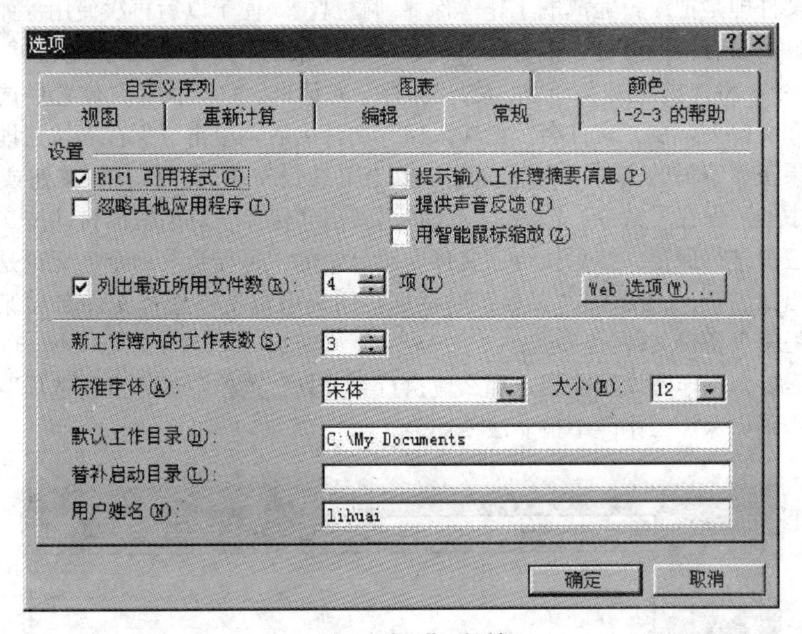

图 4-4　“选项”对话框

4.1.4　新建和打开工作簿

新建工作簿

新建工作簿时，可以建立常用模板工作簿，用鼠标单击工具栏左端的“新建”按钮，则建立的工作簿也是常用模板工作簿。如果需要建立制定模板样式的工作簿，可执行“文件”菜单中的“新建”命令，利用 Excel 2003 提供的“电子方案表格”建立指定模板样式的工作簿。

打开工作簿

用鼠标单击工具栏左端的“打开”按钮或选择“文件”菜单中的“打开”命令均可打开 Excel 2003 工作簿，Excel 2003 允许同时打开多个工作簿，默认打开 C 盘“My Documents”文件夹，如果需要打开的文件在其他位置，则需要选择文件所在的磁盘和文件夹。

4.1.5 保存和关闭工作簿

保存工作簿

保存文件即是把编辑完成的工作簿保存到磁盘上，便于以后再次使用。如果一个新建立的文件还没有被保存过，单击工具栏左端的“保存”按钮或执行“文件”菜单中的“保存”命令，将弹出如图 4－5 所示的“保存”对话框。在“保存”位置栏选择保存文件的磁盘和文件夹，在“文件名”栏输入保存文件名后，单击“保存”按钮即可将文件存盘。如果正在编辑的文件不是新文件，单击工具栏左端的“保存”按钮或执行“文件”菜单中的“保存”命令，Excel 2003 将不弹出“保存”对话框而自动按文件的原文件名和原位置进行保存。如果执行“文件”菜单中的“另存为”命令，无论是否为新文件都将弹出如图 4－5 所示的“保存”对话框，用户可以重新选择文件名和保存位置存盘，建立另一个备份文件。

如果需要为工作簿设置密码，那么应执行“工具”菜单中的“常规选项”命令，输入相应的密码，保护工作簿不被非法使用。

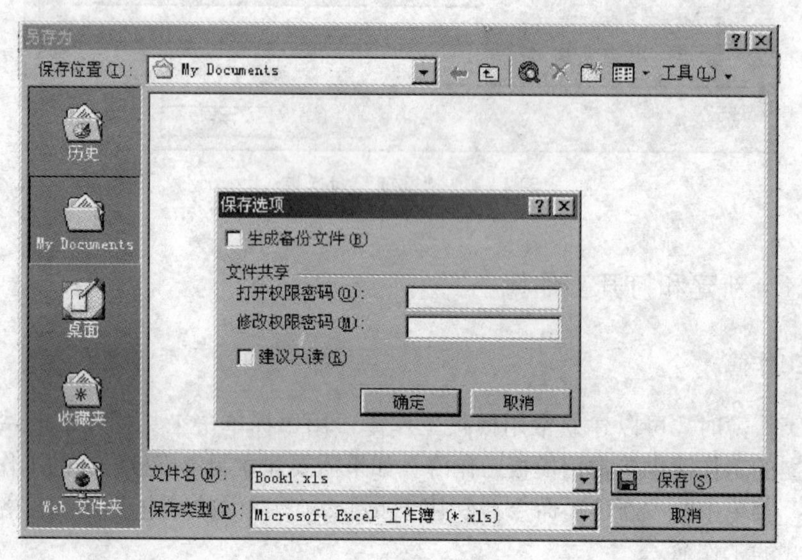

图 4－5 **“保存”对话框**

关闭工作簿

如果需要关闭当前工作簿，那么只需执行“文件”菜单中的“关闭”命令，即可关闭当前工作簿。若按住 Shift 键执行关闭操作，则“文件”菜单中的“关闭”命令变为“全部关闭”。关闭工作簿后 Excel 2003 并不退出，可以继续处理其他工作簿。

4.2　工作表的基本操作

在 Excel 2003 中创建工作簿后，系统默认每个工作簿由三个工作表组成，根据需要可以增加或减少工作表的数目。数据的处理主要在工作表中完成，下面介绍工作表的基本操作方法。

4.2.1　使用工作表

工作表的名称以标签的形式显示在屏幕的下端，处理表格数据是在当前工作表中进行，因此首先必须选择工作表。

选择工作表

用鼠标单击某个工作表标签，该工作表即被选定成为当前工作表，标签显示为白色，此时的操作只能改变当前工作表的内容，而不会影响其他工作表。

如果要同时选择多个工作表，按住 Ctrl 键，再用鼠标单击工作表标签，被选定的多个工作表标签均显示为白色，成为当前工作表，此时的操作能同时改变当前多个工作表的内容。如果要同时选择多个相邻工作表，按住 Shift 键，再用鼠标单击工作表标签，可以选定多个相邻工作表，使之成为当前工作表。

添加工作表

如果工作簿中需要使用的工作表超过 Excel 2003 系统默认的 3 个工作表，那么可以在工作簿中插入更多的工作表，即添加工作表的数目。先选定一个工作表标签，该标签位置即是将插入工作表的位置。再执行“插入”菜单中的“工作表”命令，则一张新的工作表被插入到选定的位置，重复以上操作可以插入更多的工作表。

可以通过设置，使系统在新建工作簿时设置更多的工作表。执行“工具”菜单中的“选项”命令，在“常规”标签（见图 4-4）的“新工作簿内的工作表数”栏输入工作表数，以后在新建工作簿时，工作表数即为设定的数目。但设定的数目不能超过 255。

删除工作表

删除不需要的工作表时，首先选择要删除的工作表，执行“编辑”菜单中的“删除工作表”命令，在弹出的对话框中单击“确定”按钮，被选中的工作表即被删除。

移动工作表

在工作簿内可以移动工作表，调整工作表的次序。简单的方法是用鼠标指向需要移动的工作表标签，按住鼠标左键横向拖动标签到所需位置，按住鼠标左键时标签的左端显示一个黑色三角形，当拖动鼠标时黑色三角形跟随移动，在黑色三角形移动到需要位置时，释放鼠标左键，即完成了移动工作表操作。

在不同的工作簿之间也可以移动工作表，把当前工作表移动到另一个工作簿中。首先选中需要移动的工作表标签，执行“编辑”菜单中的“移动或复制工作表”命令，弹出如图 4-6 所示的“移动或复制工作表”对话框。然后在对话框中的“工作簿”栏选择移动的目标工作簿，在“下列选定工作表之前”栏选择插入的位置，单击“确定”按钮，即可把当前工作表移动到目标工作簿的指定位置。

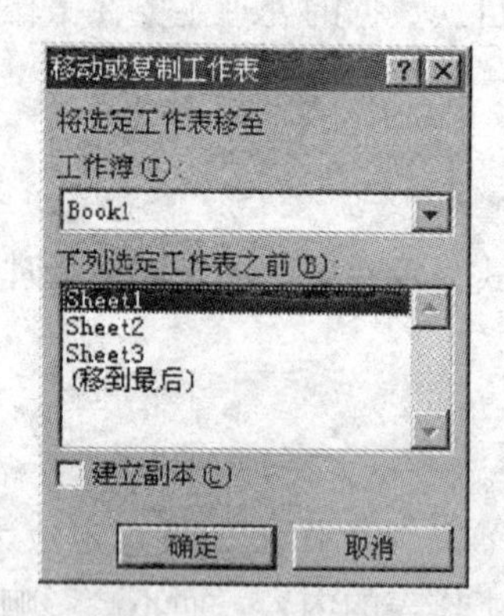

图 4-6　“移动或复制工作表”对话框

实际上，利用图 4-6 的“移动或复制工作表”对话框，也可以完成在工作簿内移动工作表的操作，只需在“工作簿”栏选择当前工作簿，即可在工作簿内移动工作表。

复制工作表

复制工作表与移动工作表的操作类似，在工作簿内复制工作表，先按住 Ctrl 键，按住鼠标左键横向拖动选定的工作表标签到所需位置，当黑色三角形移动到需要复制的位置时，释放鼠标左键，即把工作表复制到黑色三角形指向的位置。

使用“编辑”菜单中的“移动或复制工作表”命令复制工作表，在如图 4-6 所示的“移动或复制工作表”对话框中选中“建立副本”选项，随后在“工作簿”栏选择复制工作表的目标工作簿，再在“下列选定工作表之前”栏选择复制的位置，单击“确定”按钮，即可把当前工作表复制到当前工作簿或其他工作簿的指定位置。

重命名工作表

新建立一个工作簿时，系统以 sheet1，sheet2，sheet3，…来对工作表命名，为了方便管理和记忆，可以重新命名工作表，使工作表名能体现表中的内容。简单的方法是双击工作表标签，使工作表名逆显示，输入新的工作表名称即可。

如果用鼠标指向一个工作表标签，单击鼠标右键，则弹出常用命令菜单，该菜单提供了对工作表的插入、删除、重命名、移动、复制等操作，这是一种方便、快捷的操作方法，也是在 Office 2003 软件中经常使用的操作方法之一。

4.2.2　在工作表中输入数据

单击工作表中的一个单元格，则该单元格被选中，用黑框表示。此时可以在单元格中输入文字、数值、日期、时间、函数和公式，输入完成后，按 Tab 键使当前单元格右移一格，按回车键跳到下一行，或者可以用上、下、左、右的光标键控制当前单元格的移动方向。在输入过程中，按 Esc 键可以撤销当前输入的内容。

输入文字

输入的文字可以是数字、空格和非数字字符的组合，系统默认文本数据的对齐方式为左对齐。

如果需要在同一个单元格中显示多行文本，可执行“格式”菜单中的“单元格”命令，在“对齐”选项卡中选择“自动换行”，那么，当输入的文本超过单元格右边界时会自动换行。

如果需要在单元格中回车换行，则应按 Alt+Enter 组合键。

如果输入的文本由数字组成，则应先输入单引号作为文字标志，再输入数字，系统识别为文本数据而非数值型数据。

输入数值型数据

单元格中输入的数字为常量，由下列字符组成：

0 1 2 …… 9 + − ( ) , / ￥ $ % . E e

数字在单元格中按右对齐并按常规方式显示，若数据长度超过 11 位，系统将自动转换为科学计数法表示，系统最多保留 15 位数字精度，超过 15 位的数字位舍入为 0。

输入一个分数时，应先输入一个 0，再输入一个空格，然后才输入分数，否则，系统会认为是一个日期型数据。

日期型数据输入

Excel 2003 将日期和时间视为数字处理，提供了多种日期和时间显示格式，执行“格式”菜单中的“单元格”命令，在弹出的“单元格格式”对话框中选择“数字”选项卡，在“日期”栏和“时间”栏中可以选择的日期和时间的显示格式，如图 4－7 所示。

日期按年、月、日的顺序输入，分隔符可以用“/”或“－”。时间按小时、分、秒的顺序输入，分隔符可以用“:”，如果按 12 小时制输入时间，则在时间后留一空格，并紧随其后键入“AM”或“PM”以表示上午或下午。如果在同一单元格中输入日期和时间，则在日期和时间之间用空格分隔。

快速输入数据

Excel 2003 提供了把一个单元格的数据复制到多个相邻单元格的功能，首先用鼠标指向选定的单元格，按住鼠标左键拖动并覆盖所有需要复制的相邻单元格，此时鼠标拖动过的区域变为黑色。然后执行“编辑”菜单中的“填充”命令，此时选定单元格中的内容将按填充方向被复制到其他单元格中。

另一种简单的复制方法是先选定一个单元格，用鼠标指向选定单元格右下角的“填

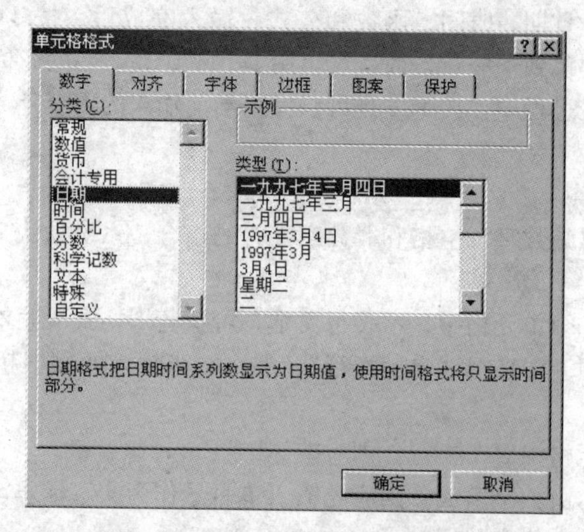

图 4－7　**日期和时间的显示格式**

充柄”，此时鼠标指针变为黑色十字形，按住鼠标左键拖动到需要复制的相邻单元格，释放鼠标左键，则完成复制。

Excel 2003 还具有自动填充序列数据的功能。如果选定单元格中的内容是一个序列数据，那么在拖动“填充柄”到相邻单元格时，系统会在鼠标拖动经过的单元格依次填上后续数据，如图 4－8 所示。

	C	D	E
1	一月	星期日	
2	二月	星期一	
3	三月	星期二	
4	四月	星期三	
5	五月	星期四	
6	六月	星期五	
7	七月	星期六	
8	八月	星期日	
9	九月	星期一	
10	十月	星期二	
11	十一月	星期三	
12	十二月	星期四	
13	一月	星期五	
14	二月	星期六	
15			
16			

图 4－8　**快速输入数据**

自动填充的序列数据必须是 Excel 2003 系统已有的序列，如果单元格中只包含数字，则至少需要输入两个以上的数据项，在选中两个以上的单元格后，拖动“填充柄”到相邻单元格，完成自动填充后续序列数据。

编辑数据

当选择一个单元格时，单元格中的内容将同时显示在编辑栏中，这时可以选择在单元格中或在编辑栏中修改数据。在选中一个单元格时单击编辑栏，光标插入点将出现在编辑栏中，此时可选择在编辑栏内修改数据。或双击单元格，等待光标插入点出现在单元格中后，直接在单元格内修改数据。如果单击一个单元格后输入新的数据，那么新输入的数据将覆盖单元格中的原有数据。在编辑数据过程中系统默认为插入状态，按 Ins 键可以切换插入/改写状态。

4.2.3　数据的显示格式

常见的数据类型有三种，即数值型、日期时间型和字符型。Excel 2003 提供了多种形式的数据显示格式来显示数据，在“单元格格式”对话框（见图 4-7）的数字选项卡中提供了更多的各种数据显示格式，供用户设置需要的显示格式。在格式工具栏上提供了货币格式样式、百分比样式及小数点位数增减按钮，可用于定义数值型数据的显示格式。

4.2.4　冻结窗口

在操作一个大型的工作表时，列标题和行标题常常会因为滚动而显示在工作区以外，给编辑和使用工作表带来不便，Excel 2003 提供的冻结窗口功能，可以在滚动屏幕时使列标题和行标题保留在原位置。

先选定一个冻结点，执行“窗口”菜单中的“冻结拆分窗口”命令，则在冻结点上方的行和冻结点左边的列被冻结，以后在滚动屏幕时，被冻结的行和列保留在原位置不动。

如果要撤销冻结，只需执行“窗口”菜单中的“撤销窗口冻结”命令即可。

4.3　编辑工作表

对工作表中数据的编辑工作主要是数据的复制、移动、删除等操作。

4.3.1　数据的复制和移动

工作表中的数据可以被复制、移动到同一个工作表的其他位置或另一个工作表中。

先选定数据区域，用鼠标指向被选定数据区域的边框线，当鼠标指针变为空心箭头时，按住鼠标左键并拖动选定区域到目标位置，再释放鼠标，选定区域中的数据被移动到目标位置。

如果在拖动鼠标的过程中按住 Ctrl 键，则选定区域中的数据被复制到目标位置。

选定数据区域后，利用常用工具栏上的剪切、复制、粘贴按钮也可以实现数据的复制或移动，或执行“编辑”菜单中的“剪切”、“复制”、“粘贴”命令来实现数据的复制或移动，这与 Word 2003 中文本的复制、移动操作方法相同。

4.3.2　插入、清除和删除单元格

在编辑工作表的过程中，经常需要插入、清除和删除单元格，在插入和删除单元格

后，周围的单元格将自动调整位置，重新编排工作表格。

插入

选定一个单元格为插入位置，执行“插入”菜单中的“单元格”命令，将弹出如图 4－9 所示的对话框，选择“活动单元格右移”或“活动单元格下移”，单击“确定”按钮，在选定位置就插入了一个单元格，而相关的其他单元格则向右或向下移动。

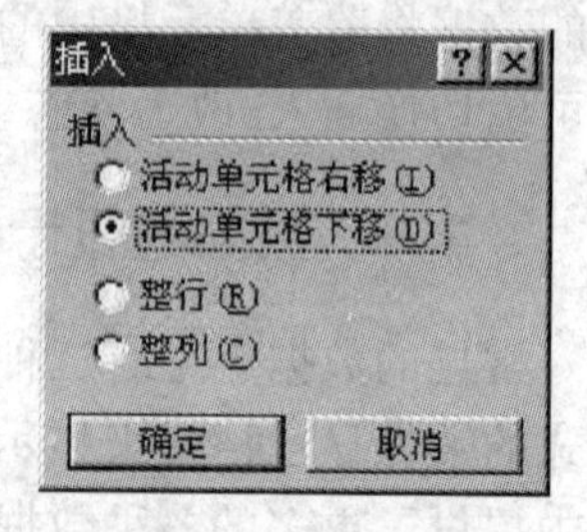

图 4－9　插入对话框

在如图 4－9 所示的插入对话框中选择“整行”或“整列”，单击“确定”按钮后在选定位置插入一行或一列。选定一个单元格为插入位置后，直接执行“插入”菜单中的“行”或“列”命令，也可以插入一行或一列。

删除单元格

选定需要删除的单元格区域，执行“编辑”菜单中的“删除”命令，在如图 4－10 所示的删除对话框中选择“右侧单元格左移”或“下方单元格上移”，单击“确定”按钮就可删除选定单元格。如果选择“整行”或“整列”，那么单击“确定”按钮后将删除选定单元格所在的行或列。

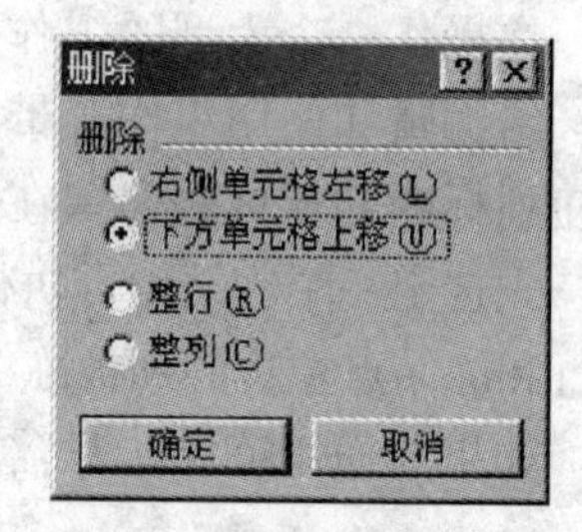

图 4－10　删除对话框

如果删除整行或整列，也可以先选定需要删除的行或列，执行“编辑”菜单中的“删除”命令即可完成删除整行或整列的操作。

清除单元格

选定需要清除的单元格区域，用鼠标指向“编辑”菜单中的“清除”命令，弹出“清除”菜单，在“全部”、“格式”、“内容”、“批注”四个选项中选择执行需要清除的项目，即可完成清除操作。

4.3.3　Excel 2003 公式与函数

公式的创建与编辑

1. 运算符

(1) 算术运算符　+、－、＊、/、%、^

(2) 字符串运算符：　&（连接运算符，将两个字符串合成一个字符串）

(3) 比较运算符：　＝，<，>，　=<，　=>，　<>.

2. 计算公式的特殊情况：日期的运算：＝"2008/5/18"－"2006/5/18"

函数的使用

1. 函数的概念

函数的结构：函数的结构以函数名称开始，后面是左圆括号、以逗号分隔的参数和右圆括号。

参数：参数可以是常量、公式或其它函数。

2. 常用函数

（1）SUM（）：计算单元格区域中所有数值的和。如：SUM（C3：C8）

（2）AVERAGE（）：计算参数的平均数。如：AVERAGE（C3：C8）

（3）COUNT（）：计算参数表中的数字参数和包含数字的单元格的个数。

（4）COUNTIF：计算给定区域内满足特定条件的单元格的数目．如 COUNTIF（B3：B6,">55").

（5）IF（）：执行真假值判断，根据逻辑测试的真假值返回不同的结果．如：IF（A10>60,"及格",).

（6）MAX：返回一组数值中的最大值。如：MAX（B3：B18）

（7）MIN：返回一组数值中的最小值。如：MIN（B3：B18）

4.3.4　数据的自动填充

给工作表输入有规律的数据时，使用自定义序列的方法自动填充数据，可以大大节约输入时间。首先在序列的第一个单元格内输入数据，选中该单元格，执行“编辑”菜单中“填充”子菜单下的“序列”命令，弹出“序列”对话框，如图 4-12 所示。在“序列产生在”栏选择行或列以确定序列的后续数据的填充方向，在“类型”栏选择序列类型，再输入序列的步长值和终止值，单击确定按钮，序列数据将自动填充到单元格中。

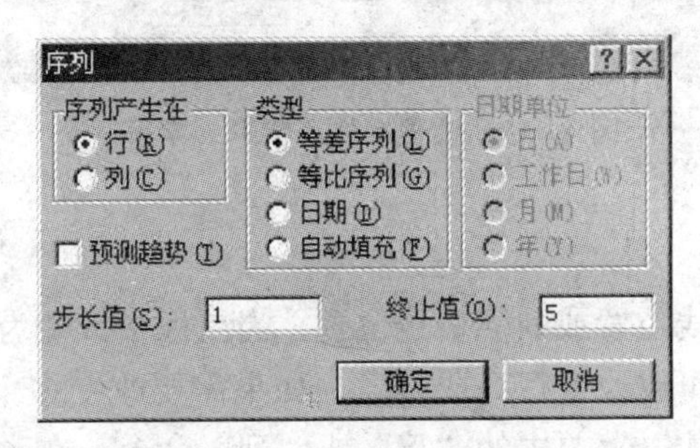

图 4-11　“序列”对话框

可以选定连续的多个单元格，执行上述操作，自动填充将同时完成多行或多列的序列数据填充。如果选定了填充方向上的单元格，即使终止值在选定区域之外，自动填充也将局限在选定区域以内，对超出的数据不进行填充。

4.3.5 设置工作表格式

设置工作表格式包括改变工作表的行高、列宽，设置边框、底纹、线条颜色等。

设置字体、字形、字号、颜色

对于单元格中的文本，可以使用“格式”工具栏中的按钮来更改其大小、字体、颜色及其他格式。

选中需要设置的单元格，在“格式”工具栏中的“字体”框中选择字体，在“字号”框中选择字号，“格式”工具栏上还提供了“加粗”、“倾斜”、“下划线”按钮，单击这些按钮可以设置选中文本的字形。单击“字体颜色”按钮上的箭头，在打开的调色板上选择合适的字体颜色，即可设置文本的颜色。还可以执行“格式”菜单中的“单元格”命令，在弹出的对话框中选择“字体”选项卡，如图 4－13 所示，对字体、字形、字号进行设置。选择“图案”选项卡可以设置单元格的文本颜色和背景。

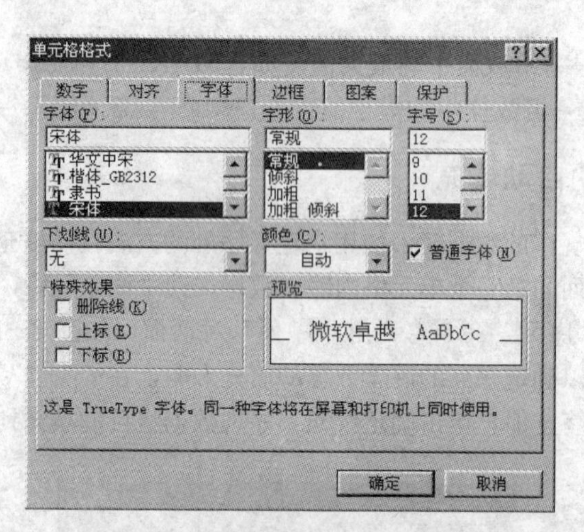

图 4－12 设置字体、字形、字号

改变行高和列宽

用鼠标指向行标格线位置或列标格线位置，当鼠标指针变为带双箭头的十字时，按住鼠标左键拖动鼠标，可以改变行高或列宽。如果需要改变多个单元格的行高或列宽，选中单元格，执行“格式”菜单中的“行”或“列”命令，在弹出的下一级菜单中改变行高或列宽。

设置对齐方式

“格式”工具栏中提供了“左对齐”、“居中”、“右对齐”和“合并及居中”四个按钮，利用这四个按钮可以设置选定单元格内数据的对齐方式，其中“合并及居中”具有合并单元格的功能。利用“格式”工具栏上的“减少缩进量”按钮和“增加缩进量”按钮，可以使设置单元格中的文本到适当位置。

在“单元格格式”对话框中选择“对齐”选项卡，不仅可以设置水平对齐方式，还可以设置垂直对齐方式。

设置数字、日期、时间格式

在“单元格格式”对话框中，“数字”选项卡提供了对单元格内各种类型数据的格式设置，包括对文本、数值、货币、日期、时间等类型数据的格式设置，每一个数据类型均有多种显示样式，对于选定的单元格，选定数据格式后单击“确定”按钮即可将数据的格式设置完成。

在“格式”工具栏上，提供了“货币样式”、“百分比样式”、“千分位分隔样式”、“增加小数位数”和“减少小数位数”按钮，利用这些按钮可以快速设置单元格格式。

4.4　图表

图表是 Excel 2003 比较常用的对象之一。与工作表相比，图表具有十分突出的优势，它具有清晰、更直观的显著特点：不仅能够直观地表现出数据值，还能更形象地反映出数据间的对比关系。图表是以图形的方式来显示工作表中数据。

图表的类型有多种，其中主要有以下几种：柱形图、条形图、折线图、饼图、X 或 Y 散点图以及面积图、圆环图、雷达图、曲面图、气泡图、股价图、圆柱圆锥棱锥图。Excel 2003 的默认图表类型为柱形图。

4.4.1　创建图表

如果用户要创建一个图表，可以使用图表向导，具体操作步骤如下：

①选定要创建图表的数据区域，如图 4-14 所示。

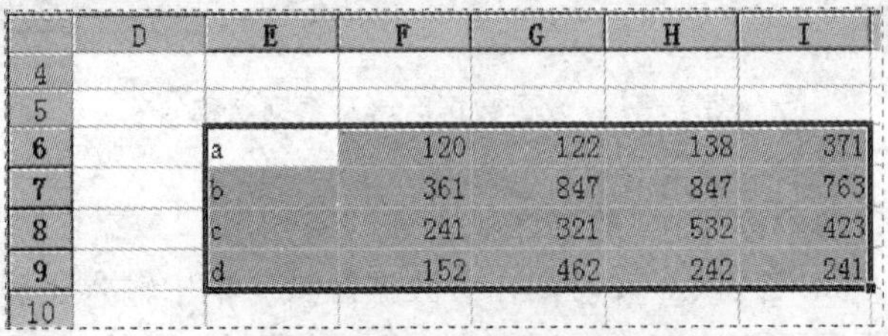

	D	E	F	G	H	I
4						
5						
6		a	120	122	138	371
7		b	361	847	847	763
8		c	241	321	532	423
9		d	152	462	242	241
10						

图 4-13　**选定区域**

②单击常用工具栏中的“图表向导”按钮，或单击“插入”菜单中的“图表”命令，出现如图 4-15 所示的“图表向导-4 步骤之 1-图表类型”对话框，在此对话框中选择图表类型。

③单击“下一步”按钮，打开“图表向导-4 步骤之 2-图表数据源”对话框，如图 4-16 所示。

图 4－14　选择图表类型

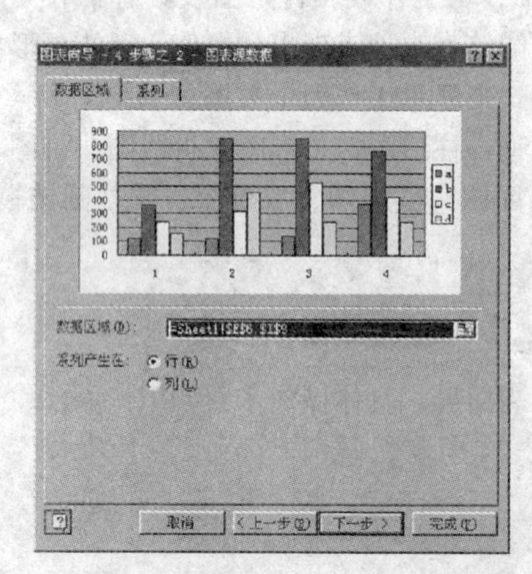

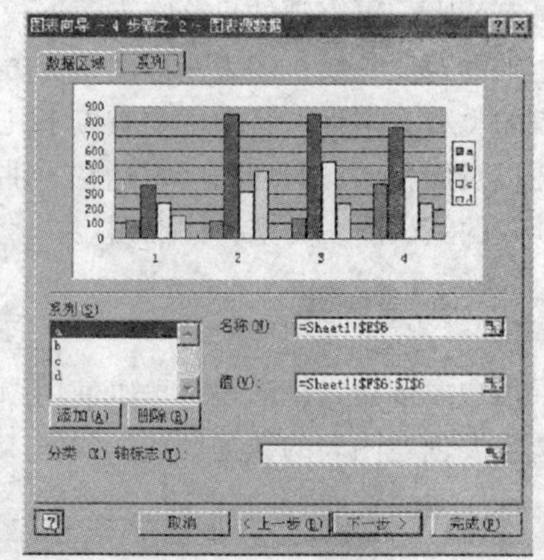

图 4－15　设置数据区域及系列名称

该对话框中包含两个标签："数据区域"和"系列"。"数据区域"标签用于修改创建图表的数据区域，如果区域不对，则在"数据区域"框中输入正确的单元格区域；如果要指定数据系列所在行，选定"系列产生在"项目下的"行"复选框。

对话框上的"系列"标签用于修改数据系列名称和数值及分类轴标志。

④单击"下一步"按钮，打开"图表向导－4 步骤之 3－图表选项"对话框，如图 4－17 所示。

在此对话框中有 6 个标签项：

"标题"标签：用于确定是否在图表中添加图表标题、分类（X）轴标题和数值（Y）轴标题。

"坐标轴"标签：用于确定是否在图表中显示分类（X）轴和数值（Y）轴。

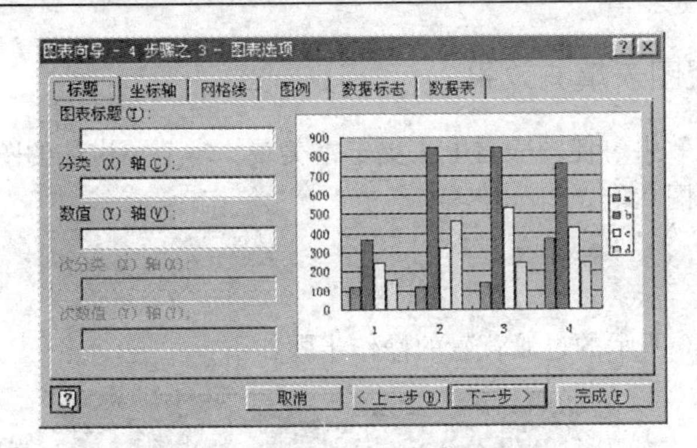

图 4－16　**设置图表标题及位置属性**

“网格线”标签：用于确定是否在图表中显示网格线。

“图例”标签：用于确定是否在图表中显示图例及图例所在的位置。

“数据标志”标签：用于确定是否在图表中显示数据标志及显示数据标志的方式。

“数据表”标签：用于确定是否在图表下面的网格中显示每个数据系列的值。

⑤单击“下一步”按钮，打开“图表向导－4 步骤之 4－图表位置”对话框，如图 4－18 所示。

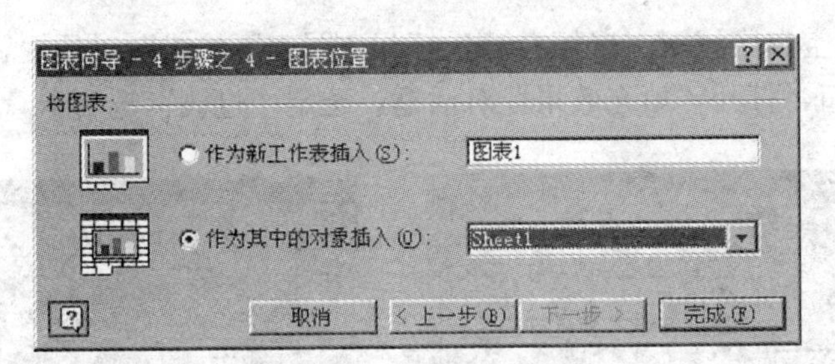

图 4－17　**确定图表位置**

在此对话框中确定图表的位置：作为新图表工作表插入、作为其中的对象插入。

⑥单击“完成”按钮，结果如图 4－19 所示。

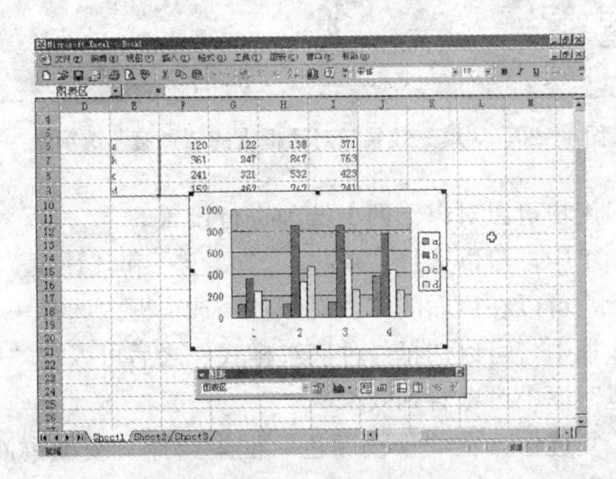

图 4－18　**创建的图表**

4.4.2 设置图表填充效果

设置图表填充效果可使图表看上去更丰富美观。本节要讲述的图表填充效果包括过渡、纹理、图案、图片等。

过渡背景

设置如图 4－20 所示的过渡背景的操作步骤如下：

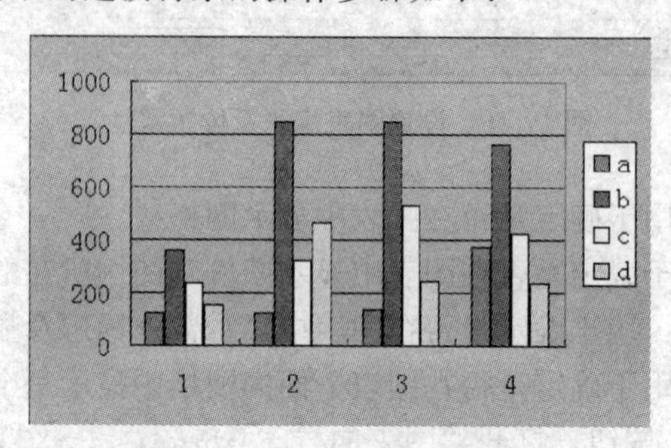

图 4－19 过渡背景效果图

①在图表的空白区域双击鼠标右键，打开“图表区格式”对话框，单击对话框上的“填充效果”按钮，打开“填充效果”对话框，选定“过渡”选项卡，如图 4－21 所示。

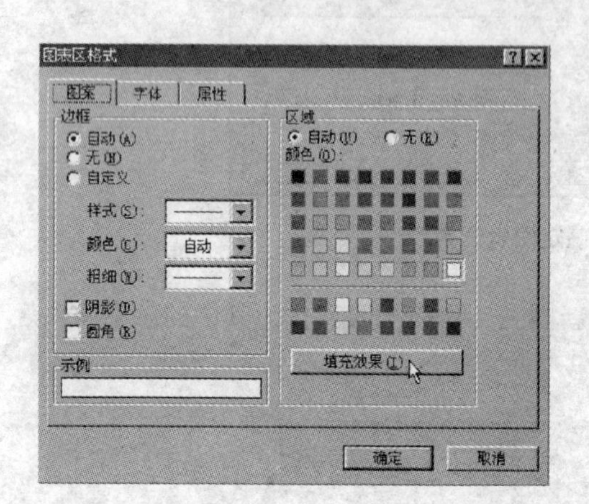

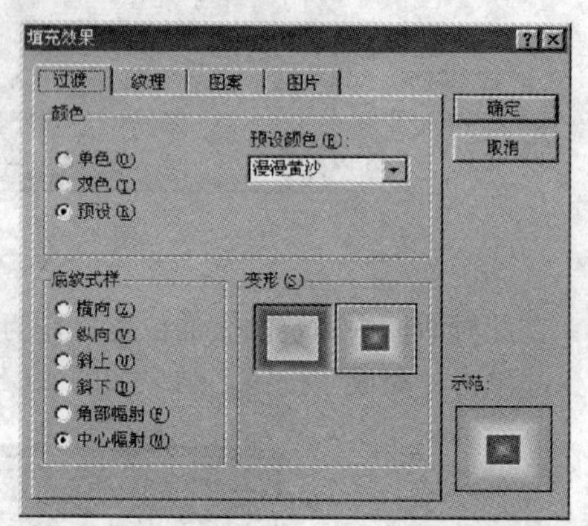

图 4－20 “填充效果”对话框上的“过渡”选项卡

在此对话框中，用户可以对以下两个选项进行设置。

颜色：在此选项组中，可以选择“单色”、“双色”和“预设”中的任意一个选项。选择“预设”选项后，可以在后面的“预设颜色”选项框内选择一种方案。

底纹样式：在此框中，可以选择一种底纹样式。之后可以在“变形”框内选择该样式的变形，在“示范”框中可以看到效果。

②选定“预设”复选框，在“预设颜色”框中选择“漫漫黄沙”，在“底纹样式”框中选择“中心辐射”。

③单击“确定”按钮，返回到“图表区格式”对话框，关闭对话框，即可得到相应的效果。

背景纹理

设置如图 4－22 所示的背景纹理的操作步骤如下：

①在图表的空白区域双击鼠标右键，打开“图表区格式”对话框，单击对话框上的“填充效果”按钮，打开“填充效果”对话框，选定“纹理”选项卡，如图 4－23 所示。

②在“纹理”区域中选择一种纹理效果，此处我们选择“纸袋”。

③单击“其他纹理”按钮，将其他文件中的纹理导入到当前图表中。

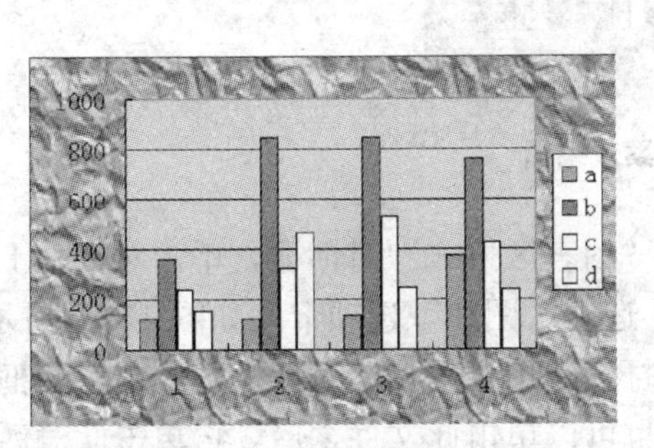

图 4－21　**背景纹理效果图**

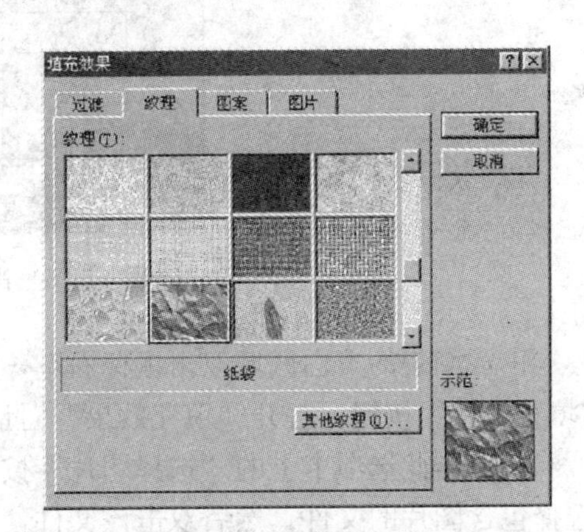

图 4－22　**“纹理”选项卡**

④单击“确定”按钮，返回到“图表区格式”对话框，关闭对话框，得到效果图。

背景图案

设置如图 4－24 所示的背景图案效果图的操作步骤如下：

①在图表的空白区域双击鼠标右键，打开“图表区格式”对话框，单击对话框上的“填充效果”按钮，打开“填充效果”对话框，选定“图案”选项卡，如图 4－25 所示。

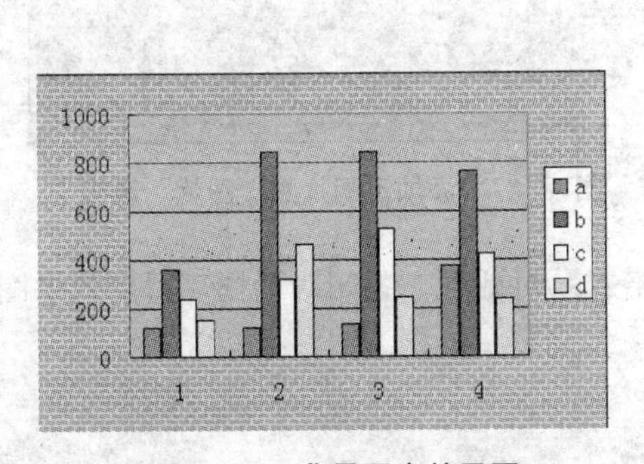

图 4－23　**背景图案效果图**

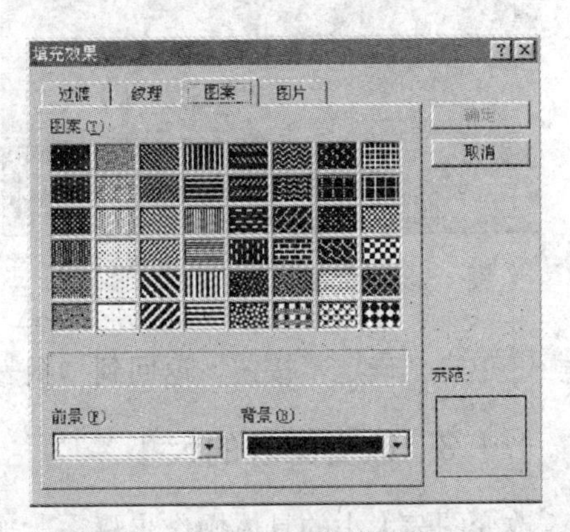

图 4－24　**“图案”选项卡**

②在“图案”区域中选择一种纹理效果，此处我们选择“宽下对角线”。

③用户也可以单击“前景”右端的向下三角按钮，从中选择前景的颜色；单击“背景”右端的向下三角按钮，从中选择背景颜色。

④单击“确定”按钮。返回到“图表区格式”对话框，关闭对话框，得到效果图。

背景图片

设置如图 4－26 所示的背景图片效果图的操作步骤如下：

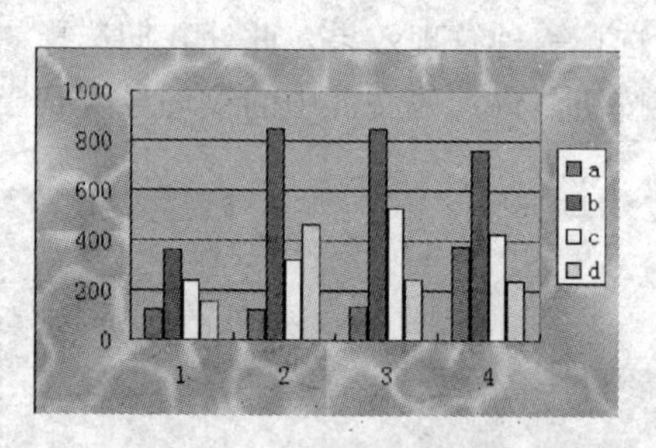

图 4－25　背景图案效果图

①在图表的空白区域双击鼠标右键，打开“图表区格式”对话框，单击对话框上的“填充效果”按钮，打开“填充效果”对话框，选定“图片”选项卡，如图 4－27 所示。

②单击此选项卡上的“选择图片”按钮，打开“选择图片”对话框。在此对话框中选择包含图片的文件，然后双击该文件，或者也可以单击此文件之后，再单击此对话框上的“确定”按钮，这时所选择的图片即被添加到“图片”选项卡中，如图 4－28 所示。

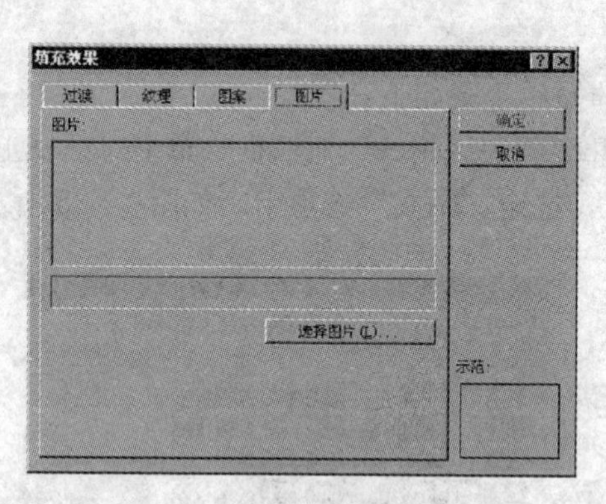

图 4－26　“图片”选项卡

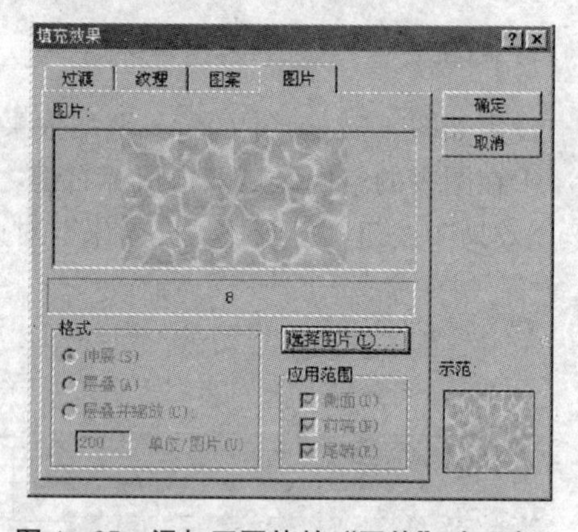

图 4－27　添加了图片的“图片”选项卡

③单击“确定”按钮，返回到“图表区格式”对话框，关闭对话框，得到效果图。

4.4.3　改变图表的大小

改变图表大小的具体操作步骤：

①选中要改变大小的图表。

②指向图表周围的控制点上，鼠标变成双向箭头，拖动鼠标，直至图表变成所需的大小，然后松开鼠标左键。拖动图表上、下两边中间的控制点，可改变图表的高度；拖动图表左、右两边中间的控制点，可改变图表的宽度；拖动四个角上的控制点，可使图表的高、宽同时缩放。

4.5　数据的管理和应用

4.5.1　排序数据清单中的数据

用户可以根据数据清单中的数值对数据清单的行列数据进行排序。排序时，Excel 2003 将利用指定的排序顺序重新排列行、列或各单元格。可以根据一列或多列的内容按升序（1 到 9，A 到 Z）或降序（9 到 1，Z 到 A）对数据清单进行排序。

Excel 2003 默认状态是按字母顺序对数据清单排序。如果需要按时间顺序对月份和星期数据排序，而不是按字母顺序排序，请使用自定义排序顺序。也可以通过生成自定义排序顺序使数据清单按指定的顺序排序。

按升序排序

如果以前在同一工作表上对数据清单进行过排序，那么除非修改排序选项，否则 Excel 2003 将按同样的排序选项进行排序。

①在要排序数据列中单击任一单元格。

②单击“升序”按钮 A↓Z。

按降序排序

要按相反次序对清单进行排序，应使用递减的排序次序（Z 到 A，标点符号、空格、9 到 0 的次序）。例如，要按从大到小的顺序排列销售情况清单，用户可以按递减次序对“销售”列进行排序。

如果以前在同一工作表上对数据清单进行过排序，那么除非修改排序选项，否则 Excel 2003 将按同样的排序选项进行排序。

①在要排序的数据列中单击任一单元格。

②单击“降序”按钮 Z↓A。

按行排序

也可以根据行的内容指定一个排序，从而使得列的次序改变，而行的顺序保持不变。下面的示例根据第一行的内容对清单进行排序，从而根据列标的字母次序对列进行排列。

为获得最佳效果，可以为待排序数据清单加上列标志。

①在需要排序的数据清单中，单击任一单元格。

②单击“数据”菜单中的“排序”命令，打开“排序”对话框，如图 4－29 所示。

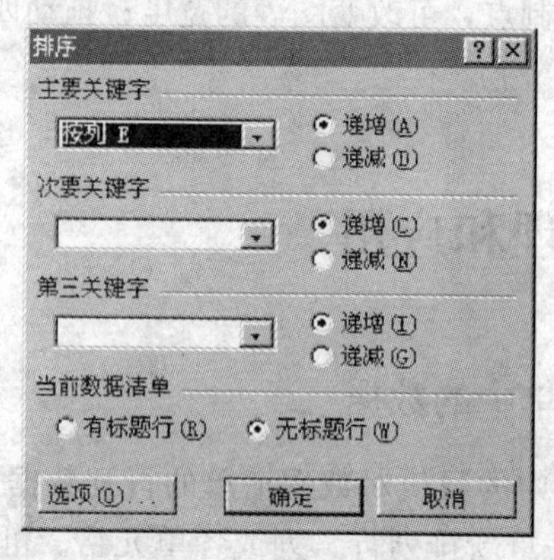

图 4－28　“排序”对话框

③在“主要关键字”和“次要关键字”下拉列表框中，单击需要排序的列。如果要根据多于三列的内容排序，请首先按照最次要的数据列排序。

④选定所需的其他排序选项，然后单击“确定”按钮。如果需要的话，还可以重复步骤②～④，继续对其他数据列排序。

自定义排序

默认情况下，Excel 2003 按递增的字母次序对清单进行排序。如果要按日历次序而非字母次序对月和工作日进行排序，则应使用自定义排序次序，如图 4－30 所示。具体操作如下：

①在所要排序的数据清单中，单击任一单元格。

②单击“数据”菜单中的“排序”命令，打开“排序”对话框。

③单击“选项”按钮，打开“排序选项”对话框，如图 4－30 所示。

④在“自定义排序次序”下拉列表框中，单击所需的自定义顺序，接着再单击“确定”按钮。

⑤单击其他所需的排序选项。

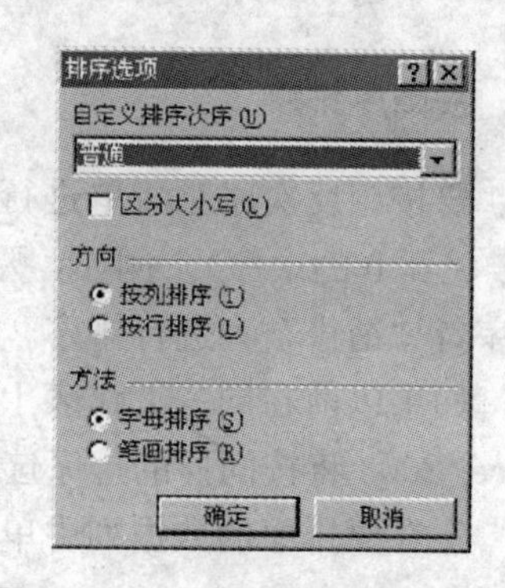

图 4－29　“排序选项”对话框

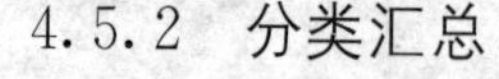

4.5.2　分类汇总

其具体步骤如下：

汇总明细数据可以使用三种方法：向数据添加自动分类汇总、用数据透视表汇总和分析数据、用 Access 报表对数据进行汇总和组织。

为数据清单插入汇总

①先选定汇总列，对数据清单进行排序。

②在要分类汇总的数据清单中，单击任一单元格。

③单击“数据”菜单中的“分类汇总”命令，打开“分类汇总”对话框，如图 4－31 所示。

a	120	122	138	371
b	361	847	847	763
c	241	321	532	423
d	152	462	242	241
	874	1752	1759	1798

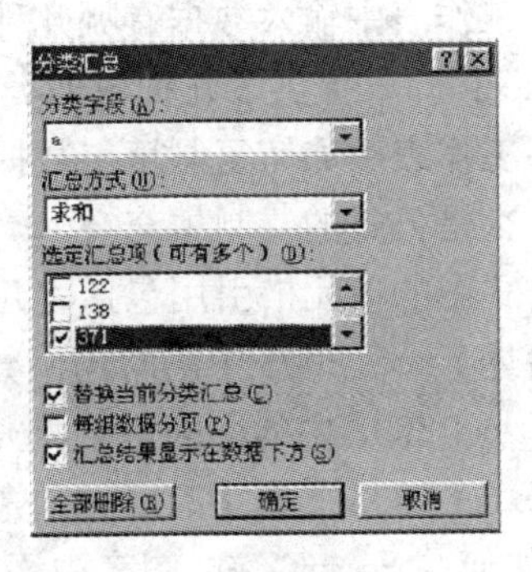

图 4－30　**“分类汇总”对话框**

④在“分类字段”下拉列表框中，单击需要用来分类汇总的数据列。选定的数据列应与步骤①中进行排序的列相同。

⑤在“汇总方式”下拉列表框中，单击所需的用于计算分类汇总的函数。

⑥在“选定汇总项（可多个）”列表框中，选定与需要对其汇总计算的数值列对应的复选框。

⑦单击“确定”按钮，即可生成分类汇总，如图 4－32 所示。

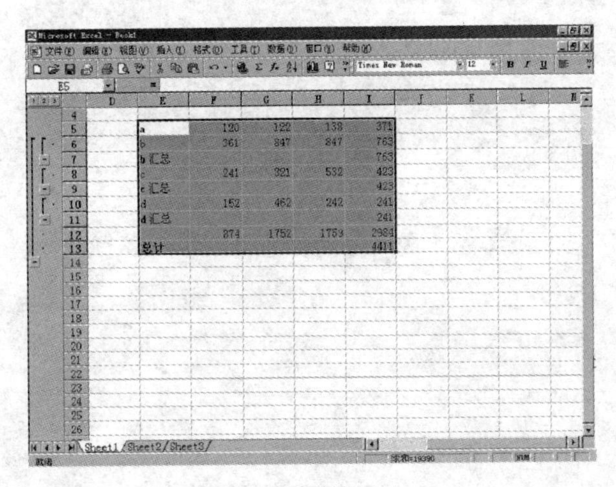

图 4－31　**分类汇总**

习　题

1. Excel 2003 的窗口由哪几部分组成？
2. 简述工作簿、工作表和单元格的概念以及它们之间的关系。
3. 移动和复制工作表有哪几种方法？
4. 在工作表中输入数据有哪几种方法？
5. Excel 2003 提供了几种数据类型？每种数据类型都有何特点？
6. 在工作表中如何复制填充数据？
7. 什么是公式的复制填充？
8. 公式中的单元格引用包括哪几种方式？
9. 简述 Excel 2003 中的常用函数以及其在公式中插入的方法。
10. Excel 2003 中的图表包括哪几种形式？如何创建图表？
11. Excel 2003 图表中有哪些对象？如何进行格式设置？
12. 如何在 Excel 2003 图表中添加和删除数据？
13. 什么是数据清单？
14. 如何进行多条件排序？
15. 高级筛选中在设置条件时必须遵循什么规则？
16. 保护工作簿和工作表都有哪些方法？
17. 如何将 Access 数据库中的数据导入到 Excel 2003 的数据清单中？

第五章　PowerPoint 2003 演示文稿制作软件

5.1　PowerPoint 2003 的基本操作

5.1.1　PowerPoint 2003 的启动和退出

PowerPoint 2003 的幻灯片制作功能非常强大，可以很方便地输入标题、正文，为了美化和强化演示文稿，用户可以在幻灯片中添加剪贴画、表格、图表等对象，并可以改变幻灯片的版面布局。在 PowerPoint 2003 大纲模式和幻灯片浏览模式下可以管理幻灯片的结构，随意调整幻灯片的顺序，删除和复制幻灯片。

启动 PowerPoint 2003

单击任务栏中的“开始”按钮，选择“程序”菜单中的“Microsoft PowerPoint”选项即可进入 PowerPoint 2003。

退出 PowerPoint 2003

要退出 PowerPoint 2003，可选择“文件”菜单中的“退出”命令，也可双击 PowerPoint 2003 标题栏左上角的控制菜单图标。

同其他 Office 软件一样，退出 PowerPoint 2003 时，对当前正在操作的演示文稿，系统也会显示是否保存文件的询问框。用户可以根据需要选择是否保存文件。

5.1.2　建立演示文稿

当用户启动 PowerPoint 2003 时，在其对话框中可以看到有三种方法建立演示文稿。

利用“内容提示向导”

在“内容提示向导”的指导下，用户可分 5 步完成演示文稿的建立及其中第一页的显示。在对话框中，左边是内容提示向导的步骤栏，右边是内容提示向导的选项页面。内容提示向导包括各种不同主题的演示文稿示范，例如，公司会议、活动计划等。

如果用户已经进入 PowerPoint 2003 运行环境，可选择“文件”菜单的“新建”命令，在其对话框选择“演示文稿”标签中的“内容提示向导”图标，进入“内容提示向导”的第一页，如图 5-1、图 5-2 所示。

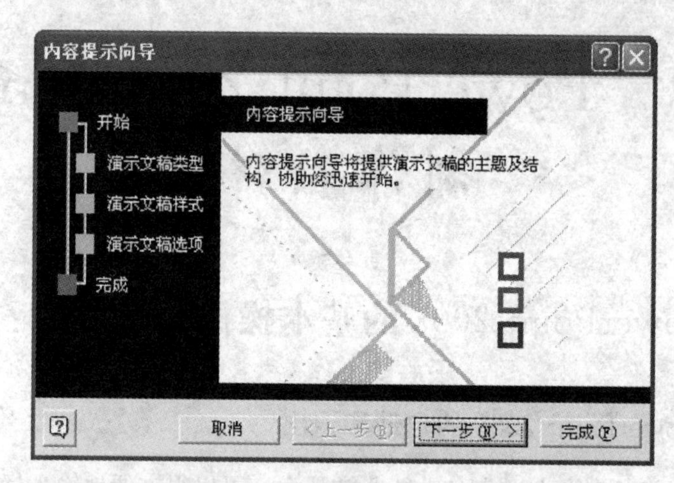

图 5-1　内容提示向导

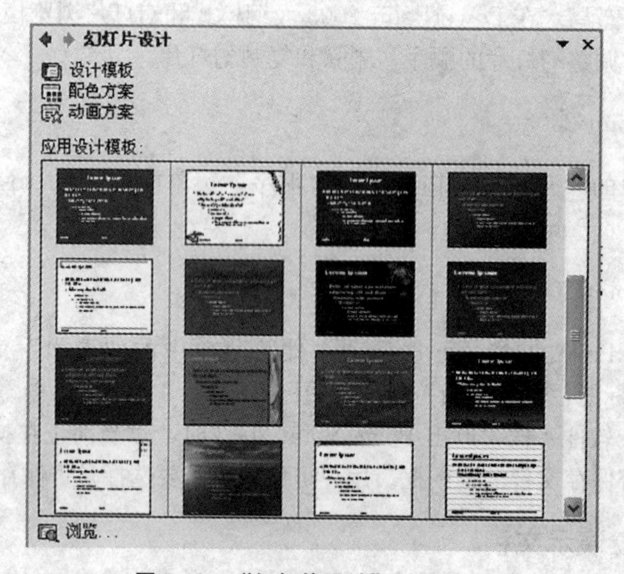

图 5-2　“幻灯片设计”对话框

利用“模板”建立演示文稿

用户利用 PowerPoint 2003 提供的某一个现有的模板来自动快速形成文档，这可以通过启动对话框的“模板”选项或“新建”命令，在显示的“新建演示文稿”对话框中选择“演示文稿设计”和“演示文稿”来实现。其中：

“演示文稿设计”是仅有背景图案的空演示文稿，在下文中建立幻灯片的方法与建立空演示文稿相同。

“演示文稿”是由一组预先设计好的带有背景图案、文字格式和提示文字的若干张幻灯片组成，用户只要根据提示输入实际内容即可建立演示文稿，如图 5-3 所示。

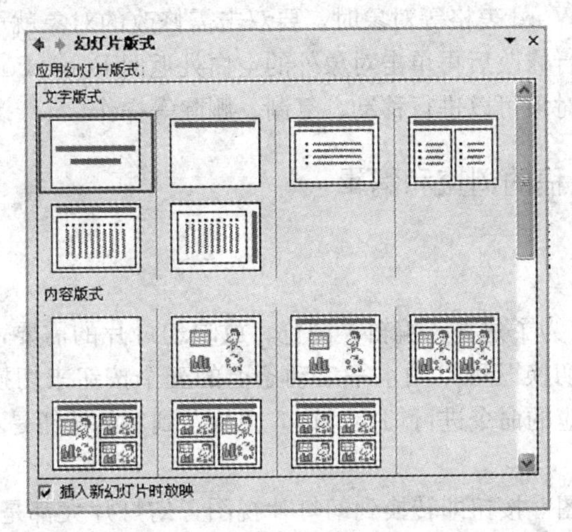

图 5-3　幻灯片的版式

建立空演示文稿

用户如果希望建立具有自己风格和特色的幻灯片，可以从空白的演示文稿开始设计。虽然它不包含任何背景图案，但却包含了 28 种自动版式供用户选择。这些版式中包含许多占位符，用于填入标题、文字、图片、图表和表格等各种对象。用户可以按照占位符中的文字提示输入内容；也可对多余的占位符删除或通过“插入”菜单的“对象”命令插入自己所需图片、Word 与 Excel 表格等各种对象，如图 5-4 所示。

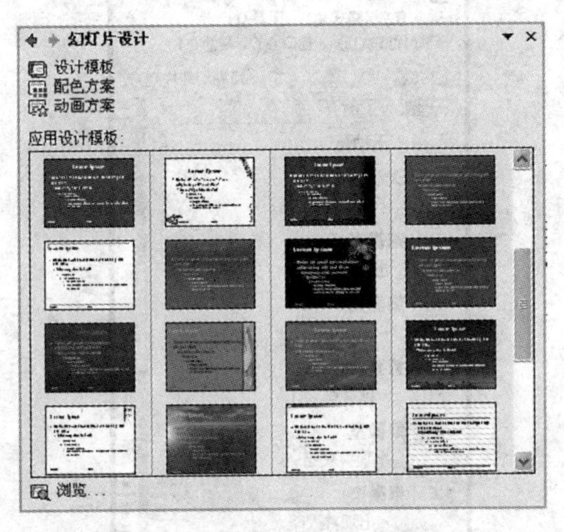

图 5-4　“幻灯片设计”对话框

建立空演示文稿可通过“空演示文稿”选项或“文件”菜单的“新建”命令中“常用”标签的“空演示文稿”图标来完成，在对话框中选择某种自动版式后输入内容。

用户如果对插入的对象不满意，可以进行修改。对用“绘图”按钮做的各种图形，可单击选中后进行修改或删除。修改文本时先单击选中文本框，再对文字进行修改；在修改艺术字、图表、Word 表格等对象时，要双击需修改的对象就可以转到运行该对象的应用程序，用户进行修改后再单击对象外的空白处返回 PowerPoint 2003。

另外，对选定的对象可以进行移动、复制、删除等操作。

5.1.3 演示文稿的浏览和编辑

视窗的切换

PowerPoint 2003 为了建立、编辑、浏览、放映幻灯片的需要，提供了多种不同的视窗，各种视窗间的切换既可以用水平滚动条上的五个按钮来切换，也可以打开“视图”菜单从中挑选相应的命令进行切换。这 5 个从左到右的按钮是：

(1) 幻灯片视图

按下“幻灯片视图”按钮即转换到幻灯片视图，幻灯片大都是在此视图下建立的，可以在此对幻灯片中各个对象进行编辑。在幻灯片视图下不仅可以输入文字，还可以插入剪贴画、表格、图表、艺术字、组织结构图等图片。

(2) 大纲视图

按下“大纲视图”按钮即转换到大纲视图，此时显示文稿中所有标题和正文，同时显示“大纲”工具栏。用户可利用“大纲”工具栏调整幻灯片标题、正文的布局和内容、展开或折叠幻灯片的内容、移动幻灯片的位置等，如图 5-5 所示。

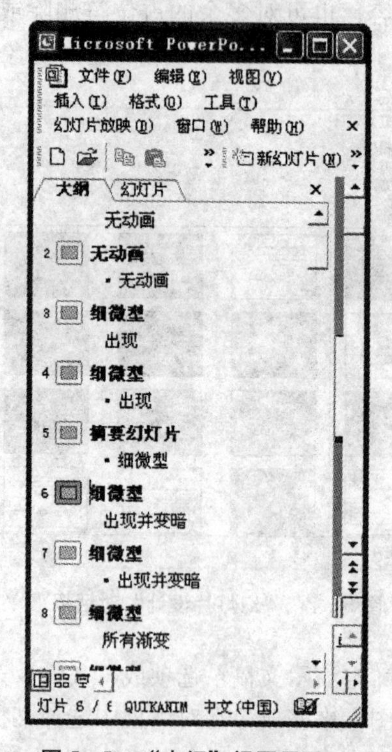

图 5-5 “大纲”视图显示

(3) 幻灯片浏览

按下“幻灯片浏览”按钮转换到多页并列显示，此时，所有的幻灯片缩小，并按顺序排列在窗口中，用户可以一目了然地看到多张幻灯片，并可以对幻灯片进行移动、复制、删除等操作，如图 5-6 所示。

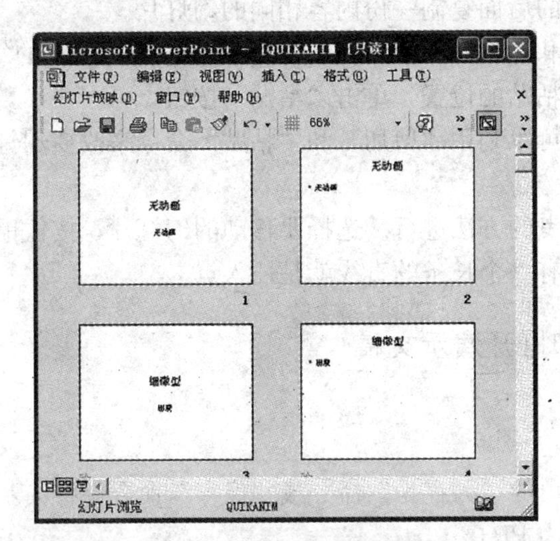

图 5-6　“幻灯片浏览”视图显示

(4) 备注页视图

按下“备注页视图”按钮则只能在备注页输入内容。备注是演示者对每一张幻灯片的注释或提示，仅供演示使用，不能在幻灯片上显示。

(5) 幻灯片放映

按下“幻灯片放映”按钮，幻灯片按顺序在全屏幕上显示，单击鼠标右键或按回车显示下一张，按 Esc 键或放映完所有幻灯片后恢复原样。

编辑幻灯片

编辑幻灯片指对幻灯片进行删除、复制、移动等操作，一般在“幻灯片浏览”视图时可方便地进行。

(1) 选择幻灯片

在“幻灯片浏览”视图下，所有幻灯片都会以缩小的图形形式在屏幕上显示出来。在进行删除、移动或复制幻灯片之前，首先选择要进行操作的幻灯片。如果是选择单张幻灯片，用鼠标单击它即可，此时被选中的幻灯片周围有一个黑框。如果是选择多张幻灯片，要按住 Shift 键，再单击要选择的幻灯片。用户也可以用“编辑”菜单的“全选”命令选中所有的幻灯片。

(2) 幻灯片删除

在幻灯片浏览视图中，用鼠标单击要删除的幻灯片再按 Del 键，即可删除该幻灯片，后面的幻灯片会自动向前排列。如果要删除两张以上的幻灯片，可选择多张幻灯片再按 Del 键。

（3）幻灯片复制

将已制作好的幻灯片复制一份到其他位置上，便于用户直接使用和修改。幻灯片的复制有两种方法。

①制作幻灯片副本方法：选择要复制的幻灯片，单击“编辑”菜单的“制作副本”命令，在选定幻灯片的后面复制一份内容相同的幻灯片。

②使用“复制”和“粘贴”命令复制幻灯片：选择要复制的幻灯片，单击“复制”按钮，指针定位到要粘贴的位置，单击“粘贴”按钮。

③幻灯片移动：可以利用“剪切”和“粘贴”命令来改变幻灯片的排列顺序，其方法和复制操作相似。

也可以用鼠标拖曳的方法进行。选择要移动的幻灯片，按住鼠标左键拖曳幻灯片到需要的位置，拖曳时有一个长条的直线就是插入点。

5.1.4 保存和打开演示文稿

保存演示文稿

通过“文件”菜单的“另存为”命令或“保存”命令保存演示文稿时，系统默认演示文稿文件的扩展名为 PPT。

打开演示文稿

单击工具栏中的“打开”按钮或使用“文件”菜单的“打开”命令，显示“打开”对话框，如图 5-7 所示。

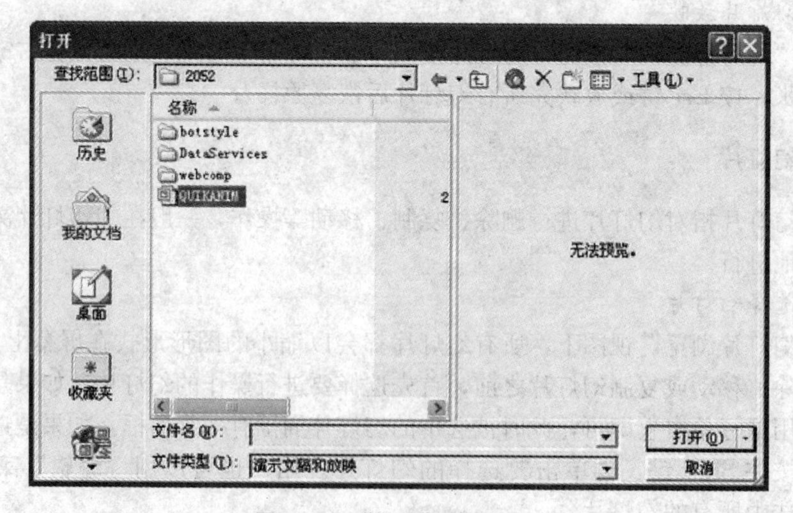

图 5-7 “打开”对话框

在“查找范围”框内可以打开演示文稿所在的文件夹，选中要打开的演示文稿后，对话框中间的预览框里显示这份演示文稿的第一张幻灯片，单击“打开”按钮就打开了这个演示文稿。

5.2　演示文稿的美化

5.2.1　幻灯片格式化

对制作好的幻灯片，可以用文字格式、段落格式、对象格式来进行美化。合理地使用母版和模板，可以避免重复制作，并且能在最短的时间内制作出风格统一、画面精美的幻灯片来。

用户在幻灯片中输入标题、正文之后，这些文字、段落的格式仅限于模板所指定的格式。为了使幻灯片更加美观、便于阅读，可以重新设定文字和段落的格式。

文字格式化

利用“格式”工具栏中的按钮可以改变文字的格式设置，例如，字体、字号、加粗、倾斜、下划线、字体颜色等。用户也可以通过“格式”菜单，选择“字体”命令，在“字体”对话框中进行设置。

段落格式化

段落对齐设置：演示文稿中输入的文字均有文本框，设置段落的对齐方式，主要用来调整文本在文本框中的排列方式。先选择文本框或文本框中的某段文字，然后单击“格式”工具栏中的“左对齐”、“居中对齐”、“右对齐”或“分散对齐”按钮进行设置。

段落缩进设置：对于每个文本框，用户可以先选择要设置缩进的文本，再拖动标尺上的缩进标记为段落设置缩进。

行距和段落间距的设置：利用“格式”菜单的“行距”命令，可对选中的文字或段落设置行距或段前段后的间距。

项目符号设置：在默认情况下，单击“格式”工具栏中的“项目符号”按钮，插入一个圆点作为项目符号；用户也可用“格式”菜单中的“项目符号”命令进行重新设置。

对象格式化

PowerPoint 2003 中除了可以对文字和段落这些对象进行格式化外，还可以对插入的文字框、图片、自选图形、表格、图表等其他对象进行格式化操作。对象的格式化还包括填充颜色、边框、阴影等，格式化操作主要是通过“绘图”工具栏的对应按钮或通过“格式”菜单的对应命令进行。

在对象处理过程中，有时对某个对象作了上述格式化后，希望其他对象有相同的格式，这时并不需要作重复以前的工作，只要用“常用”工具栏的“格式刷”按钮就可以复制。

5.2.2 设置幻灯片外观

PowerPoint 2003 的一大特点就是可以使演示文稿的所有幻灯片具有一致的外观。控制幻灯片外观的方法有三种：使用母版、使用配色方案和应用设计模版。

使用母版

母版用于设置文稿中每张幻灯片的预设格式，这些格式包括每张幻灯片标题及正文文字的位置和大小、项目符号的样式、背景图案等。PowerPoint 2003 母版可以分成四类：幻灯片母版、标题幻灯片母版、讲义母版和备注母版。

(1) 幻灯片母版。最常用的母版是幻灯片母版，因为幻灯片母版控制的是除标题幻灯片以外的所有幻灯片的格式。在幻灯片视图中按着 Shift 键不放，再单击“幻灯片视图”按钮，或选择“视图”菜单的“母版”子菜单中的“幻灯片母版”命令，就进入了“幻灯片母版”视图。它有 5 个占位符，用来确定幻灯片母版的版式，如图 5-8 所示。

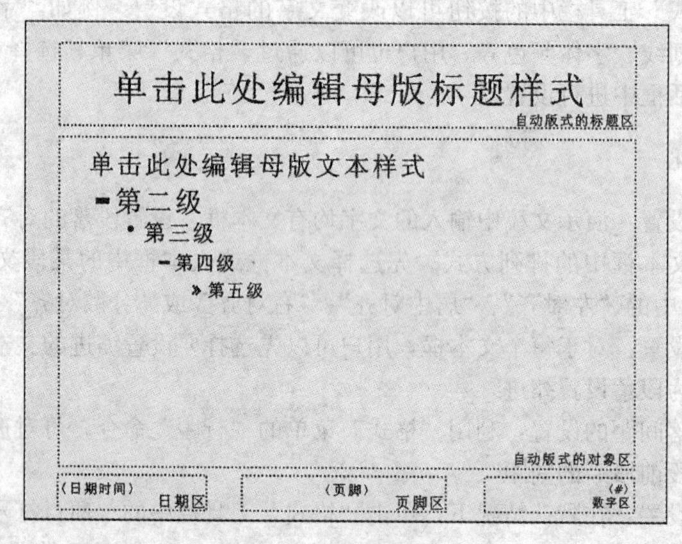

图 5-8 幻灯片母版

①更改文本格式。在幻灯片母版中选择对应的占位符，例如，标题样式或文本样式等，可以设置字符格式、段落格式等。修改母版中某一对象格式，就是同时修改除标题幻灯片外的所有幻灯片对应对象的格式。

②设置页眉、页脚和幻灯片编号。在幻灯片母版状态选择“视图”菜单的“页眉页脚”命令，这时会弹出一个对话框，选中“幻灯片”标签，其中：

“日期和时间”选项被选中，表示在“日期区”显示日期和时间；若选择了“自动更新”，则时间域会随着制作日期和时间的变化而改变，用户可打开下拉列表框，从中选择一种喜欢的形式；若选择“固定”，则用户得自己输入一个日期或时间。

“幻灯片编号”选项被选中，在“数字区”自动加上一个幻灯片数字编码，这便于对每一张幻灯片加编号。

“页脚”选项选中，在“页脚区”输入内容，作为每页的注释。

拖动各个占位符，把各区域位置摆放合适，还可以对它们进行格式化；如果不想在标题幻灯片（一般是第一张）上看到编号、日期、页脚等内容，可选择“标题幻灯片中不显示”选项。

单击“全部应用”按钮，这样日期区、数字区、页脚区设置完成，如图 5-9 所示。

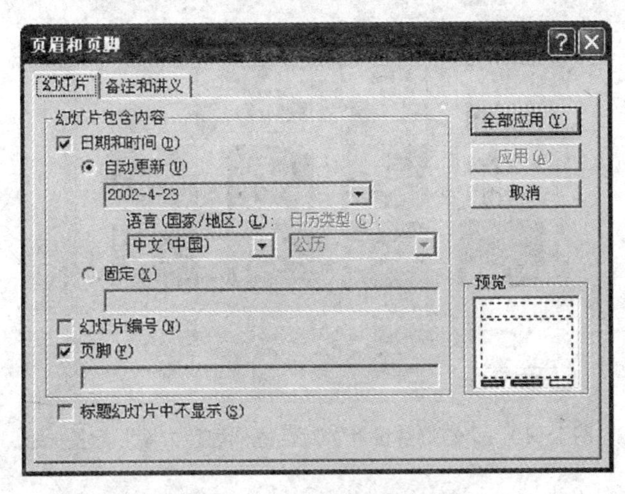

图 5-9　**“页眉页脚”对话框**

③向母版插入对象。要使每一张幻灯片都出现某个对象，可以向母版中插入该对象。建立的幻灯片插入图标后，则每一张幻灯片（除标题幻灯片外）都会自动拥有该对象；退出幻灯片母版状态。

注意：通过幻灯片母版插入的对象，不能在幻灯片母版状态下编辑，在其他状态下也无法对其编辑。

(2) 标题幻灯片母版。标题幻灯片母版控制的是演示文稿的第一张幻灯片，必须是在“新幻灯片”对话框中的使用第一种“标题幻灯片”版式建立的。由于标题幻灯片相当于幻灯片的封面，所以要把它单独调出来设计。

PowerPoint 2003 并不提供专门的标题母版入口，修改标题母版时，先选中标题幻灯片，然后按住 Shift 键不放，再单击滚动条上的“幻灯片视图”按钮，即可出现“标题幻灯片母版”，进行所需格式的设置。

(3) 讲义母版。这是用于控制幻灯片以讲义形式打印的格式，可增加页码（并非幻灯片编号）、页眉和页脚等，也可在“讲义母版”工具栏选择在一页中打印 2～3 张或 6 张幻灯片。

(4) 备注母版。备注母版主要供演讲者备注使用的空间以及设置备注幻灯片的格式。

使用配色方案

利用“格式”菜单中的“幻灯片设计”命令可以对幻灯片的各个部分进行重新配

色。幻灯片的各部分是指文本、背景、强调文字等，用不同的颜色组成。用户可以在配色方案对话框选择“标准”标签，选择某一配色方案；也可以选择“自定义”标签对幻灯片的各个细节定义自己喜欢的颜色，如图 5－10 所示。

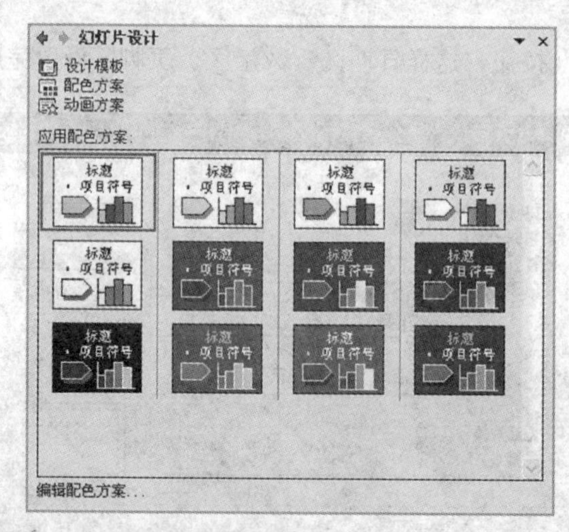

图 5－10　“幻灯片设计”对话框“配色方案”标签

使用“幻灯片配色方案”命令对作用的幻灯片与当前选中的幻灯片状态有关，如图 5－11 所示。

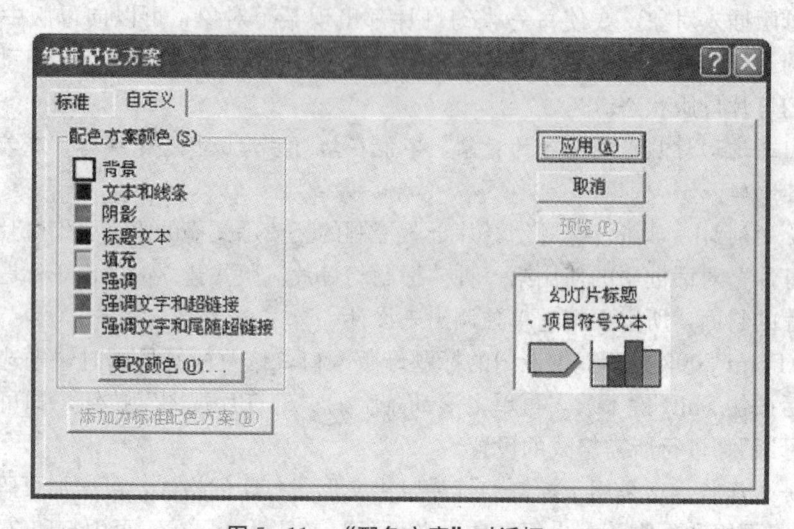

图 5－11　“配色方案”对话框

（1）幻灯片母版。此状态当选择或定义了一种方案后，单击“应用”命令按钮作用于除标题幻灯片外的全部幻灯片；单击“全部应用”作用于包括标题幻灯片的所有幻灯片。

（2）幻灯片视图。它包括幻灯片、大纲和幻灯片浏览三种幻灯片视图，当选择或定义了一种方案后单击“应用”命令按钮仅作用于当前选中的幻灯片；单击“全部应用”

作用于包括标题幻灯片的所有幻灯片。

应用设计模板

使用“格式”菜单的“幻灯片设计”命令“应用设计模板”标签可以快速地为演示文稿选择统一的背景案和配色方案，当选择了某一模板后，整个演示文稿的幻灯片都会按照选择的模板进行改变，如图 5－12 所示。

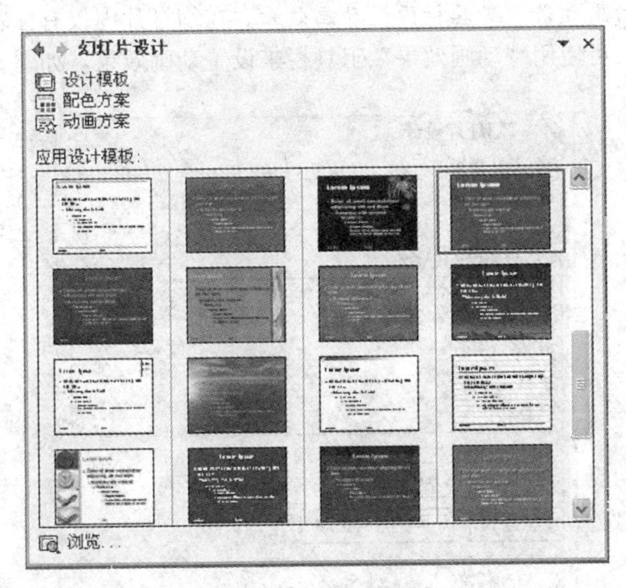

图 5－12　应用设计模板

在建立时选择“新建演示文稿”的“演示文稿设计”标签中选择的是“笔记本型模板”模板，若改为“专业型模板”，则整个演示文稿全部改为“专业型模板”显示。

用户也可以根据自己的具体情况，对已有的应用设计模板稍加修改后使用，或者把利用修改母版和配色方案处理过的文稿另存为“演示文稿模板”，以便以后直接使用修改后的设计模板。

5.3　动画和超级链接技术

5.3.1　动画效果

用户可以为幻灯片上的文本、插入的图片、表格、图表等设置动画效果，这样就可以突出重点，控制信息的流程，提高演示的趣味性。

在设计动画时，有两种不同的动画设计方式：一是幻灯片内动画设计，二是幻灯片间动画设计。

幻灯片内动画设计

幻灯片内动画设计指在演示一张幻灯片时，随着演示的进展，逐步显示片内不同层次、对象的内容。如首先显示第一层次的内容标题，然后一条一条显示正文，这时可以用不同的切换方法如飞入法、打字机法、空投法来显示下一层内容，这种方法称为片内动画。设置片内动画效果一般在“幻灯片视图”窗口进行。

(1) 使用“动画效果”工具栏设置动画效果。在幻灯片内仅有标题、正文等层次容易区别的情况下，可使用“动画效果”工具栏来设置动画效果，如图 5－13 所示。

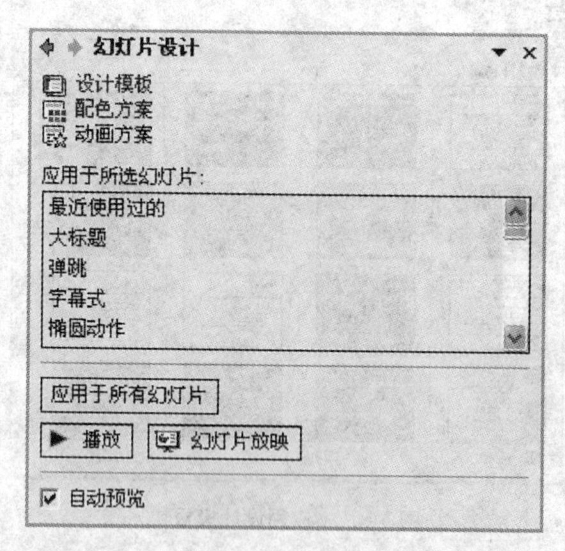

图 5－13　“幻灯片设计”对话框“动画效果”

“动画效果”将一些特殊的声音和移动效果结合起来，这些特殊的动画效果使标题、幻灯片正文具有“随机线条”、“向内溶解”、“忽明忽暗”等动画效果。

操作方法：先选中要动态显示的对象，再单击“动画效果”对话框里的对应动态按钮。

如要检查动画效果，可以选择“幻灯片放映”菜单中的“动画预览”命令，屏幕上会增加一个小窗口，标题为“彩色”。单击该小窗口，设置的片内动画效果都会在窗口中连续地预演示一遍。

(2) 使用“自定义动画”命令设置动画效果。当幻灯片中插入了图片、表格、艺术字等难以区别层次的对象时，可以利用“自定义动画”命令来定义幻灯片中各对象显示的顺序，如图 5－14 所示。

当用户选择“幻灯片放映”菜单的“自定义动画”命令，或单击“自定义动画”工具栏上“自定义动画”按钮时，打开“自定义动画”对话框，其中各项含义如下：

“时间”标签：设置幻灯片上各种对象出现的顺序。

“效果”标签：设置幻灯片上各种对象出现的动画效果。

“图表效果”标签：适用于插入的图表对象中各元素的动态显示。

图 5－14　“自定义动画”对话框

“播放设置”标签：适用于声音或影片等多媒体对象的动画设置。

选择“时间”标签，逐一在“无动画的幻灯片对象”窗口中单击要采用动画效果的对象，在“启动动画”框中选中“攒动动画”按钮，则选中的对象排列到“动画顺序”框中了。如果对排序的顺序不满意还可以用“动画顺序”框旁边“t”按钮和“I”按钮进行调整。

在设置每个对象出现的顺序时，还可以利用“效果”标签选择该对象出现的动画效果。

如果用户想取消某个对象的动画效果，先在“动画顺序”框中选定想取消动画效果的对象，再在“启动动画”框中选中“无动画”按钮即可。

设置幻灯片切换效果

幻灯片间的切换效果是指移走屏幕上已有的幻灯片，并显示新老幻灯片之间如何变换。常见的有水平百叶窗、溶解、盒状展开、随机等效果，如图 5－15 所示。

设置幻灯片切换效果一般在“幻灯片浏览”窗口进行。具体操作步骤如下：

①选择要进行切换效果的幻灯片，选择多张幻灯片时按住 Shift 键再逐个单击所需幻灯片。

②选择“幻灯片放映”菜单中“幻灯片切换”命令，其中：

“效果”列表框列出切换效果，三个单选按钮“慢速”、“中速”、“快速”可设置切换速度。

“换页方式”框中，系统默认是“单击鼠标换页”，也可以输入幻灯片放映的时间。

“全部应用”命令按钮作用于演示文稿的全部幻灯片。

“应用”命令按钮作用于选中的幻灯片。

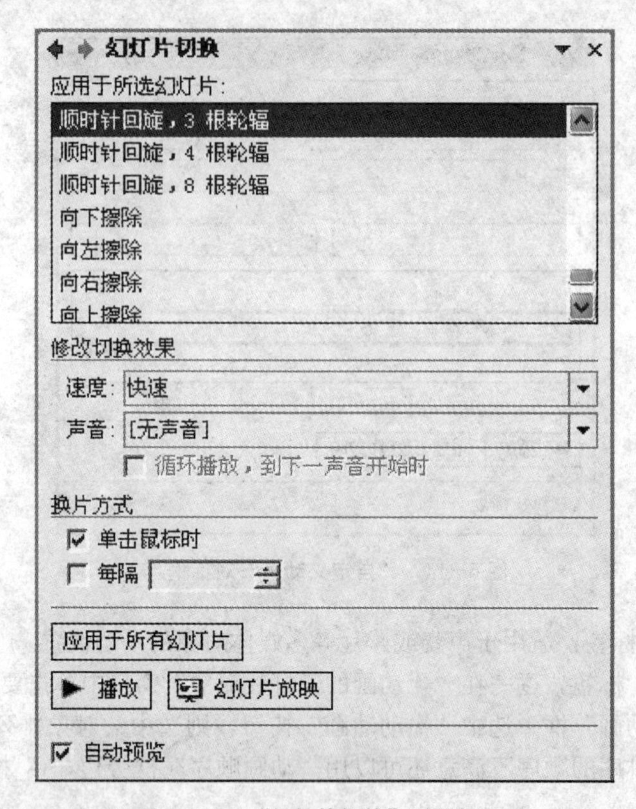

图 5－15　“幻灯片切换”对话框

5.3.2　演示文稿的超级链接

用户可以在演示文稿中添加超级链接，然后利用它跳转到不同的位置，如跳转到演示文稿的某一张幻灯片、其他演示文稿、Word 文档、Excel 2003 电子表格、公司 Intranet 地址等。

如果在幻灯片上已经设置了“文档的排版”超级链接，那么，在幻灯片放映时，当鼠标移到下划线显示处时就出现一个超级链接标志（鼠标成小手形状），单击鼠标（即激活超级链接）就跳转到超级链接设置的相应处。

创建超级链接

创建超级链接起点可以是任何文本或对象，激活超级链接最好用单击鼠标的方法。设置了超级链接，代表超级链接起点的文本会添加下划线，并且显示成系统配色方案指定的颜色。

创建超级链接的方法有两种：使用“超级链接”命令或“动作按钮”。

(1) 使用“超级链接”命令。使用“超级链接”命令创建超级链接的过程，此超级链接的跳转位置是当前演示文稿的某幻灯片，操作如下：

首先保存要进行超级链接的演示文稿。然后在幻灯片视图中选择代表超级链接起点的文本对象，选择“插入”菜单的“超级链接”命令或“常用”工具栏的“插入超级链接”按钮，出现“插入超级链接”对话框；单击“本文档中的位置”列表框的选择要超级链接到的幻灯片的名称（标题），超级链接设置完毕，如图 5－16 所示。

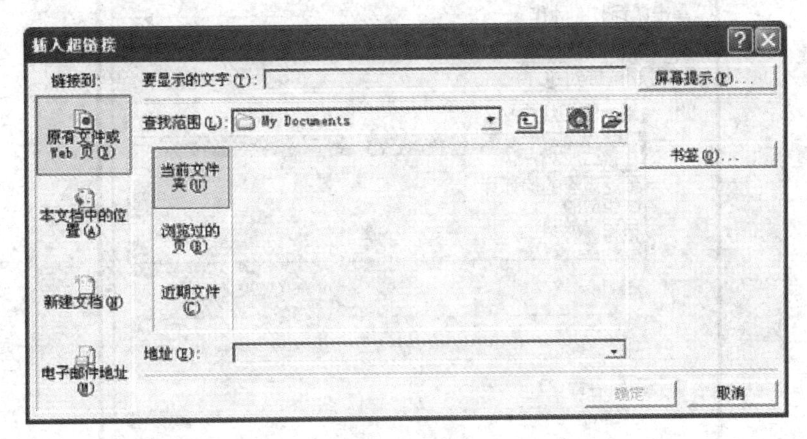

图 5－16　“插入超级链接”对话框

在“插入超级链接”对话框中，“地址”列表框表示跳转到文档、应用程序或 Internet 地址等；“本文档中的位置”列表框表示跳转到同一演示文稿的不同幻灯片。

同样，要对“字符的格式化”跳转的位置是 Word 2003 文档，创建的过程同上，只要在“插入超级链接”对话框的“地址”列表框通过“浏览”命令按钮选择文件名。

当放映幻灯片激活该处超级链接时，打开文档，单击“Web”工具栏的“开始页”按钮，回到原幻灯片处。

(2) 使用“动作按钮”。利用动作按钮，也可以创建同样效果的超级链接。在上述超级链接激活后，跳转到幻灯片，若希望返回到原超级链接的起点，则其操作方法如下：

幻灯片中选择“放映幻灯片”菜单的“动作按钮”命令，在其级联菜单中选择某一个动作按钮，系统自动弹出如图 5－17 所示的“动作设置”对话框，其中：

“单击鼠标”标签：单击鼠标启动跳转。

“鼠标移过”标签：移过鼠标启动跳转。

“超级链接到”选项：在列表框中选择跳转的位置。

编辑和删除超级链接

编辑超级链接的方法：指向欲编辑超级链接的对象，在快捷菜单中选择“超级链接”命令；再从级联菜单中选择“编辑超级链接”命令，显示“编辑超级链接”对话框或“动作设置”对话框（与创建时使用的超级链接方法有关），进行超级链接的位置改变即可。

删除超级链接操作方法同上，只要在“编辑超级链接”对话框选择“取消链接”命令按钮或在“动作设置”对话框选择“无动作”选项即可。

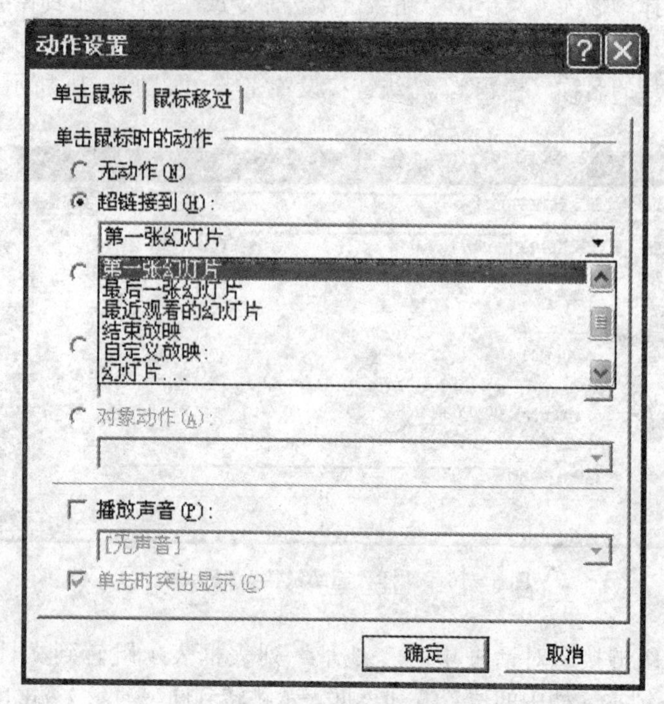

图 5−17 “动作设置”对话框

5.4 演示文稿的放映及打印

5.4.1 放映演示文稿

演示文稿创建后，用户可根据需要设置放映方式，进行所需的放映；也可以将演示文稿以各种方式打印。

设置放映方式

在幻灯片放映前可以根据使用者的不同，通过设置放映方式满足各自的需要。

打开“幻灯片放映”菜单，从中选取“设置放映方式”命令，或按 Shift 键再单击“幻灯片放映”按钮，就可以看到“设置放映方式”对话框，如图 5−18 所示。

在对话框的“放映类型”框中，上部三个是单选按钮，它的选择决定了放映的方式：

·演讲者放映（全屏幕）：以全屏幕形式显示。可以通过快捷菜单或“PgDn”、“PgUp”键显示不同的幻灯片，提供了绘图笔进行勾画。

·观众自行浏览（窗口）：以窗口形式显示。可以利用滚动条或“浏览”菜单显示所需的的幻灯片，可以利用“编辑”菜单中的“复制幻灯片”命令将当前幻灯片图像拷

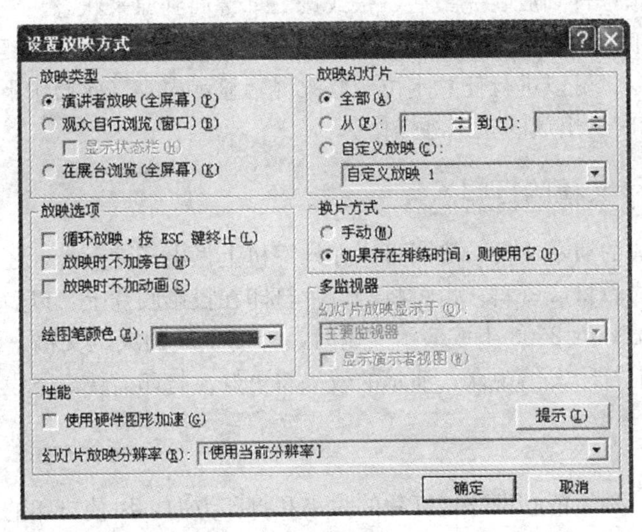

图 5-18 “设置放映方式”对话框

贝到 Windows 的剪贴板上，也可以通过“文件”菜单的“打印”命令打印幻灯片。

• 在展台放映（全屏）：以全屏幕形式在展台上做演示用。在放映过程中，除了保留鼠标指针用于选择屏幕对象外，其余操作功能全部被禁止（连中止也要按 Esc 键）。因为展出是不需要现场修改，也不需要提供格外功能，以免破坏演示画面。

“幻灯片”框提供了幻灯片放映的范围：全部、部分、自定义幻灯片。其中自定义放映是通过“幻灯片放映”菜单的“自定义放映”命令，以某种顺序组织演示文稿中的幻灯片，并以一个自定义放映名称命名，然后在“幻灯片”框中选择自定义放映的名称，就仅放映该组幻灯片。

“换片方式”框供用户选择换片方式是手动还是自动换片。

注意：若“循环放映，按 Esc 键终止”复选框被选中，可使演示文稿自动放映，一般用于在展台上自动重复地放映演示文稿。对幻灯片内对象的放映速度和幻灯片间的切换速度可以通过前节介绍的“自定义动画”和“幻灯片切换”命令设置，也可以通过“排练计时”命令设置。

执行幻灯片演示

在屏幕上演示文稿可以说是展现 PowerPoint 2003 演示文稿的最佳方式。此时，幻灯片可以显示出鲜明的色彩，演讲者可以通过鼠标指针给听众指出幻灯片重点内容，甚至可以通过在屏幕上画线或加入说明文字的方法增强表达效果。

用户可以在“幻灯片”、“大纲”或“幻灯片浏览”模式下，选定要开始演示的第一张幻灯片，或在“设置放映方式”对话框的“幻灯片”中选择放映的范围或自定义幻灯片。最后单击滚动条上的“幻灯片放映”命令按钮，PowerPoint 2003 放大了当前选中的幻灯片，并且占满了整个屏面。

单击鼠标左键到下一张幻灯片，也可用“→”（或“↓”）键到下一张，“←”（或

“↑”）回到前一张，直到放映完最后一张或按 Esc 键回到原来状态。

单击屏幕右下角的图标按钮，或单击鼠标右键屏幕上将出现一快捷菜单。使用该快捷菜单的相关命令，可以进行任意定位，修改屏幕显示内容（此操作不会改变文件本身的内容），以及随时退出放映状态等操作。

5.4.2　演示文稿的打印

对已建立完成的演示文件，除了可以在计算机上做电子演示外，还可以将它们打印出来，直接印刷成教材或资料；也可将幻灯片打印在投影胶片上，以后可以通过投影放映机放映。PowerPoint 2003 生成演示文稿时，辅助生成的大纲文稿、注释文稿等，如能在幻灯片放映前打印发给观众，演示的效果将更好。打印需要以下设置。

页面设置

在打印之前，必须精心设计幻灯片的大小和打印方向，以使打印的效果满足创意要求，如图 5-19 所示。

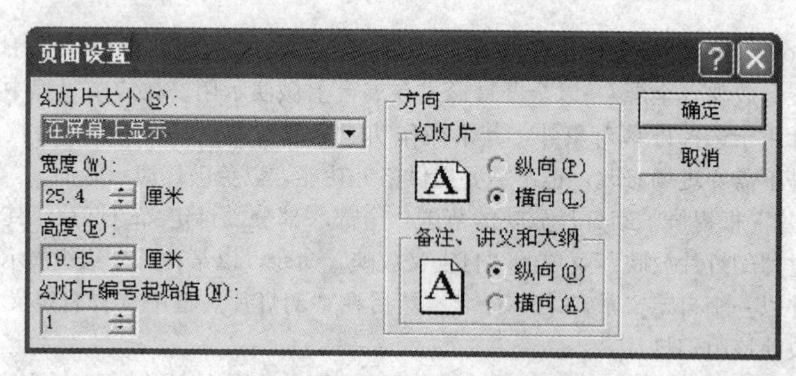

图 5-19　“页面设置”对话框

选择“文件”菜单中的“页面设置”命令，此时会弹出一个对话框，其中：

“幻灯片大小”下拉列表可以用来选择幻灯片尺寸。

“幻灯片编号起始值”可以设置打印文稿的编号起始值。

“方向”框中，设置好“幻灯片”、“备注、讲义和大纲”等的打印方向。

设置打印选项

页面设置后，可以将演示文稿、讲义等进行打印，打印前应对打印机的设置属性、打印范围、打印份数、打印内容等进行设置或修改。

打开要打印的文稿，单击“文件”菜单的“打印”命令，弹出“打印”对话框，如图 5-20 所示。

在“打印范围”框中选择要打印的范围。其中“自定义放映”选项是指按“自定义放映”中设置的范围进行设置，否则，该功能失效。

在“打印内容”列表框中，选择幻灯片、讲义或注释等。其中幻灯片（动画）指幻

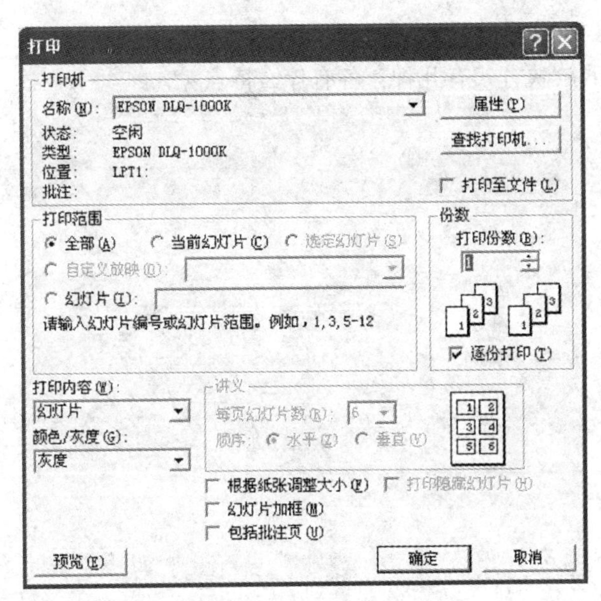

图 5－20　“打印”对话框

灯片中采用了动画效果，打印时按屏幕出现的顺序打印；幻灯片（无动画）指打印时按照“幻灯片浏览”视图的顺序进行打印，不管有无动画效果；若要以教材或资料的形式打印，选择讲义，还可选择一页内要打印的幻灯片数。

若幻灯片设置了颜色、图案，为了打印的清晰，应选择“黑白”选项。

在设置完成后，按“确定”按钮，就可进行打印。

习　题

1. PowerPoint 2003 保存的文件类型有哪些？
2. PowerPoint 2003 有哪几种视图方式？各适用于何种情况？
3. 创建演示文稿的方法有几种？
4. 如何在幻灯片的空白处输入文本？
5. 如何插入一张新幻灯片？
6. 如何设置幻灯片的背景和配色方案？
7. 幻灯片母板和标题母板是同一种版式吗？
8. 在一个演示文稿中怎样应用多个设计模板？
9. 幻灯片的母版分为几种？应用母版有哪些优点？
10. 在幻灯片中插入超级链接的方法有哪两种？
11. 怎样为幻灯片录制旁白和设置放映时间？
12. 如果在放映幻灯片时，不想播放旁白，应如何设置幻灯片的播放选项？
13. 在幻灯片的放映过程中，有时需要切换到某一张幻灯片播放，简述定位幻灯片的操作步骤。

14. 如何设置幻灯片的切换效果?

15. 演示文稿的放映方式有几种?各有什么特点?

第六章　多媒体技术

6.1　多媒体知识简介

6.1.1　多媒体的基本概念

所谓“多媒体”(Multimedia)，可简单地理解为：它是一种以交互方式将文本、图形、图像、音频、视频等多种媒体信息，经过计算机设备的获取、操作、编辑、存储等综合处理后，以单独或合成的形态表现出来的技术和方法。特别是，它将图形、图像和声音结合起来表达客观事物，在方式上非常生动、直观，易于人们接受。图 6-1 展示了一个配备多媒体设施的教室。

图 6-1　配备多媒体设施的教室

对于传统媒介，如人们熟悉的报纸、杂志、电影、电视、广播等，都是以它们各自的方式进行信息传播的。以电视为例，虽然它也是以图、文、声、像作媒体，但它与多媒体系统存在明显的区别：第一，在观赏电视的全过程中，观念均是被动的，而多媒体系统为用户提供了交互特性，极大地调动了人的积极性和主动性。第二，人们过去熟悉的图、文、声、像等媒体信息几乎都是以模拟量进行存储和传播的，而多媒体是以数字量的形式进行存储和传播的。

多媒体具有多样化、交互性和集成性三个关键特性。多样化指的是信息媒体的多样化；交互性是指提供人们多种交互控制能力；集成性指不同媒体信息、不同视听设备及软、硬件的有机结合。多媒体以其丰富多彩的媒体表现形式、高超的交互能力、高度的集成性、灵活多变的适应性得到了广泛的应用，并形成了新的行业。20 世纪 90 年代是多媒体发展和普及的年代，是我国科技跃身国际高科技的机会。

6.1.2 多媒体的广泛用途

多媒体技术是以计算机技术为核心，将现代声像技术和通信技术融为一体，以追求更自然、更丰富的接口界面，同时具有高速运算和大量存储能力的商用和工业用机器为目标的不断发展的新技术。

多媒体技术的应用领域十分广泛，在多媒体产品中，对存放在 CD-ROM 上的多媒体应用软件产品，称作多媒体 CD-ROM 节目（Multimedia CD-ROM Title）、在多媒体节目中包含了文本、图形、声音、动画和影视等视听媒体。大致上多媒体节目可分成下列几个方面的应用：教育、商业、电子出版、娱乐、游戏等方面。多媒体计算机技术还有一个重要的应用领域是通信工程中的多媒体终端和多媒体通信系统。随着计算机网络技术和计算机多媒体技术的发展，可视电话、视频会议系统将为人类提供更全面的信息服务。可视电话，可使单身在外的游子通过电视传真，身临其境地参加新年的家庭聚会，也可以让分布在各地的工作人员讨论方案。实际上，多媒体系统的应用以极强的渗透力进入了教育、娱乐、档案、图书、展览、房地产、建筑设计、家庭、现代商业、通信、艺术等领域，改变着人类的生活和工作方式，塑造了一个绚丽多彩的多媒体世界。

6.1.3 多媒体的技术规格及关键技术

多媒体的技术规格

多媒体已经成为信息产业的核心。作为这个时代的主要特征，它消除了通信、计算机、广播、信息处理、娱乐之间的界限，使用户可以得到不受地域、信息形式等限制的诸多服务，也开创了计算机支持下的协同工作这一新型的工作方式。多媒体的巨大市场潜力和应用前景举世公认，但同时也有一个亟待解决的问题，这就是多媒体系统的标准化问题。

标准对于多媒体技术的开发、应用、推广、经营销售都有很大的意义，并产生了深远的影响。因此，在集中力量对多媒体关键技术研究的同时，各个先进国家、产业集团以及国际上的标准化组织都在积极地开展标准化的工作，且制定了一批重要的标准。这些标准刻画了很清晰的技术规范，技术水平起点高，实用化程度高，通用性广。

多媒体开发中涉及的标准很多，比较重要的标准大致分成三类：

(1) 多媒体技术标准。这包括 JPEG，MPEG，H.261，HyTime，MHEG，MPC 等。

(2) 多媒体通信标准。这包括 H.261，H.221，H.230，H.233，H.242，H.320，H323V2，G.722，G.728 和面向多点会议的 H.231，H.243 等。

(3) CD-ROM 彩色标准。自 20 世纪 80 年代初开始，Philips 和 Sony 公司联合制定了许多有关光盘（如 CD－ROM，CD－R，CD－I 等）的标准，以适合多媒体的各种应用。记载这些标准的手册分别用不同的颜色来包装以示区别，所以称为彩色标准。后来，在这些技术标准的基础上，又制定了若干国际标准。

多媒体的关键技术

要进一步推动多媒体技术的应用，加快多媒体产品的实用化、产业化和商品化的步伐，首先就要研究多媒体的关键技术，其中主要包括数据压缩与解压缩、媒体同步、多媒体网络、超媒体等关键技术。这里简单介绍一下视频和音频数据的压缩和解压缩技术。

多媒体计算机系统要求具有综合处理声、图、文信息的能力。高质量的多媒体系统要求面向三维图形、立体声音、真彩色高保真全屏幕运动画面。为了达到令人满意的效果，要求实时地处理大量数字化视频、音频信息，这对计算机及通信系统的处理、存储、传输能力是一个严峻的挑战。如一幅 640×480 中等分辨率的彩色图像（24b/像素）数据量约为每帧 7.37Mb：如果是运动图像，要以每秒 30 帧或 25 帧的速度播放时，则视频信号传输速率为 220Mb/s。如果存放在 600MB 的光盘中，只能播放 20s。对于音频信号，以激光唱片 CD－DA 声音数据为例，如果采样频率为 44.1KHz，采样点量化为 16bit 双通道立体声，1.44MB 的软磁盘只能存放 8s 的数据。综上所述，视频和音频信号数据量大，同时传输速度要求高。考虑到目前微机无法满足以上的要求，因此，对多媒体信息必须进行实时的压缩和解压缩。

从 1948 年 Oliver 提出 PCM（脉冲编码调制）编码理论以来，已有 50 多年的历史，这个过程中编码技术日趋成熟。

目前主要有三大编码及压缩标准：

(1) JPEG（Jonit Photographic Experts Group）标准。JPEG 标准制定于 1986 年，是第一个图像压缩国际标准，主要针对静止图像。该标准制定了有损和无损两种压缩编码方案。广泛应用于多媒体 CD－ROM、彩色图像传真、图文档案管理等方面。JPEG 对单色和彩色图像的压缩比通常分别为 10∶1 和15∶1。

JPEG 标准没有规定具体的快速算法，需要我们自己去开发。对 JPEG 算法的实施，可以采用硬件、软件或者软、硬件结合的方法。

(2) MPEG（Moving Picture Experts Group）标准。这个标准实际上是数字电视标准，它包括三个部分：MPEG－Video，MPEG－Audio 及 MPEG－System。MPEG 是针对 CD－ROM 式有线电视（Cable－TV）传播的全动态影像，它严格规定了分辨率、数据传输速率和格式，MPEG 的平均压缩比为 50∶1。MPEG－1 的设计目标是为了达到 CD－ROM 的传输速率（150KBps）和盒式录像机的图像质量。MPEG－2 的设计目标是在一条线路上传输更多的有线电视信号，它采用更高的数据传输速率，以求达到更好的图像质量。MPEG－System 是处理音频和视频的复合和同步。MPEG－1 的适用范围很广泛，如多媒体 CD－ROM，硬盘、可读写光盘、局域网和其他通信通道。

(3) H.261。这是 CCITT 所属专家组倾向于为可视电话（Video phone）和电视会议（Video conference）而制定的标准，是关于视像和声音的双向传输标准。这个标准又称为P×64标准。P×64表示P×64 kbpS，P是一个可变的参数，其中P的值为1-30。P=1或P=2，适用于可视电话，P≥6适合于电视会议。可见，该标准是以64 kbps的整数倍作为传输速率的。

经过近60年的努力，已经产生了各种各样针对不同用途的压缩算法、压缩手段和实现这些算法的大规模集成电路或计算机软件。但研究仍未停止，人们还在继续搜索更加有效的压缩算法及其用硬件或者软件实现的方法。近年来提出的分形压缩算法、采用小波的压缩算法等，都被看做是极有前景的压缩技术。目前，又推出了H.263和MPEG-4等标准。

6.1.4 多媒体文件格式

声音文件

目前主要使用的声音文件有以下几种：

(1) WAVE格式文件(.WAV)。.WAV文件(WAVE声音波形文件)是直接由音频输入转换成的文件。它一般经外部音源(麦克风、录音机)录制后，由声卡转换成数字化信息并用以.WAV为扩展名的文件形式存储在外存上，播放时再还原成模拟信号由扬声器输出。声音波形文件的数据比较庞大，如果不经过压缩处理的话，一分钟的录音所形成的文件就有8Mb。声音波形文件是较为流行的声音文件格式，主要用于存储简短的声音片段，例如解说词等。

(2) MIDI格式文件(.MID)。.MID文件又称为MIDI(乐器数字化接口)文件，它是一种电子乐器(如电子琴、电子合成器)通用的音乐数据文件，MIDI只能模拟乐器的发声，只能用来播放音乐，不能用来播放语音或带人声的歌曲。但MIDI文件非常小，一首乐曲只有十几KB大小，如用WAV文件则要20MB~30MB。所以MIDI文件常用作多媒体的背景音乐。

(3) MPEG音频文件(.MP3)。MPEG音频文件是指采用MPEG音频压缩标准进行压缩的文件。MPEG音频编码具有很高的压缩率，可以将声音文件的大小压缩10倍以上。也就是说一分钟CD音质的音乐，未经压缩需要10MB存储空间，而经过MP3压缩编码后只需1MB，而且音质能保持不失真。因此，目前这种音频格式文件得到了广泛的使用。

前面的WAVE格式文件和MIDI格式文件都可以压缩成MPEG音频格式文件。

图像文件

常用的图像文件有以下几种：

(1) BMP位图格式(.BMP)。BMP(Bitmap)是一种与设备无关的图像文件，是Windows环境中经常使用的一种位图格式。BMP位图文件几乎不压缩，占用磁盘空间较大，它的颜色存储格式有1位、4位、8位及24位。BMP该格式是当今应用比较广泛的一种格式。该格式的缺点是文件比较大，所以只能应用在单机上，网页制作时一般都不采用bmp格式。

(2) JPEG 格式 (.JPG)。可以用不同的压缩比例对 JPEG 格式文件压缩，其压缩技术十分先进，对图像质量影响不大，因此可以用最少的磁盘空间得到较好的图像质量。由于它优异的性能，所以应用非常广泛，而在 Internet 上，它更是主流图像格式。

(3) GIF 格式 (.GIF)。该图像格式在 Internet 上被广泛地应用，原因主要是 256 种颜色已经较能满足网页图形需要，而且文件较小，不超过 64KB，压缩比高，适合网络环境传输和使用。

(4) PSD 格式 (.PSD)。Adobe 公司开发的图像处理软件 Photoshop 中自建的标准文件格式就是 PSD 格式，在该软件所支持的各种格式中，PSD 格式的存取速度比其他格式快很多，功能也很强大。由于 Photoshop 软件越来越广泛地应用，所以这个格式也逐步流行起来。PSD 格式是 Photoshop 的专用格式，里面可以存放图层、通道、遮罩等多种设计草稿。

(5) TIFF 格式 (.TIF)。TIFF 格式具有图形格式复杂、存储信息多的特点。3DS，3DS MAX 中的大量贴图就是 TIFF 格式的。TIFF 最大色深为 32bit，可采用 LZW 无损压缩方案存储。

(6) PNG 格式 (.PNG)。PNG (Portable Network Graphics) 是一种新兴的网络图形格式，结合了 GIF 和 JPEG 的优点，具有存储形式丰富的特点。PNG 最大色深为 48bit，采用无损压缩方案存储。著名的 Macromedia 公司的 Fireworks 的默认格式就是 PNG。

(7) SVG 格式 (.SVG)。SVG 是 Scalable Vector Graphics 的首字母缩写，含义是可缩放的矢量图形。它是一种开放标准的矢量图形语言，可让你设计激动人心的、高分辨率的 Web 图形页面。该软件提供了制作复杂元素的工具，如渐变、嵌入字体、透明效果、动画和滤镜效果，并且可使用平常的字体命令插入到 HTML 编码中。

视频文件

视频文件是视频信号经过数字化处理的文件，它往往带有伴音。常见的视频文件有：

(1) AVI 格式文件 (.AVI)。AVI (Audio－Video Interleaved，音频－视频交错) 格式文件将视频与音频信息交错地保存在一个文件中，较好地解决了音频与视频的同步问题，是 Video for Windows 视频应用程序使用的格式，现已成为 Windows 视频标准格式文件。该文件数据量大，需要压缩。

(2) MOV 格式文件 (.MOV)。MOV 格式文件是 Apple 公司在 Quick Time for Windows 视频应用程序中使用的视频文件格式。原在 Macintosh 系统中运行，现已移植到 Windows 平台。利用它可以合成视频、音频、动画、静态图像等多媒体素材。该文件数据量大，需要压缩。

(3) MPG 格式文件 (.MPG)。MPG 格式文件是按照 MPEG 标准压缩的全屏视频的标准文件。目前很多视频处理软件都支持这种格式的文件。

(4) DAT 格式文件 (.DAT)。DAT 格式文件是 VCD 专用的格式文件，文件结构与 MPG 文件格式基本相同。

6.1.5 多媒体技术研究的重要课题

多媒体技术的研究涉及诸多难题，其中主要有以下五个方面。

数据压缩

在多媒体系统中，由于涉及的各种媒体信息主要是非常规数据类型，如图形、图像、视频和音频等，这些数据所需要的存储空间是十分巨大和惊人的。在目前多媒体计算机（MPC）配置中，所用光盘一般为600MB，而硬盘一般在10G左右；在通信网络上，以太网设计速率为10Mbps，实际仅能达到其一半以下的水平，大多数远程通信网络的速率都在每秒几十K位以下，而电话线数据传输速率才有33.6Kbps～56Kbps。因此，为了使多媒体技术达到实用水平，除了采用新技术手段增加存储空间和通信带宽外，对数据进行有效压缩将是多媒体发展中必须要解决的最关键的技术之一。经过50多年的数据压缩研究，从PCM编码理论开始，到现今成为多媒体数据压缩标准的JPEG和MPEG，已经产生了各种各样针对不同用途的压缩算法、压缩手段和实现这些算法的大规模集成电路或计算机软件，并逐渐趋于成熟。

数据的组织与管理

数据的组织和管理是任何信息系统要解决的核心问题。在现代信息社会中，常常苦于没有从这些数据中获取有用信息的方便工具和手段。多媒体的引入，更加剧了这种状况的恶化。数据量大、种类繁多、关系复杂是多媒体数据的基本特征。以什么样的数据模型表达和模拟这些多媒体信息空间？如何组织存储这些数据？如何管理这些数据？如何操纵和查询这些数据？这是传统数据库系统的能力和方法难以胜任的。目前，人们利用面向对象（OO：Object Oriented）方法和机制开发了新一代面向对象数据库（OODB：Object Oriented Data Base），结合超媒体（Hypermedia）技术的应用，为多媒体信息的建模、组织和管理提供了有效的方法。与此同时，市场上也出现了多媒体数据库管理系统。但是OODB和多媒体数据库的研究还很不成熟，与实际复杂数据的管理和应用要求仍有较大的差距。

多媒体信息的展现与交互

在传统的计算机应用中，大多数都采用文本媒体，所以对信息的表达仅限于“显示”。在未来的多媒体环境下，各种媒体并存，视觉、听觉、触觉、味觉和嗅觉媒体信息的综合与合成，就不能仅仅用“显示”来完成媒体的表现了。各种媒体的时空安排和效应，相互之间的同步和合成效果，相互作用的解释和描述等都是表达信息时所必须考虑的问题。有关信息的这种表达问题统称为“展现”。尽管影视声响技术广泛应用，但多媒体的时空合成、同步效果，可视化、可听化以及灵活的交互方法等仍是多媒体领域需要研究和解决的棘手问题。

多媒体通信与分布处理

多媒体通信对多媒体产业的发展、普及和应用有着举足轻重的作用，构成了整个产业发展的关键和瓶颈。在现行使用的通信网络中，如电话网、广播电视网和计算机网络，其传输性能都不能很好地满足多媒体数据数字化通信的需求。从某些意义上讲，现行数据通信的设施和能力严重地制约着多媒体信息产业的发展，因而，多媒体通信一直作为整个产业的基础技术来对待。当然，真正解决多媒体通信问题的根本方法，是有待于“信息高速公路”的最终实现。宽带综合业务数字网（B-ISDN）是目前解决这个问题的一个比较完整的方法，其中ATM（异步传输模式）是近年来在研究和开发上的一个重要成果。多媒体的分布处理是一个十分重要的研究课题。因为要想广泛地实现信息共享，计算机网络及其在网络上的分布式与协作操作就不可避免。多媒体空间的合理分布和有效的协作操作将缩小个体与群体、局部与全球的工作差距。超越时空限制，充分利用信息，协同合作，相互交流，节约时间和经费等是多媒体信息分布的基本目标。

虚拟现实技术

所谓虚拟现实，就是采用计算机技术生成一个逼真的视觉、听觉、触觉及味觉等感官世界，用户可以直接用人的技能和智慧对这个生成的虚拟实体进行考察和操纵。这个概念包含三层含义：首先，虚拟现实是用计算机生成的一个逼真的实体，“逼真”就是要达到三维视觉、听觉和触觉等效果；其次，用户可以通过人的感官与这个环境进行交互；最后，虚拟现实往往要借助一些三维传感技术为用户提供一个逼真的操作环境。

虚拟现实是一种多技术多学科相互渗透和集成的技术，研究难度非常大。但由于它是多媒体应用的高级境界，应用前景远大，在某些方面的应用甚至远远地超过了对这种技术本身的研究。

6.2 多媒体计算机

6.2.1 多媒体计算机简介

1990年Microsoft等公司筹建了多媒体PC市场协会（Multimedia PC Marketing Council），且在1991年10月8发表了第一代多媒体MPC的规格，在1993年5月又接着发表了MPC2.0的技术规格等。随着计算机技术的不断发展，MPC的标准也在提高，比如1996年发表了MPC4.0的技术规格，见表6-1。而就现在来说，普通MPC的配置已经完全超过了这一标准，并且还将迅速发展。MPC规定了多媒体PC机系统的最低要求，凡符合或超过这种规范的系统以及能在该系统上运行的软、硬件可以用“MPC”去标识，如图6-2所示。

今后计算机的新特性是：支持DVD，用于外围的设备有DeviceBay，支持通用串行总线USB，内存规范为64MB~128MB，具有TV功能、全立体声、多监视器、集成化网络接口卡等。

图 6－2　多媒体计算机

表 6－1　MPC 技术规格

	MPC　1.0	MPC　2.0	MPC　3.0	MPC　4.0
CPU	80386　SX/16	80486　SX/25	Pentium　75	Pentium　133
内存容量	2MB	4MB	8MB	16MB
硬盘容量	80MB	160MB	850MB	1.6GB
CD－ROM 速度	1X	2X	4X	10x
声卡	8 位	16 位	16 位	16 位
图像	256 色	65535 色	16 位真彩	32 位真彩
分辨率	640×480	640×480	800×600	1280×1024
软驱	1.44MB	1.44MB	1.44MB	1.44MB
操作系统	Windows　3.x	Windows　3.x	Windows　95	Windows　95

6.2.2　多媒体计算机的重要设备

多媒体计算机系统最基本的硬件是声频卡（Audio Card)、CD－ROM 光盘机（CD－ROM)、视频卡（Video Card)。在个人计算机上加上声频卡和 CD－ROM 就成为普遍意义上的多媒体计算机，可见，多媒体技术中的首要技术就是 CD－ROM 和声频卡。

声频卡

声频卡的种类很多,目前国内外市场上至少有上百种不同型号、不同性能和不同特点的声频卡，如图 6－3 所示。

图 6－3　声频卡

（1）声频卡的关键指标。①采样频率：指单位时间内的采样次数。一般来说，语音信号的采样频率是语音所必需的频率宽度的 2 倍以上。人耳可听到的频率为 20Hz～22kHz 的声音，所以对声频卡来讲，其采样频率为最高频率 22kHz 的 2 倍以上，即采样频率应在 44kHz 以上。较高的采样频率能获得较好的声音还原，如采样频率较低的话，声音的还原将会产生失真。目前的声频卡的采样频率一般采用 44.1 kHz，48kHz 或更高。

②采样值的编码位数：记录每次采样值使用的二进制编码位数。而二进制编码位数直接影响还原声音的质量。当前声频卡有 8 位、16 位和 32 位三种，以 16 位声频卡为主，8 位声频卡已趋于淘汰。声频卡的采样值的编码位数越长，声音还原的质量越好。8 位声频卡对语言的解释能满足需要，可达到电台中波广播的音质，但要播放音乐就不是很好。现在，典型的有 Creative 的 Sound Blaster，Artex 的 Zlew，Crysta Lake 的 Crystal Clear 等产品。

(2) *声频卡的关键技术*。声频卡的关键技术包括：数字音频、音乐合成、MIDI 与音效。

①数字音频。数字音频必须具有以下特点：大于 44.1kHz 的采样频率、16 位的分辨率录制和播放信号的基本功能。数字音频还有具有压缩声音信号的能力。最常用的压缩方法是自适应脉冲代码调制（ADPCM）法，大多数声频卡的核心是称为编码解码器 CODEC 的芯片，它本身就具有硬件压缩能力。另外也有不少声频卡采用 DSP+ADC 方案（数字信号处理芯片+A/D 转换器），如 Creative 的 Sound Blaster，该方案采用软件压缩数字音频信号。

②音乐合成。音乐合成主要有两种合成技术：FM 合成和波形表合成。FM 合成是通过硬件产生正弦信号，再经过处理合成乐音。而波形表的合成原理，是在 ROM 中已存储各种实际乐器的声音样本，它的效果优于 FM 合成。波形表合成器的关键因素之一是 ROM 中样本的多少，即 ROM 的容量。

③MIDI。MIDI 是数字音乐的国际标准，几乎所有的多媒体计算机都遵循这个标准。MIDI（Musical Instrument Digital Interface）是指乐器数字接口。它规定了不同厂家的电子乐器和计算机连接的方案和设备间数据传输的协议。

④音效。音效是最近 IC 工业中数字声音信号处理技术的结晶。已经有不少的声频卡采用了音效芯片，从硬件上实现回声、混响、和声等，使声频卡发出的声音更加生动悦耳。

视频卡

视频卡处理的是静止或运动的图像信号，技术上难度较大，但发展也相当快。主要有电视信号采集卡、JPEG/MPEG/H.261 图像压缩卡、VGA 到 NTSC/PAL 电视信号转换盒等，如图 6-4 所示。

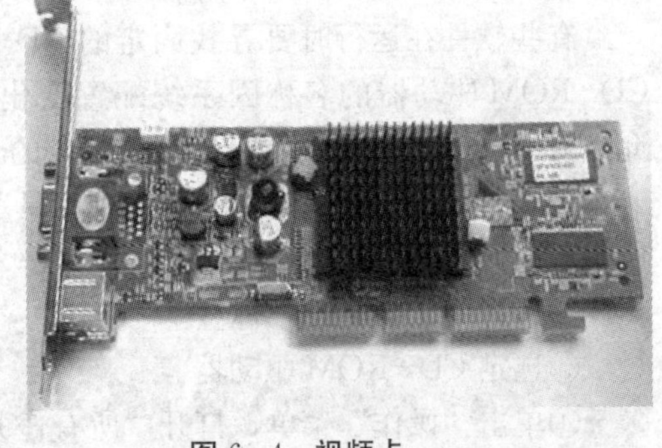

图 6-4　视频卡

CD-ROM 及其驱动器

CD-ROM 或 DVD-ROM 是多媒体计算机系统的最基本硬件之一，本书前面章节已有过较详细介绍。

CD-ROM 是与软盘不同的存储介质，因此 CD-ROM 驱动程序的安装不同于磁盘驱动器的安装。

CD－ROM 有多种类型，在安装和使用之前必须加以确认。Windows 支持下列几种类型的 CD－ROM 驱动器：

（1）SCSI 接口。一个 SCSI 适配器可以同时连接多个硬件设备，例如，硬盘、CD－ROM 驱动器和扫描仪等。SCSI 设备的数据传输率较高。

（2）IDE 接口。这是 PC 机上使用最广泛的接口设备，在主机板上通常都提供 IDE 接口。IDE 适配器的数据传输率相对一般。

（3）专用接口。某些生产厂商提供的 CD－ROM 驱动器必须使用专用的适配器。

如果 CD－ROM 驱动器符合 IDE 接口标准，则只需按照厂商的安装说明将其与主板上的 IDE 接口连接就可以了。其他类型的还要进一步安装。

识别接口类型后，还要确定 CD－ROM 是否支持即插即用特性。这两种 CD－ROM 驱动器的安装方法不同。

安装 CD－ROM 驱动器

（1）安装支持“即插即用”的 CD－ROM 驱动器。对于这种 CD－ROM，用户只要把硬件连接好，Windows 在启动时能通过“即插即用”功能识别硬件，识别它所需要的资源，创建配置文件，装载 32 位设备驱动程序以及提示系统环境的变化。也就是说，用户不用做任何软件的设置就可以使用这台 CD－ROM 驱动器。

（2）安装不支持“即插即用”的 CD－ROM 驱动器。如果 Windows 不能自动识别 CD－ROM 驱动器，还可以使用 Windows 的“添加新硬件向导”来安装。“添加新硬件向导”在系统中寻找有关新设备的线索，帮助用户顺利安装。“添加新硬件向导”在前面章节已作介绍，此处不再重复。

为 CD－ROM 设置一个固定的驱动器号

在计算机中，每一个驱动器都有自己的名称。通常软盘驱动器的名称是“A:”和“B:”，第一个硬盘驱动器为“C:”。在一般情况下，Windows 先安排软盘驱动器和硬盘驱动器的名称，然后将排在硬盘驱动器名称后面的字母分配给 CD－ROM 驱动器。如果只有一个硬盘，则 CD－ROM 驱动器的名称为“D:”。但是，如果计算机安装了两个以上的硬盘，或者连接了网络上的共享驱动器，从而导致 CD－ROM 驱动器的名称不固定。

有些软件在运行时要寻找固定的 CD－ROM 驱动器名称。对于这一类软件，如果 CD－ROM 驱动器的名称因系统配置变化而改变，就无法正常运行。因此，Windows 允许为 CD－ROM 驱动器设置一个永久的名称。其操作步骤如下：

①双击“控制面板”中的“管理工具”图标，打开“计算机管理”窗口，如图6－5所示。

②选择“磁盘管理”标签。

③选定 CD－ROM 驱动器。

④单击“操作”菜单，打开“所有任务”二级菜单点三级菜单中“更改驱动器名和路径”。

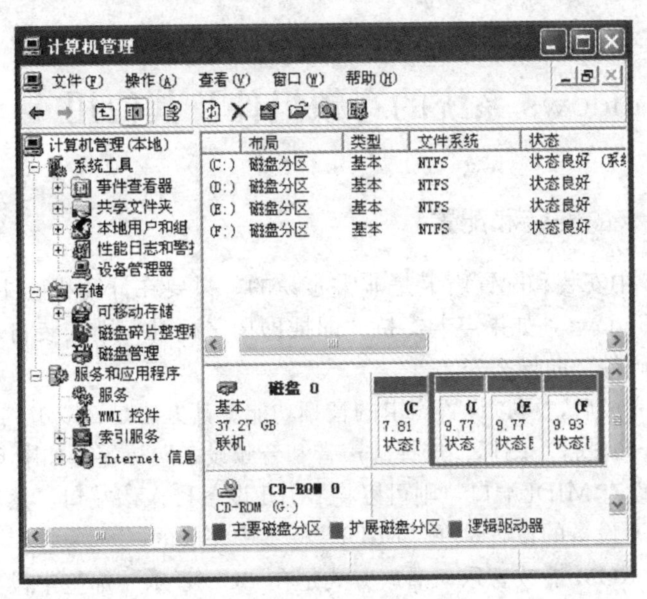

图 6－5　“计算机管理窗口”

⑤在“开始驱动器号”和“最大驱动器号”列表中选择一个相同的字母，如图 6－6，图 6－7 所示。

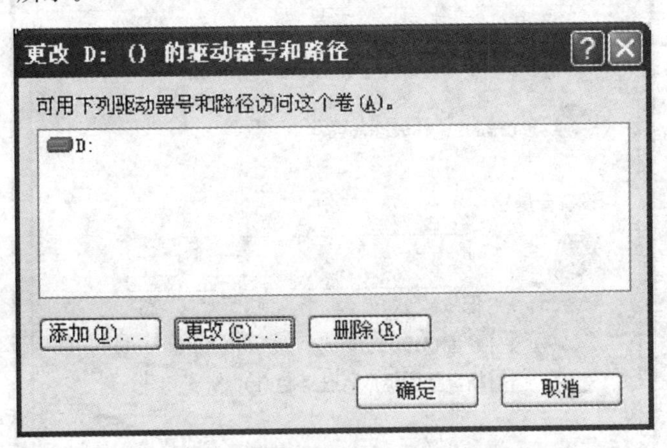

图 6－6　“更改驱动器名和路径”窗口

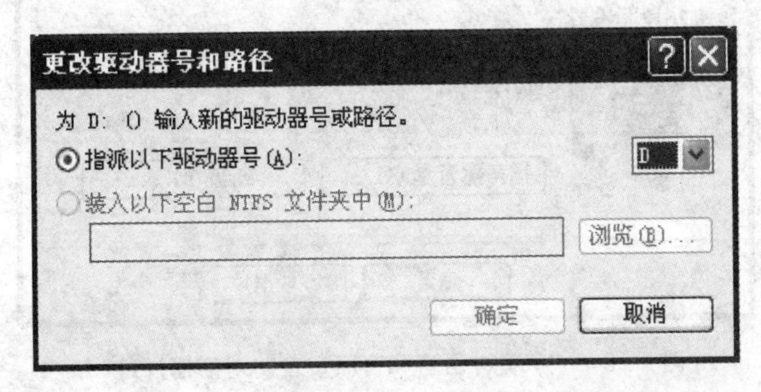

图 6－7　“更改驱动器名和路径”对话框

6.3 Windows 系统的音频组件及其使用

6.3.1 声卡的安装和配置

在 Windows 中安装和配置声卡是非常容易的。只要在计算机的主板上插好声卡，然后开机启动 Windows，如果声卡支持“即插即用”标准，则安装自动完成，否则就需使用“添加新硬件”向导来安装。

在声卡安装完成后，可以设置声卡的音频功能。其方法是：双击“控制面板”中的“声音、语音和音频设备”图标，选择“声音和音频设备”标签，如图 6-8 所示。

如果声卡中设有 MIDI 端口，则可以将 MIDI 设备接入该端口，然后使用声卡播放 MIDI 声音。MIDI 设备的设置是在“MIDI”标签中完成的。

如果用 CD-ROM 播放音乐，播放方式是在“CD 音乐”标签中设置的，如图 6-9 所示。

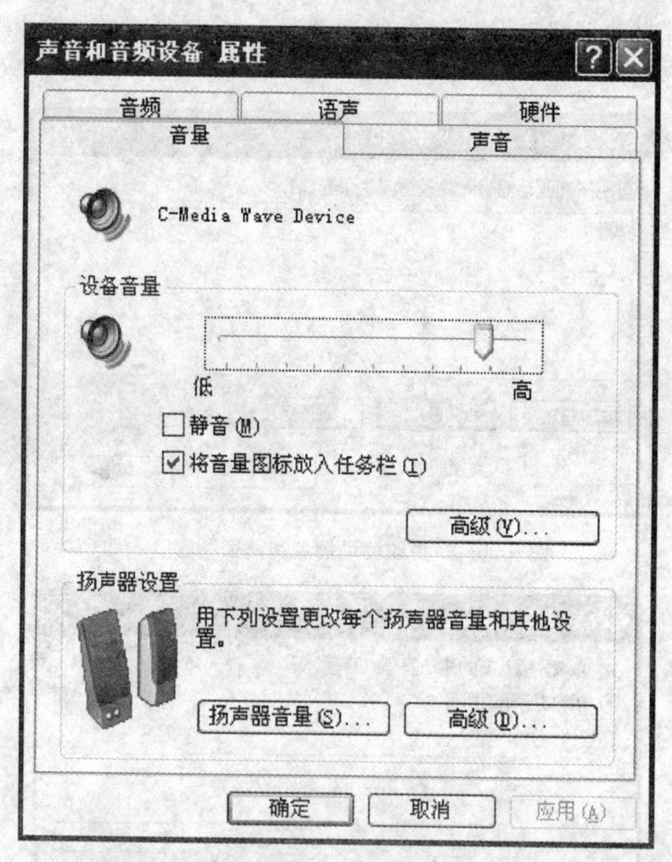

图 6-8 “声音、语音和音频设备”对话框 (1)

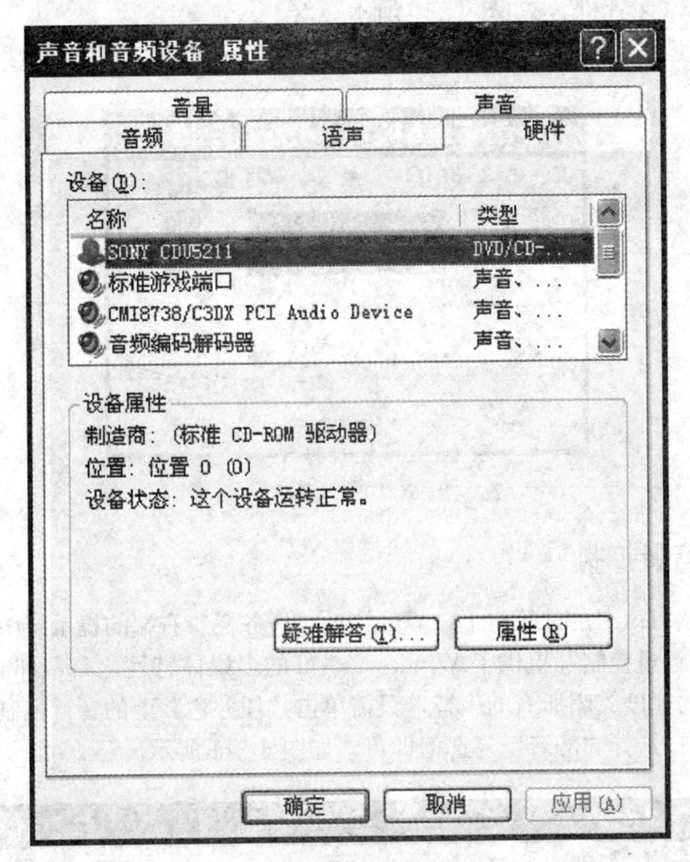

图 6－9　“声音、语音和音频设备”对话框（2）

6.3.2　欣赏音乐

Windows 能够播放两种类型的声音：波形声音和 MIDI 声音。

波形声音和录制机录音的声音一样，是对声音的全部记录，波形声音文件的扩展名为 WAV。与 MIDI 文件相比，波形声音文件占据的空间要大得多，但是由于波形声音记录了自然声音中的绝大部分信息，因此波形声音的效果比较好。

MIDI 声音则更像电子音乐。在 MIDI 文件中只有再生某种声音的指令。当播放 MIDI 声音时，将这些指令发送给声卡，声卡按照指令重新合成出来。波形声音在重放时的效果基本上是一样的，而 MIDI 声音在重放时可以有不同的效果，这取决于 MIDI 设备的质量和音色。MIDI 文件通常以 MID 作为扩展名。

6.3.3　录音机

“录音机”是用于数字录音的一个多媒体附件。它不仅可以录制、播放声音，还可以对声音进行编辑及特殊效果处理。在录制声音时，需要一个麦克风，大多数声卡都有麦克风插孔，将麦克风插入声卡就可以使用“录音机”了。

启动“录音机”的方法是：单击“开始”菜单，依次选择“程序”、“附件”和“娱乐”，最后单击“录音机”，如图 6-10 所示。

如要了解使用“录音机”的详细信息，请使用“录音机”中的“帮助”菜单。

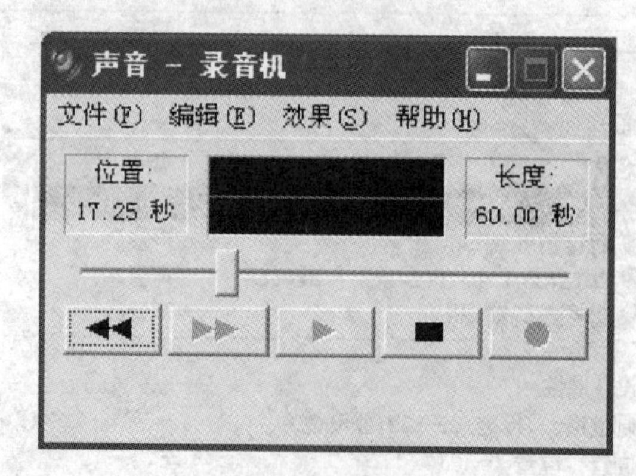

图 6-10　录音机

6.3.4　音量控制

在大多数装有声卡的计算机上，Windows“任务栏”右端的提示区中有一个“音量控制”图标。“音量控制”提供了 Windows 最好的多媒体特性之一：即时的静音功能。如果要用最快的速度关闭所有的声音，只需单击“任务栏”上的音量控制图标，然后在“音量控制”窗口选择“静音”复选框即可，如图 6-11 所示。

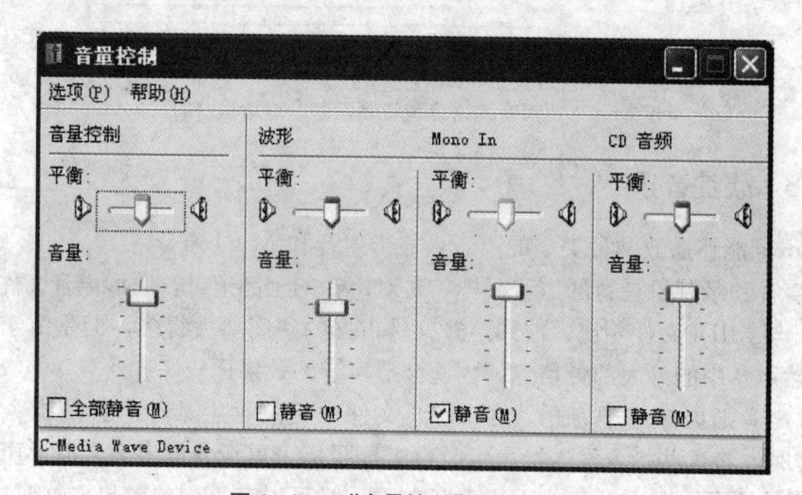

图 6-11　“音量控制”对话框

Windows 还有一个更好的音量控制系统，启动方法有两种：

①双击“任务栏”上的音量控制图标。

②单击“开始”菜单，依次选择“程序”、“附件”和“娱乐”，然后单击“音量控制”。

6.3.5　配置 Windows 声音方案

在使用 Windows 的过程中，当打开和关闭窗口的时候，Windows 会发出不同的声音。这是因为在 Windows 中有一套声音方案，定义了在发生某些事件时发出特定的声音。Windows 的声音方案将各种不同的 Windows 事件与声音文件相联系。

在“声音属性”窗口中，可以查看或者修改 Windows 的声音方案，也可以更换当前的声音方案，还可以使用户自己录制的声音作为声音方案，如图 6−12 所示。配置声音方案的操作步骤如下：

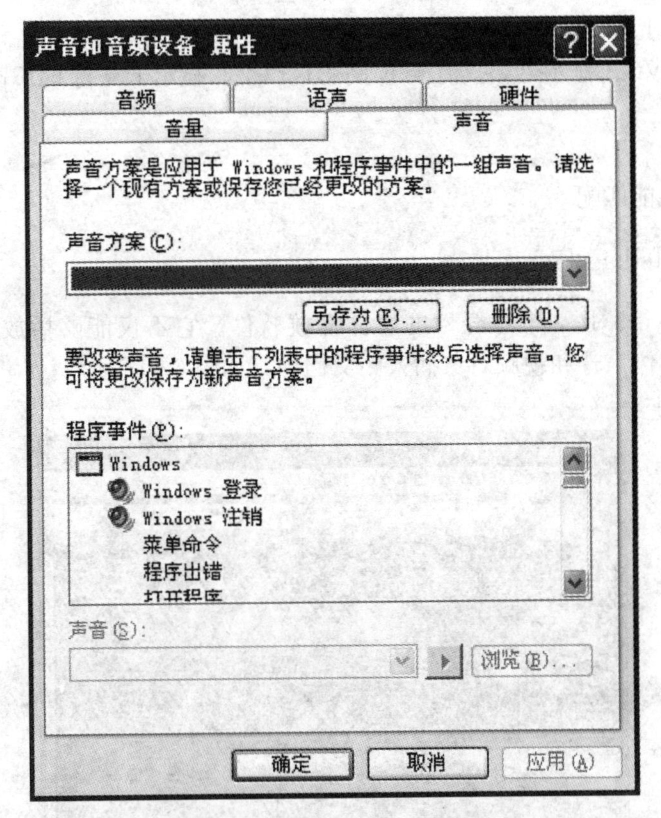

图 6−12　“声音方案”对话框

①在“控制面板”上双击“声音”图标，打开“声音属性”窗口。

②选择事件，可以在“名称”列表中看到与之对应的声音。在本例中，当前的设置是在退出 Windows 时播放名称为“The Microsoft Sound . wav”的声音。

③单击“预览”右面的“播放”按钮，可以听到声音了。

④在“名称”列表中选择另外一种声音文件，可以更换当前事件所对应的声音。如果要使用自己录制的声音，单击“浏览”按钮，寻找自己录制的声音文件。

⑤在“方案”列表中，可以选择其他的声音方案。

⑥如果要生成自己的声音方案，在完成各种事件的声音配置之后，选择“另存为”

按钮，在对话框中键入新的声音方案的名称。

⑦单击“确定”按钮使新的设置生效。

6.4 Windows 系统的视频组件及其使用

6.4.1 视频卡组件的安装和配置

要使用视频卡看电影或压缩图像，系统还应具备以下条件：

①2 倍速以上的 CD-ROM 驱动器，最好是 4 倍或更高。

②SUPER VGA 显示器，具有 64K 高彩色以上。显示卡支持 64K 高彩色显示。

③PCI 总线。

④声卡。

⑤各部件性能匹配。

6.4.2 Media player

“Media player”是一个综合性的媒体播放软件。它不仅能够播放多种媒体文件，而且可以将多媒体声音和视频对象插入到文档中，如图 6-13 所示。

图 6-13 “Media player”界面

单击“开始”菜单，依次指向“程序”——“附件”——“娱乐”，最后单击

“Media player”弹出“Media player”窗口。窗上有一个菜单栏，底部是控制按钮面板。中间是一个计时条。面板上控制按钮的功能与一般音响设备上的按钮相同，计时条显示了当前媒体播放的情况，可以拖动计时条上的滑块选择播放的位置。

媒体播放

使用“媒体播放机”进行播放媒体文件的方法非常简单，具体操作步骤如下。

(1) 设置打开文件类型。在“媒体播放机”的“设备”菜单中，列出了可以播放的媒体类型：Active Movie、Windows 视频、声音、MIDI 音序器和 CD 音频等。“设备”菜单会随计算机配置的不同而有所不同。用户在开始播放之前，先要在“设备”菜单选择媒体文件类型。

如果要播放音乐 CD 唱片，则直接把它插入到 CD-ROM 驱动器即可。

(2) 打开媒体文件。在“媒体播放机”的“文件”菜单中，选择“打开”命令，在弹出的“打开”对话框中选择要播放的媒体文件。同样可以在“资源管理器”中双击媒体文件，系统会自动启动“媒体播放器”程序并且打开该文件，因为通常 Windows 已经登记了这些媒体文件类型，也就是与“媒体播放机”建立了关联。

(3) 播放媒体文件。在播放时，不同类型的媒体文件，会有不同的刻度单位。标尺的刻度单位有 3 种：时间、帧和曲目。为了方便观察播放进度、移动播放位置、截取媒体文件，应该选择合适的刻度单位。对于视频媒体文件，标尺以帧为刻度单位，但可以选择以时间为刻度单位。对于 CD 唱片，标尺应选择曲目为刻度单位。对于波形文件和 MIDI 文件，则标尺应以时间为刻度单位。

截取媒体文件片断，复制到文档

利用“媒体播放机”可以非常方便地把媒体文件的一个片段截取下来，插入到文档中。

其具体操作过程如下。

先将计时条上的滑块移动到所要的媒体片段的起点，然后单击“开始选择”按钮，随后将滑块移动到所要的媒体片段的末尾，再单击“结束选择”按钮，此时该片断便在标尺上高亮度显示。

设置播放属性

单击“工具”菜单中的“选项”命令。可以对“Media player”的设置选项，如图 6-14 所示。

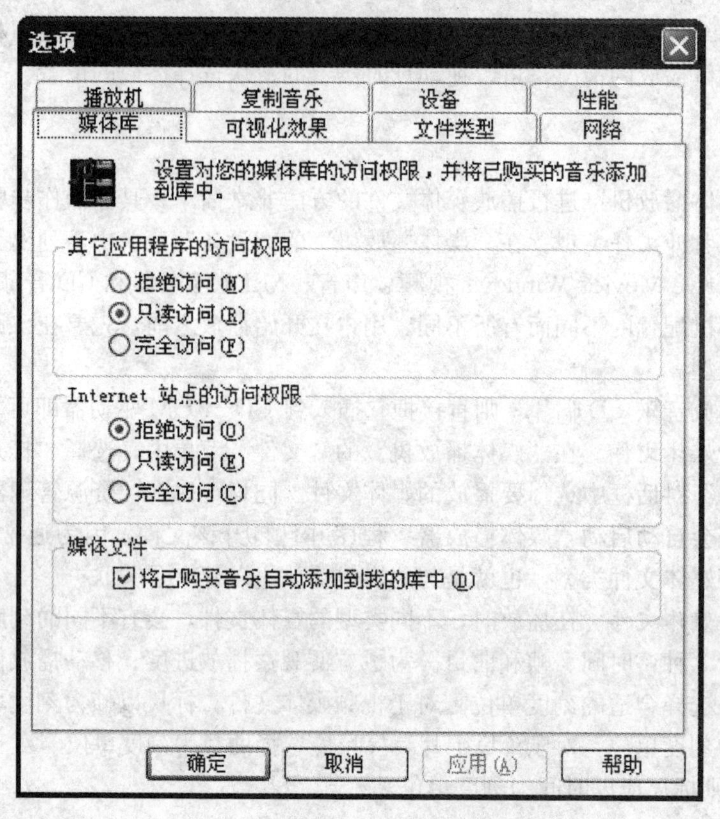

图 6－14 "Media player"的各种设置选项

习 题

1. 什么是多媒体？多媒体的用途有哪些？
2. 简述多媒体的各种编码及压缩标准。
3. 列出常用的音频、视频文件格式。
4. 多媒体计算机的重要设备包括哪些？
5. 怎样为 CD－ROM 设置固定的驱动器号？

第七章　计算机网络与通信

计算机网络是通信技术与计算机技术相结合的产物，是以资源共享为主要目的、以通信媒体互连起来的计算机的集合。计算机网络给人们工作、生活和娱乐方面提供了便利条件。

进入21世纪，计算机网络，尤其是Internet技术的发展已成为引导社会发展的重要因素。Internet是一个全球开放性的信息互联网络，它的前身是美国国防高级研究计划局（ARPA）于1969年研制的用于支持军事研究的计算机实验网络ARPANET。现在计算机网络技术已经应用于社会的各个领域，充分实现了相互通信、资源共享的目的。在今天这个社会，网络已成为一切信息系统的基础，是人们日常工作、学习和生活的重要组成部分。

7.1　计算机网络基础知识

7.1.1　计算机网络的定义及发展过程

计算机网络发展简史

计算机网络是通信技术与计算机技术相结合的产物，是以资源共享为主要目的、以通信媒体互连起来的计算机的集合。

计算机与通信的相互结合主要有两个方面：一方面，通信网络为计算机之间的数据传递和交换提供了必要的手段；另一方面，数字计算技术的发展渗透到通信技术中，又提高了通信网络的各种性能。这两个方面的进展都离不开半导体技术上取得的辉煌成就。

概括地说，计算机网络就是由不同通信媒体连接的、物理上互相分开的多台计算机组成的、对数据进行传输和处理的系统。计算机网络使用通信线路和通信设备将分布在不同地点的多台计算机系统连接在一起，各个计算机系统都遵守共同的通信协议，以实现数据通信和资源共享的系统。

1954年，美国军方的半自动地面防空系统将远距离的雷达和测控器所测到的信息通过线路汇集到某个基地的一台IBM计算机上进行处理，再将处理好的数据通过通信线路送回到各自的终端设备。这种把终端设备（如雷达、测控仪器等，它本身没有数据处理能力）、通信线路和计算机连接起来的形式，就可以说是一个简单的计算机网络了。这种以单个主机为中心、面向终端设备的网络结构称为第一代计算机网络。由于终端设备不能为中心计算机提供服务，因此终端设备与中心计算机之间不提供相互的资源共享，网络功能以数据通信为主。

到了20世纪60年代中期，美国出现了将若干台计算机互连起来的系统，如图7-1所示。这些计算机之间不但可以彼此通信，还可以实现与其他计算机之间的资源共享。这就使系统发生了本质的变化——多处理中心。成功的典范就是美国国防部高级研究计划署（Advanced Research Project Agency）在1969年将分散在不同地区的计算机组建成的ARPA网，它是Internet的最早发源地。最初的ARPA网只连接了4台计算机，到1972年则有五十余所大学的研究所参与了与ARPA网的连接；1983年，已有一百多台不同体系结构的计算机连接到ARPA网上。ARPA网在网络的概念、结构、实现和设计方面奠定了计算机网络的基础，它标志着计算机网络的发展进入了第二代。

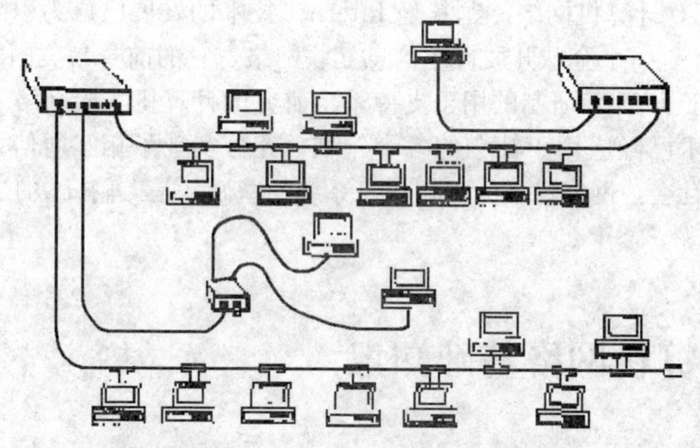

图7-1　一个简单网络系统的示意图

第二代计算机网络是以分组交换网（又称通信子网）为中心的计算机网络。在网络内，各用户之间的连接必须经过交换机（也叫通信控制处理机）。分组交换是一种存储—转发交换方式，它将到达交换机的数据先送到交换机存储器内暂时存储和处理，等到相应的输出电路有空闲时再送出。

第二代计算机网络与第一代计算机网络的区别主要表现在两个方面，其一是网络中的通信双方都是具有自主处理能力的计算机，而不是终端到计算机；其二是计算机网络功能以资源共享为主，而不是以数据通信为主。

由于ARPA网的成功，到了20世纪70年代，不少公司推出了自己的网络体系结构。最著名的就是IBM公司的SNA（System Network Architecture）和DEC公司的DNA（Digital Network Architecture）。此后各种不同的网络体系结构相继出现。信息的交流要求不同体系结构的网络都能互连。同一体系结构的网络设备互连是非常容易的，而不同体系结构的网络设备互连却十分困难。因此，国际标准化组织ISO（International Standard Organization）在1977年设立了一个分委员会，专门研究网络通信的体系结构，经过多年艰苦的工作，该委员会1983年提出了著名的开放系统互连参考模型OSI（Open System Interconnection Basic Reference Model），给网络的发展提供了一个可以遵循的规则。从此，计算机网络走上了标准化的轨道。我们把体系结构标准化的计算机网络称为第三代计算机网络。

在 20 世纪 90 年代，随着互相网的建立，它把分散在各地的网络连接起来，形成一个跨越国界、覆盖全球的网络。Internet 已成为人类最重要、最大的知识宝库。网络互联和高速计算机网络的发展，使计算机网络进入到第四代。

随着信息高速公路计划的提出和实施，Internet 在地域、用户、功能的应用等方面的不断拓展，当今的世界已进入一个以网络为中心的时代。网上传输的信息已不仅仅限于文字、数字等文本信息，更多的是包括声音、图形、视频在内的多媒体信息。网络服务层出不穷并急剧增长，其重要性随着对人类生活的影响而与日俱增。

中国的公用网络

1994 年中国加入了 Internet 大家庭，这样有助于我国与他国进行信息交流、资源共享和科技合作，促进我国经济文化发展。Internet 也为国内企业提供了让世界了解自己产品、增加国际贸易的商机。目前国内的 Internet 使用也初具规模，形成了相当数量的用户群。截至 2000 年 12 月 31 日，我国上网计算机数约 892 万台，上网用户人数约 2250 万人，CN 下注册的域名总数为 122099 个，WWW 站点数（包括 .CN，.COM，.NET，.ORG 下的网站）约 265405 个，我国国际线路的总容量为 2799Mbps。我国有四大计算机骨干网络接入 Internet，现介绍如下：

（1）中国公用计算机因特网 ChinaNET。中国公用计算机因特网 ChinaNET（简称“中国因特网”），是 1995 年中国邮电部投资建设的国家级网络，于 1996 年 6 月在国内正式开通。最初仅有北京、上海两个国际出口，如今 ChinaNET 已经在全国所有省会城市及 230 多个城市建立了骨干网、接入网，骨干网带宽达到 2.5Gbps，国内总带宽将超过 800G，国际出口速率已达到 1.6Gbps，2001 年初将达到 3.3Gbps 以上。

ChinaNET 是面向社会公开开放的、服务于社会公众的大规模的网络基础设施和信息资源的集合，ChinaNET 的一个基本目标是尽量扩大地理覆盖范围，使更多的用户通过本地电话和短距离的专线方便地接入 ChinaNET，其网址是：http://www.bta.net.cn。

（2）中国教育和科研计算机网络 CERNET。中国教育和科研计算机网络是 1994 年由教育部负责管理，由清华大学、北京大学等十所高校承担建设，整个网络分四级管理，分别是全国网络中心、地区网络中心和地区主结点、省教育科研网、校园网。网管中心设在清华大学，负责主干网的规划、实施、管理和运行。地区网络中心分别设在北京、上海、南京、西安、广州、武汉、成都和沈阳等 8 个城市，负责为该地区各高校校园网提供接入服务。

到 2000 年 12 月，CERNET 主干网的传输速率已达到 2.5Gbps。CERNET 已经有 12 条国际和地区性信道，与美国、加拿大、英国、德国、日本和我国香港特区联网，总带宽在 100Mbps 以上。CERNET 地区网的传输速率达到 155Mbps，已经通达国内的 150 个城市，联网的大学、中小学等教育和科研单位超过 800 个，联网主机 100 万台，网络用户达 500 万人。

CERNET 是我国开展现代远程教育的重要平台。目前开通北京—武汉—广州、武汉—南京—上海之间 2.5G 的高速信道，连接 21 个城市的中高速地区网（155Mbps）

正在紧张的建设之中。已有 40 所至 50 所高校以 10Mbps～100Mbps 的高速率接入到 CERNET 主干网。

CERNET 主要面向教育和科研单位，是全国最大的公益性互联网络，其网址是：http：//www. edu. cn。

（3）中国科学技术计算机网 CSTNET。中国科学技术计算机网 CSTNET 是在中关村教育与科研示范网（NCFC）和中国科学院网（CSNet）的基础上，建设和发展起来的覆盖全国范围的大型计算机网络，是我国最早建设并获国家正式承认具有国际出口的中国四大因特网之一。

中国科技网为非盈利、公益性的网络，也是国家知识创新工程的基础设施，主要为科技界、科技管理部门、政府部门和高新技术企业服务。

中国科学技术计算机网向国内外用户提供各种科技信息服务，主要服务除包括网络通信服务、信息资源服务、超级计算服务外，还承担着国家域名服务的功能。目前连接有 1000 多家科研院所、科技部门和高新技术企业，上网用户达 40 万人，其网址是：http://www. cnc. ac. cn。

（4）国家公用经济信息通信网 GBNET。国家公用经济信息通信网也称金桥网，它由电子工业部所属的吉通公司主持建设和维护，为国家宏观经济调控和决策服务。GBNET 实行天地一网，即天上卫星网和地面光纤网互联互通，互为备用，可覆盖全国各省市和自治区。目前有数百家政府部门、企事业单位和 ISP 接入金桥网，上网拨号用户达几十万，有力地促进了我国信息化事业的发展。中国金桥信息网目前有 12 条国际出口信道同国际互联网相连，总带宽为 157Mbps。其网址是：http：//www. gb. com. cn。

ChinaNET 和 GBNET 是商业网络，可以从事商业活动。CSTNET 和 CERNET 是教育科研网络，主要为教育和科研服务，不能进行赢利性服务。中国四大骨干网于 2000 年 3 月 27 日实现 155Mbps 带宽的互联互通。

7.1.2 计算机网络的功能

计算机网络的功能主要包括以下几个方面。

资源共享

这里所说的“资源”指计算机系统的软、硬件资源，资源共享就是使网络中的用户能够分享网络中各个计算机系统的全部或部分资源。在计算机网络中，有许多昂贵的资源，如大型数据库、巨型计算机等，并非为每一用户所拥有，所以必须实行资源共享。资源共享既包括硬件资源的共享，如打印机、大容量磁盘等；也包括软件资源的共享，如程序、数据等。资源共享的结果是避免重复投资和劳动，从而提高了资源的利用率，使系统的整体性能价格比得到改善。

数据通信

数据通信是指文字、数字、图像、语音、视频等信息通过电子邮件、电子数据交换、电子公告牌、远程登录和信息浏览等方式进行的传输、收集与处理。数据通信是计算机网络最基本的功能。现代社会信息量激增，信息交换也日益增多，每年有几万吨信件要传递。利用计算机网络传递信件是一种全新的电子传递方式。电子邮件比现有的通信工具有更多的优点：它既不像电话那样需要通话者同时在场，也不像广播系统那样只是单方向传递信息；它在传输速度上比传统邮件快得多。另外，电子邮件还可以携带声音、图像和视频，实现多媒体通信。如果计算机网络覆盖的地域足够大，则可使各种信息通过电子邮件在全国乃至全球范围内快速传递和处理（如因特网上的电子邮件系统）。除电子邮件以外，计算机网络给科学家和工程师们提供了一个网络环境，在此基础上可以建立一种新型的合作方式——计算机支持协同工作（Computer Supported Co－operative Work，CSCW），它消除了地理上的距离限制。

分布式处理

所谓分布式处理是指网络系统中若干台计算机可以互相协作共同完成一个任务，将分散在各个计算机系统中的资源进行集中控制与管理。或者说，一个程序可以分布在几台计算机上并行处理。这样，就可将一项复杂的任务划分成许多部分，交给多个计算机分别同时进行处理，由网络内各计算机分别完成有关的部分，使整个系统的性能大为增强，以提高工作效率。

增加可靠性，提高系统处理能力

在一个系统内，单个部件或计算机的暂时失效必须通过替换资源的办法来维持系统的继续运行。但在计算机网络中，每种资源（尤其程序和数据）可以存放在多个地点，而用户可以通过多种途径来访问网内的某个资源，从而避免了单点失效对用户产生的影响。

单机的处理能力是有限的，且由于种种原因（如时差），计算机之间的忙闲程度是不均匀的。从理论上讲，在同一网内的多台计算机可通过协同操作和并行处理来提高整个系统的处理能力，并使网内各计算机负载均衡。

由于计算机网络具备上述功能，因此可以得到广泛的应用。在银行利用计算机网络进行业务处理时，可使用户在异地实现通存通兑，还可以利用地理位置的差异增加资金的流通速度。

例如，地处美国的银行晚上停止营业后将资金通过网络转借给新加坡的银行，而此刻新加坡正是白天，新加坡的银行就可在白天利用这些资金，到晚上再归还给美国的银行，从而提高资金的利用率。

使用网络的另一个主要领域是访问远程数据库。也许要不了很长时间，许多人就能坐在家里向世界上任何地方预订飞机票、火车票、汽车票、轮船票，向饭店、餐馆和剧院订座，并且能立刻得到答复。

军事指挥系统中的计算机网络，可以使遍布在辽阔地域范围内的各计算机协同工作，对任何可疑的目标信息进行处理，及时发出警报，从而使最高决策机构采取有效措施。

在计算机网络的支持下，医生在未来可以联合看病：医疗设备技术人员、护士及各科医生同时给一个病人治疗；医务人员和医疗专家系统互为补充，以弥补医生在知识和医术方面的不足；各种电视会议可以使医生在遇到疑难病症时及时得到一个或更多医生的现场指导。伦敦的心脏病专家可以观察在旧金山进行的手术，并对正在进行手术的医生提出必要的建议。

在计算机网络的支持下，科学家们将组成各个领域的研究圈。现在科学家进行学术交流主要是通过国际会议和专业期刊，效率相对较低。预计在不久的将来，信息技术将使世界各地的科学家频繁、方便地参加电视会议，并在专用电子公告牌上发表最新的思想和研究成果。在更远的将来，信息技术将使异地的科学家们能够同时进行相同的课题研究并分担研究工作的各个部分。

目前，IP电话、网上寻呼、网络实时交谈和E－mail已成为人们日常生活中重要的通信手段。视频点播（VOD）、网络游戏、网上教学、网上书店、网上购物、网上订票、网上电视直播、网上医院、网上证券交易、虚拟现实以及电子商务正逐渐走进普通百姓的生活、学习和工作当中。在未来，谁拥有“信息资源”，谁能有效使用“信息资源”，谁就能在各种竞争中占据主导地位。随着美国“信息高速公路”计划的提出和实施，计算机网络作为信息收集、存储、传输、处理和利用的整体系统，将在信息社会中得到更加广泛的应用。随着网络技术的不断发展，各种网络应用将层出不穷，并将逐渐深入到社会的各个领域及人们的日常生活当中，改变着人们的工作、学习和生活乃至思维方式。

7.1.3 计算机网络的分类

人们按照地理范围的不同，通常将计算机网络分为三类：局域网、城域网和广域网。

局域网

局域网（LAN，Local Area Network）在地理上有一个有限范围，例如，一个校园、一个企业等，目前局域网发展非常迅速。根据所采用的技术、应用的范围和协议标准的不同，局域网又可以分为局域地区网、高速局域网等。

微型机的普及使局域网得到了迅速的发展。在社会生活中，如事务处理、办公自动化、工厂自动化等使局域网得到了广泛的应用。

（1）*局域网的特点*。确切地说，局域网只是与广域网相对应的一个词，并没有严格的定义，凡是小范围内的有限数量的通信设备互联在一起的通信网都可以称为局域网。这里的通信设备可以包括微型计算机、终端、外部设备、电话机、传真机等。按照这种说法，专用小型交换机PBX（Private Branch eXchange）也是一种局域网。而我们通常所说的都是计算机局部网络，简称为局域网。局域网的种类很多，但不管是哪一种局域网都具有以下特点：

①有限的地理范围（一般在10米到10千米之内）。

②通常多个站共享一个传输介质（同轴电缆、双绞线、光纤等）。

③具有较高的数据传播速率，通常为 1Mbps～20Mbps，高速局域网可达 100Mbps。

④具有较低的时延。

⑤具有较低的误码串（一般在千万分之一到百亿分之一间）。

⑥有限的工作站数。

计算机网络系统由硬件、软件和规程三部分组成。硬件包括主体设备、连接设备和传输介质三大部分。软件包括网络操作系统和应用软件。规程涉及网络中的各种协议。

城域网

城域网（MAN，Metropolitan Area Network）是地理范围介于局域网和广域网之间的一种高速网络，如图 7-2 所示。

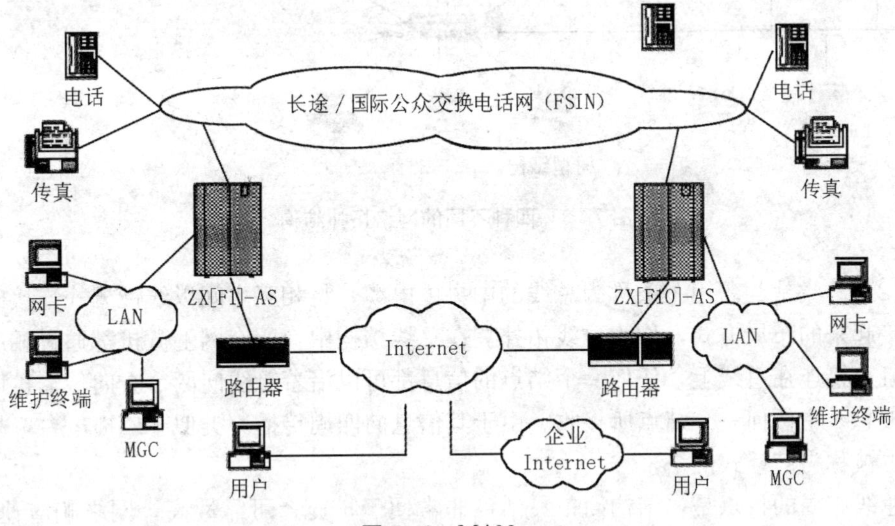

图 7-2　MAN

广域网

广域网（WAN，Wide Area Network）所覆盖的地理范围可以达到几千公里，例如，洲、国家、地区，形成一个国际性的远程网络。

此外，还可以按以下几种方法对计算机网络进行分类：

按照拓扑结构的不同，计算机网络可以分为：树型网络、星型网络、总线型网络和环型网络。这四种网络的结构如图 7-3 所示。

（1）星型结构。星型布局是以中央结点为中心与各结点连接而组成的，各结点与中央结点通过点与点方式连接，中央结点执行集中式通信控制策略，各节点间不能直接通信，需要通过该中心处理机转发，因此中央结点相当复杂，负担也重。必须有较强的功能和较高的可靠性。

星型结构的优点是结构简单、建网容易、控制相对简单。其缺点是属集中控制，主机负载过重，可靠性低，通信线路利用率低。

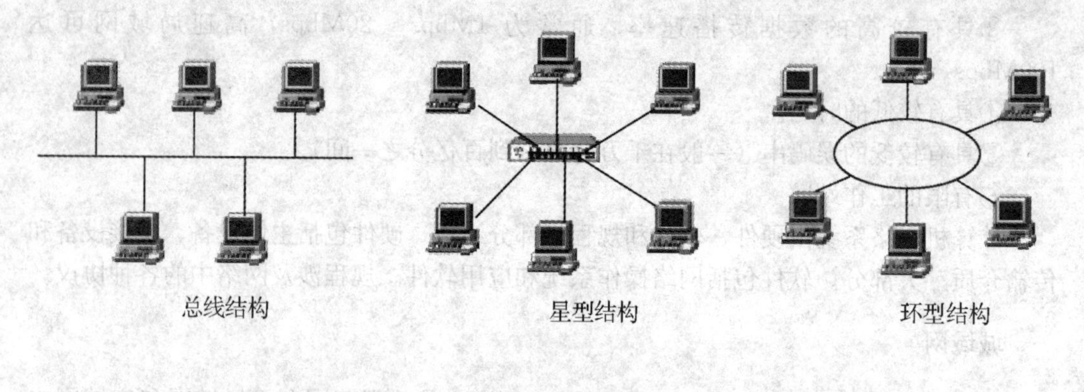

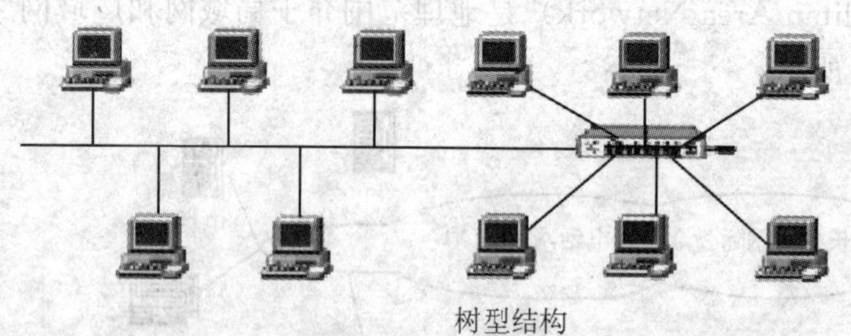

图 7—3　四种不同的网络拓扑结构

（2）总线结构。用一条称为总线的中央主电缆，将相互之间以线性方式连接的工作站连接起来的布局方式，称为总线拓扑。在总线结构中，所有网上微机都通过相应的硬件接口直接连在总线上，任何一个结点的信息都可以沿着总线向两个方向传输扩散，并且能被总线中任何一个结点所接收。由于其信息向四周传播，类似于广播电台，故总线网络也被称为广播式网络。

总线布局的特点是：结构简单灵活，非常便于扩充；可靠性高，网络响应速度快；设备量少、价格低、安装使用方便；共享资源能力强，总线形网络结构是目前使用最广泛的结构，作为传统的主流网络结构，适合于信息管理系统、办公自动化系统领域的应用。目前在局域网中多采用此种结构。

在总线两端连接的器件称为端结器（末端阻抗匹配器、或终止器）。主要与总线进行阻抗匹配，最大限度吸收传送端部的能量，避免信号反射回总线从而产生不必要的干扰。总线有一定的负载能力，因此，总线长度有一定限制，一条总线只能连接一定数量的结点。

（3）环型结构。环型结构将各个联网的计算机由通信线路连接形成一个首尾相连的闭合的环。在环型结构的网络中，信息按固定方向流动，或顺时针方向，或逆时针方向。其传输控制机制较为简单，实时性强，但可靠性较差，网络扩充复杂。环形网也是微机局域网常用拓扑结构之一，适合信息处理系统和工厂自动化系统。

（4）树型结构。树型结构实际上是星型结构的一种变形，它将原来用单独链路直接连接的节点通过多级处理主机进行分级连接。这种结构与星型结构相比降低了通信线路的成本，但增加了网络复杂性。网络中除最低层节点及其连线外，任何一个节点连线的故障均影响其所在支路网络的正常工作。

・按传输媒体的不同分：A. 有线网：如同轴电缆、双绞线、光纤；B. 无线网：卫星、微波等。

・按交换技术的不同分：A. 线路交换网；B. 分组交换网。

・按带宽速率：计算机网络可以分为低速网、中速网和高速网。

・其他分类：A. 公共数据网；B. 专用网；C. 音频线路网；D. 高速线路网等。

各种网络采用的通信协议往往不同，例如以太网使用 CSMA 协议；令牌环网采用令牌传递协议；Internet 网采用的是 TCP/IP 协议等。

7.2　数据通信

计算机网络是计算机技术与通信技术相结合的产物。计算机通信就是将一台计算机中的数据和信息通过信道传送给网络中的其他的计算机。如何将不同计算机中的信息进行高质量的传输，是数据通信技术要解决的问题。

7.2.1　数据通信的基本概念

信号

信号就是数据的具体表现形式。在通信技术中所使用的信号一般是电信号，是随时间变化的电压或电流。在数据通信系统中，各种电路、设备是实现传输的处理设置，而传输的主体是信号。信号的特性表现为它的时间性和频率性。

信道

信道就是通信系统中用来传递信息的通道，即传输信息所经过的路径，由相应的发送信息和接收信息的设备及传输介质组成。

带宽

在数据通信的过程中，信道两端的发送设备所能够达到的信号的最大发送速率称为带度，单位是 Hz。例如，某信道的带宽是 8000Hz，表示该信道最多可以以每秒 8000 次的速率发送信号。

信道容量

信道容量是指单位时间内信道上所能传输的最大字节数。通常情况下，增加信道的带宽可以增加信道容量。

传输速率

传输速率就是单位时间内传送的信息量（比特/秒）。数据传输率的提高意味着每一位所占用的时间的减小，即二进制数字脉冲序列的周期时间会减小，当然脉冲宽度也会减小。

传输延迟

数据通信的传输延迟就是发送和接收信号的时间、电信号的响应时间与传输介质的中转时间之和，如图 7-4 所示。

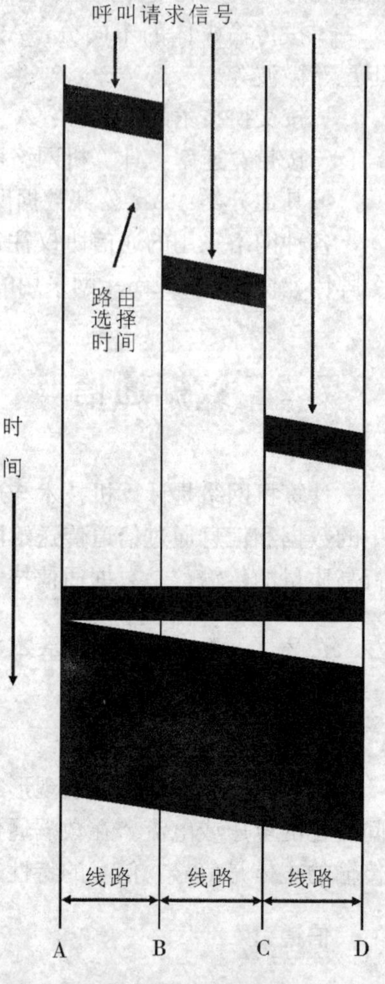

图 7-4 电路交换的传输延迟

7.2.2 数据传输技术

调制和解调

调制就是用数据的原始电信号控制载波的若干个参数（如幅度、频率、相位等），使这些参数按原始信号的规律发生变化。通过调制，可以使数字信号转化为模拟信号在载波上传输。而解调就是信号接收端将收到的模拟信号复原成数字信号的过程。

实现调制和解调过程的设置称为调制解调器(Modem)。

基带传输技术

没有经过调制的电信号表现为方波的形式，它所占据的频带通常从直流和低频开始，所以称为基带信号。在近距离的范围内，信号的功率不会衰减太多，信号的容量也不会发生多大变化。所以在近距离传输时，计算机网络系统大多采用基带传输方式。

频带传输技术

如果要将数字信号传输到较远的地方，就要使用频带传输技术，否则信号功能的衰减会使信号变弱，导致对方接收不到信息。在频带传输中，如果调制后的模拟信号超出音频范围，则称为宽带传输或载波传输。宽带传输是网络通信中广泛采用的频带传输方式。

信道复用技术

在计算机网络通信中，信道的连接方式主要有两种：点对点连接和共享信道（即信道复用）。点对点连接就是通信的双方处于信道的两端，其他设备不与它们发生信道共享与交互。共享信道就是多台计算机连接到同一个信道上的不同支点上，网络中的任何用户都可以通过此信道发送信息。

信道复用包括三种复用方式：频分多路复用、时分多路复用和码分多路复用。

7.2.3　传输介质

传输介质就是通信网络中发送端和接收端之间的物理通道。通过接口，双方可以通过传输介质传输模拟信号或数字信号。目前常用的传输介质有：双绞线、同轴电缆、光纤和无线传输介质。

有线介质

有线介质包括双绞线电缆、同轴电缆和光缆等，目前常用双绞线电缆和光缆。

(1) 双绞线电缆。双绞线是综合布线工程中最常用的一种传输介质。双绞线一般由两根22号～26号绝缘铜导线相互缠绕而成。如果把一对或多对双绞线放在一个绝缘套管中便成了双绞线电缆。每根导线加绝缘层并用颜色来标记。如图7－5所示。成对线的扭绞目的是使电磁辐射和外部电磁干扰减到最小。组建局域网所用的双绞线是由4对线（即8根线）组成的，一般来说，双绞线电缆中的8根线是成对使用的，双绞线按其电气特性分级或分类。

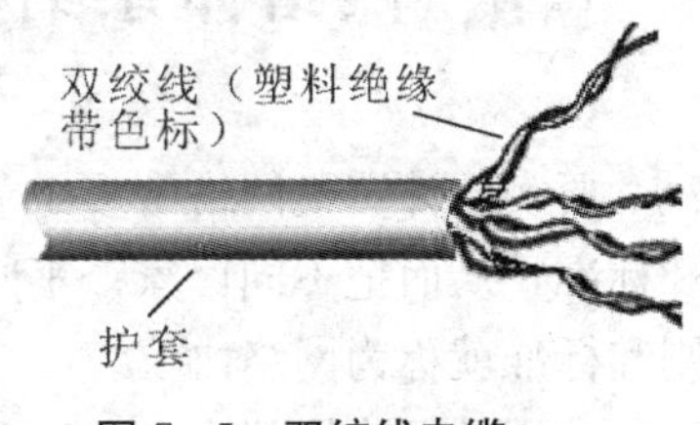

图7－5　双绞线电缆

双绞线主要是用来传输模拟声音信息，但同样适用于数字信号的传输，特别适用于较短距离的信息传输。

(2) 光缆。光缆是由许多细如发丝的塑胶或玻璃纤维外加绝缘护套组成。光束在玻璃纤维内传输，根据光在光纤中的传播方式，光纤有两种类型：多模光纤和单模光纤。在多模光纤中，芯的直径是15mm～50mm，大致与人的头发的粗细相当。而单模光纤芯的直径为8mm～10mm。光缆防磁防电，传输稳定，质量高，适于高速网络和骨干网。利用光缆连接网络，每端必须连接光/电转换器，另外还需要一些其他辅助设备，如图7－6所示。

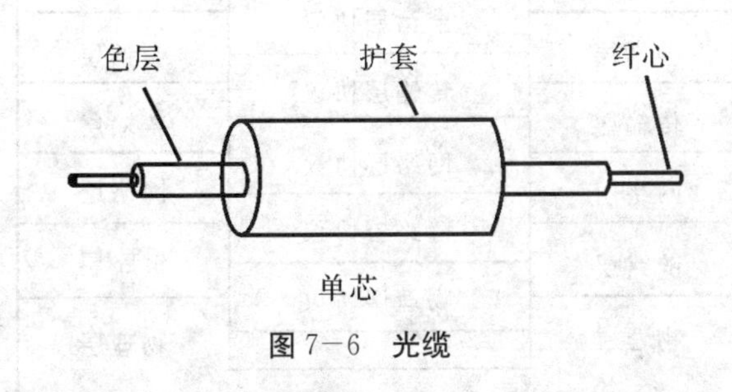

图7－6　光缆

由于光纤的数据传输率高（目前已达到1Gb/s），传输距离远（无中继传输距离达几十至上百公里）的特点，所以在计算机网络布线中得到了广泛的应用。目前光缆主要是用于交换机之间、集线器之间的连接，但随着千兆位局域网络应用的不断普及和光纤产品及其设备价格的不断下降，光纤连接到桌面也将成为网络发展的一个趋势。

（3）同轴电缆。同轴电缆由内外两个导体组成，内导体是芯线，外导体是一系列由内导体为轴的金属丝组成的圆柱纺织面，内外导体之间填充着支持物以保持同轴。同轴电缆一般安装在两个设备之间，在每个用户上安装了一个连接器，为用户提供接口。

无线传输介质

无线传输介质不需要电缆或光纤，而是通过大气传输，如微波、红外线、激光等。无线传输广泛地用于电话领域，现在已开始出现局域网无线传输介质，能在一定的范围内实现快速、高性能的计算机联网。

7.3 网络体系结构

要实现计算机网络中多个节点之间的数据控制与通信，必须遵守事先约定好的规则和标准，从而把不同厂家、不同操作系统计算机和其他相关设备连接在一起。这样的规则和标准就称为网络协议。

常用的网络协议有 TCP/IP（用它可以连接到 Internet 及广域网）、NetBEUI（可以连接到 Windows NT，Windows for workgroups 或局域网的服务器上）、IPX/SPX（兼容通讯协议，使用它可以在NetWare，Windows NT 服务器及 Windows 9x 计算机之间实现通讯）。

国际标准化组织（ISO）于 1984 年 10 月公布了开放系统互联参考模型（OSI），作为指导信息处理、网络互联和协作的国际标准。它将整个网络通信功能划分为 7 个层次，如图 7－7 所示。

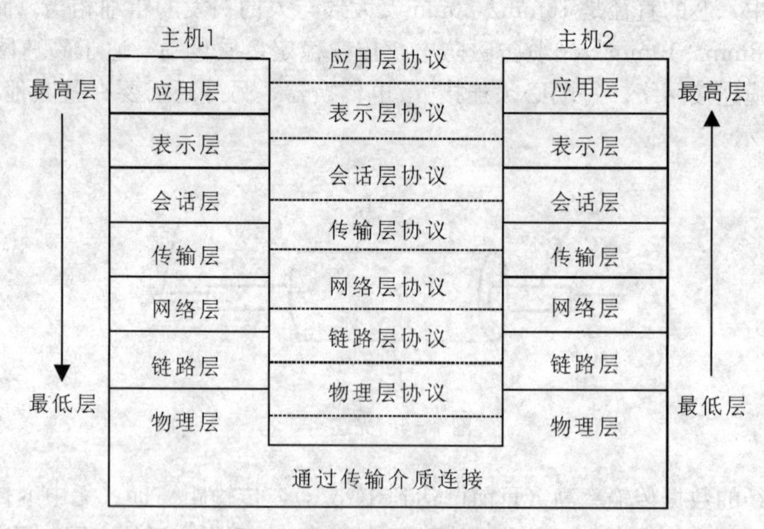

图 7－7　OSI 七层网络模型

各层（由低到高）的功能如下：

· 物理层：位于网络模型的最低层，它通过传输介质将各站点连接起来，组成物理通路，以便数据流通过。

· 数据链路层：作用是进行差错检测和流量控制，实现二进制数据流的传输。

· 网络层：负责路由选择和拥塞控制，并使不同种网络实现互联。

· 传输层：提供一个通道，实现点到点的可靠数据传输。

· 会话层：为不同计算机上的用户建立会话关系，并管理数据的交换。

· 表示层：实现不同数据格式的编码之间的转换，以及数据的压缩、加密、解密等。

· 应用层：为端点用户提供服务，如文件传送、网络管理、远程登录等。

7.4　网络互联设备

网络互联，就是利用网络设备将不同的网络连接起来，以实现不同网络中计算机的互相通信和资源共享。实现网络互联，首先要解决的问题是如何将用户连接到网络上，因此，接入技术已成为目前网络技术的一大热点。

网络服务器

网络服务器就是提供并管理共享设备的工作站或专用设备。根据它所提供的共享性能，网络服务器又可分为磁盘服务器、文件服务器、打印服务器、数据库服务器等。

工作站

工作站通常是一台带有磁盘驱动器的 PC 机、兼容机或终端，是网络用户的工作场所。有时工作站也可以不含有磁盘驱动器，称为“无盘工作站”。

网络卡

网络卡又称网卡或网络适配器，插在计算机的扩展槽上。用来实现与主机总线的通信连接，解释并执行主机的控制命令，实现物理层的功能（如对发送信号的传输驱动、对传进来信号的侦听与接收等）和数据链路层的功能（如形成数据帧、差错校验、发送接收等）。

传输介质

关于传输介质，在前面的 7.2.3 小节已作了介绍，此处不再详述。

调制解调器

它的英文名称是 Modem，必须成对使用，用来实现数字信号与模拟信号的转换。在信号发送端，将数字信号调制为模拟信号；在接收端，将模拟信号解调成数字信号。

中继器

中继器是物理层的连接设备，用来连接具有相同物理层协议的局域网。它的主要作用是：在信号传输了一定距离后，对信号进行整形和放大。但是它不能对信号作校验处理，即不能消除信号中的错误信息和杂音。

集线器

集线器（Hub）实际上就是一个多口的中继器，通常使用的集线器的前端有 8 个或 16 个插口，还有一个 BNC 插口可以通过 T 型头连接到同轴电缆上。集线器可以从任意一个端口上接收信号，经过整形放大，发送到与它连接的其他端口上。使用集线器可以很方便地对网络进行管理和维护。

网桥

网桥用来实现不同类型网络之间的连接，它在数据链路层对信号进行存储和转发，与高层协议无关。

网关

网关也称为网间协议变换器，它工作在网络层上，实现不同网络之间的连接。

路由器

路由器是工作在网络层上的设备，能将不同协议的网络进行连接，集网关、网桥、交换技术于一体，并能跨越 WAN 连接 LAN。它是一种面向协议的设备，能识别网络层地址，能很好地控制拥塞、隔离子网、强化管理。

7.5 Internet 的连接与浏览

Internet 即国际计算机因特网，在中国称为“因特网”，是由符合 TCP/IP 等网络协议的网络组成的因特网。它是目前全世界最大的网络，包含着丰富多彩的信息并能提供方便快捷的服务，缩短了人们之间的距离。通过 Internet，您可以与接入 Internet 的任何一台计算机的主人进行交流，如发邮件、聊天、通话等。

7.5.1 Internet 概述

Internet 最初起源于 20 世纪 60 年代的美国国防部的 ARPANet，其目的是用于军事。20 世纪 70 年代末，开始有计算机网络运行，它允许计算机之间进行交流，通过网际互联协议方式在网络之间把作为数据报的信息发送给指定的地址。

到了 20 世纪 90 年代，Internet 网络已连接了世界上 4 万多个网络，而中国作为第 71 个国家级网络加入 Internet。

Internet 与大多数现有的商业计算机网络不同，不是为某些专用的服务而设计的。Internet 能够适应计算机、网络和服务的各种变化，提供多种信息服务，因此成为一种全球信息基础设施。它主要的功能是提供全球信息资源以共享，进行广泛的信息传递和交流，提供给人们一种崭新的网络生活方式。

Internet 采用的是网络互联的方法，它把通信从网络技术的细节中分离出来，对用户隐蔽了低层连接细节。对于用户来说，Internet 是一个单独的虚拟网络，所有的计算机都与它相连，不必考虑它是由多个网络构成的网络，也不必考虑网络间的物理连接。

Internet 的特点

Internet 具有以下的特点：

（1）采用 TCP/IP 协议。TCP/IP 协议是网络互联的基础，没有 TCP/IP 协议的支持，整个网络就不能统一运作。形象地说，TCP/IP 协议就像是电话网的指令系统。TCP/IP 的地位相当重要，凡是遵守 TCP/IP 标准的计算机网络都可以按一定规则连入 Internet。

①TCP/IP（Transmission Control Protocol，Internet Protocol），即传输控制协议/网际协议。

②TCP/IP 的寻址方法：为每台主机分配一个唯一的 32 位的网际地址，称之为 IP 地址。

为了便于管理，将这 32 位地址分成两部分：网络号和主机号。网络号用于标识特定的网络，主机号指明该特定网络中的主机。根据整个网际间网络数量的规模，IP 地址主要分为：A 类、B 类和 C 类三种（见图 7－8 和表 7－1）。

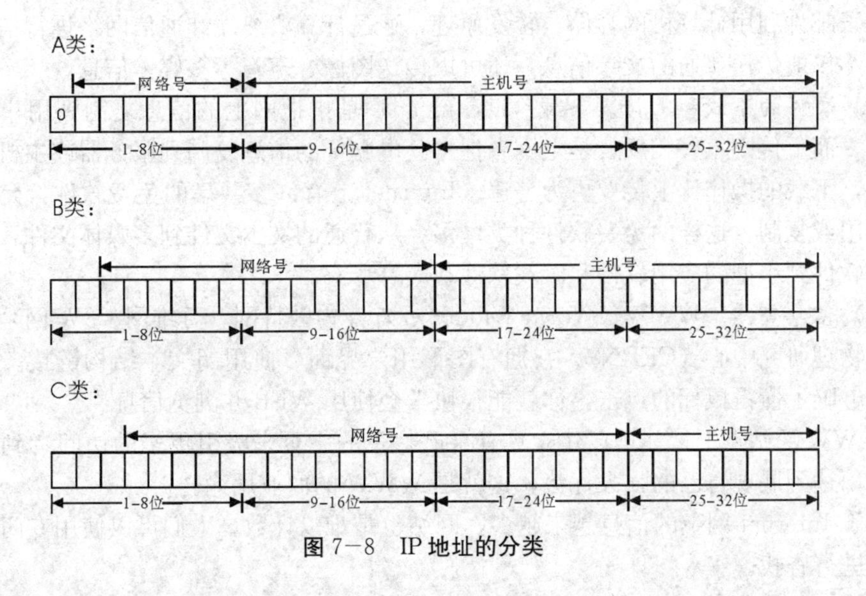

图 7－8　IP 地址的分类

表 7－1　IP 地址分类说明表

分类	首字节数字	应用说明
A	1－126	大型网络
B	128－191	中等规模网络
C	192－223	校园型网络

（2）具有透明性。Internet 上的计算机网络是千差万别的，各国的公用通信网也不尽相同，因此用户并不知道它是怎么和另一台计算机联系上的。用户不需要了解整个网络的结构及其工作的过程，它的这种透明性特征让用户在使用时感到十分方便。

（3）是一个真正的用户网络。Internet 中各个计算机网络和计算机终端是由用户来管理的，目前 Internet 中没有对网上的通信进行统一管理的机构。Internet 网上的功能、服务都是由用户开发、经营和管理的。

（4）采取客户机/服务器的工作模式。在计算机网络中，服务器起到了核心的作用。其主要任务是将资源提供给网上用户进行文件的操作、运行应用软件、负责网络间的通信等服务。

正是由于 Internet 具有上述的优点，才使得 Internet 如此受到人们的欢迎，并且能够一直稳步地蓬勃发展。

Internet 的主要功能

（1）电子邮件。电子邮件（E－mail）是通过 Internet 在用户之间收发电子文件格式的邮件，是 Internet 上使用最多的信息服务。

电子邮件利用计算机的存储、转发原理，通过计算机终端和通信网络进行信息的传送。它不仅能传送普通的文字信息，还可以传送图像、声音等多媒体信息。

（2）文件的下载和上传。下载（Download）是指把网上的信息复制到用户使用的电脑中，而上传则正好相反，是上网者把自己电脑中的信息复制到服务器或主机中。相对来说，下载的操作比上传要更为普遍。Internet 上有许多共享的免费软件，允许用户无偿使用或复制。这样的免费软件种类繁多，从普通的文本文件到多媒体文件，从大型的工具软件到小型的应用软件和游戏软件，应有尽有。

（3）信息查询。WWW（World Wide Web，译为因特网、万维网、3W 网）源于欧洲粒子物理研究中心（CERN），它拥有图形用户界面，使用超文本结构链接。你只需在个人电脑上懂得鼠标的点击，你就能很快学会使用 WEB 并浏览信息。

在 WWW 站点上，你可以建立具有自己特色的主页来吸引更多的访问者到你的网站上来，达到展现自己的强大优势，这就是 WWW 的商业用途。

由于 Internet 网上的信息越来越多，网站也是难以计数，人们可以使用专门的搜索引擎来进行查找。

（4）远程登录 Telnet。远程登录使用户的个人电脑成为远程主机的一个终端，从而可以应用主机的强大功能来进行复杂的数据处理。

（5）网络电话（Web Phone）。在个人电脑上用市话费用拨打国际长途。如果再加一台摄像机，还可以看到对方的活动。

(6) 文件传输。FTP 服务器中存储着大量共享文件和免费软件利用 FTP，可以将一台主机上的文件传输到另一台主机上。

(7) 网上聊天。网上聊天是当前网络上的一大热点。它缩短了人们交流的距离，使信息沟通更加方便。

(8) BBS 电子公告栏。BBS 是网上人们直接交流的场所，它就像一个公共广告宣传栏，用户可以在 BBS 服务器上阅读其他人的文章。在这里，您还可以随意地与他人交流自己的看法，或者对别人的观点提出评论。

(9) 网上游戏。在 Internet 上，由于联网游戏给人一种参与感和神秘感，因而越来越受到人们的欢迎，特别是青少年朋友们对它情有独钟。

(10) 个人主页空间。在浏览了五彩缤纷的网站之后，您一定希望拥有自己的个人主页。现在很多服务器上都提供了免费的个人主页空间，制作网页的软件越来越多，功能也日渐强大。相信个人主页的制作将是一种时尚。

(11) 电子商务。Internet 上的电子商务在全球已经成为一种新兴的技术和引人注目的焦点，它与传统商业模式相比是新型的商业模式，不论是在经营思路方面还是在商品营销方面，都与传统的商业模式有着巨大的差别，它的出现意味着一个全新的全球性网络经济的诞生。

Internet 的工作机理

(1) 因特网的构架。在互联网络中，一些超级计算中心通过高速的主干网相连，而一些较小规模的网络则通过众多的支干与这些超级计算中心连接。这些超级计算中心、众多的 ISP（网络服务商）和网站主机是 Internet 信息资源的主要存放地。这些高性能计算机称为服务器，而使用这些信息资源的用户计算机称为客户机。

普通用户通过一台接在电话线上的调制解调器（或其他专线）与 ISP 相连，借助 ISP 接入因特网。ISP 是普通用户进入因特网的接入口。

网络上的用户是平等的，无地域、职位的限制，也没有电脑型号的差别。

因特网各主机之间的物理连接是利用常规电话线、高速数据线、卫星、微波或光纤等各种通讯手段。

(2) 因特网的工作原理。因特网连接了世界上不同国家与地区无数不同硬件、不同操作系统与不同软件的计算机，而且数据在传输过程中很容易丢失或传错。为了保证这些计算机之间能够畅通无阻地交换信息，因特网采用统一的通信协议—TCP/IP 协议，它能保证数据迅速可靠传输。

(3) 因特网中的地址表示。①IP 地址。因特网上连接了无数的网站，用户如何找到一个特定的网站呢？人们根据 IP 协议给每一个网站分配一个编码，这个编码称为 IP 地址（Internet Protocol Address）。它可用四组由圆点分割的数字表示，其中每一组数字都在 0~255 之间。

如“10.104.4.2”就是一个宁波公用信息网的 IP 地址。

用户的 IP 地址：

一般个人用户使用的是动态 IP 地址，集团用户使用静态 IP 地址。静态 IP 地址是指用户登录时每次使用相同的 IP 地址。动态 IP 地址是指用户每次登录时由服务器自动分配一个 IP 地址。

②域名地址 DN（Domain Name）。IP 地址难于记忆，也可以用另一种直观的文字名称来表示主机（服务器），这个名称叫域名。域名可以通过域名管理系统 DNS（Domain Name System）翻译成对应的数字型 IP 地址。

一个 IP 地址可以对应一个域名，也可以对应多个域名，是一对多的关系。域名采用分层结构，最多由 25 个子域名组成，它们之间用圆点隔开。除了主机名称、网站名称以外，域名的结尾一般为代表国家、地区或网站性质的"顶级域名"。

两个字母的顶级域名为国家或地区代码，如：cn（中国）、jp（日本）。三个字母的顶级域名为网站性质代码，如 com（商业组织）、edu（教育机构）、gov（政府机构）、net（网络机构）。

如"www. cnool. net"就是东方热线（宁波公用信息网）的 WEB 服务器域名（其中 cnool 是网站名，www 是主机名）。

一个单位、机构或个人若想在因特网上有一个确定的名称或位置，需要进行域名登记。域名登记工作是由经过授权的注册中心进行的。在我国，国家二级域名的注册工作由中国互联网络信息中心（CNNIC）负责进行。

③统一资源定位符 URL（又称为网址）。URL 把主机域名和主机内部的文件目录系统结合起来，作为浏览器浏览主页的统一地址表示方法。URL 从左到右依次为：协议、主机域名或 IP 地址、目录名、文件名。

例如：

http：//www. nbnet. com. cn/nbtschool/exam. html

ftp：//10. 104. 7. 8

④E-mail（电子信箱）地址：用户名@邮件服务器（网站）域名。

例如："train0@163. net"表示在"163. net"网站中的名称为"train0"的电子信箱（@相当于英语的"at"）。

7.5.2 接入方式

目前国内常见的有以下 8 种接入方式可选择。

（1）*拨号连接终端方式*。拨号连接终端方式是最容易实施的方法，费用低廉。只要一条可以连接 ISP 的电话线和一个账号就可以。但缺点是传输速度低，线路可靠性差。适合对可靠性要求不高的办公室以及小型企业。

（2）ISDN。ISDN 是综合业务数字网的简称（Integrated Services Digital Network），中国电信将其俗称为"一线通"。综合业务数字网是将电话、传真、数据、图像等多种业务综合在一个统一的数字网络中进行传输和处理。目前它已在国内迅速普及，价格大幅度下降。两个信道 128Kbit/s 的速率，快速的连接以及比较可靠的线路，可以满足大多数用户浏览网页以及收发电子邮件的需求。这种方法的性能价格比很高，在国内大多数的城市都有 ISDN 接入服务。

（3）ADSL。ADSL（Asymmetric Digital Subscriber Line）是DSL的一种非对称版本，即非对称数字用户环路，它利用数字编码技术从现有铜质电话线上获取最大数据传输容量，其下行速率的最高理论值为8Mbps，上行速率的理论值最高可达到1.5Mbps，同时又不干扰在同一条线上进行的常规话音服务。它可以在普通的电话铜缆上提供1.5Mbit/s~8Mbit/s的下行和10Kbit/s～64Kbit/s的上行传输，可进行视频会议和影视节目传输，非常适合中、小企业。但其有一个致命的弱点：用户距离电信的交换机房的线路距离不能超过4km~6km，这限制了它的应用范围。

（4）DDN专线。DDN是利用数字信道传输数据信号的数据传输网。它的主要作用是向用户提供永久性和半永久性连接的数字数据传输信道，既可用于计算机之间的通信，也可用于传送数字化传真、数字话音、数字图像信号或其他数字化信号。这种方式适合对带宽要求比较高的应用，如企业网站。它的特点也是速率比较高，范围从64Kbit/s~2Mbit/s。但是，由于整个链路被企业独占，所以费用很高，因此中小企业较少选择。这种线路优点很多：有固定的IP地址，可靠的线路运行，永久的连接等。但是性能价格比太低，除非用户资金充足，否则不推荐使用这种方法。

（5）卫星接入。卫星直播网络是美国休斯公司1996年推出的新一代高速宽带多媒体接入技术。它充分利用因特网不对称传输特点，上行信号通过任何一个拨号或专线TCP/IP网络上传，下行信号通过卫星宽带广播下传，使因特网用户只需加装一套0.75m~0.9m小型卫星天线即可享用200Kps~400Kps高速宽带交互浏览以3Mps高速单向广播式数据文件下载快递，流式视频、音频节目。目前，国内一些Internet服务提供商开展了卫星接入Internet的业务。适合偏远地方又需要较高带宽的用户。卫星用户一般需要安装一个甚小口径终端（VSAT），包括天线和其他接收设备，下行数据的传输速率一般为1Mbit/s左右，上行通过公用电话网PSTN或者ISDN接入ISP。终端设备价格和通信费用都比较低。

（6）光纤接入。光纤用户网是指局端与用户之间完全以光纤作为传输媒体的接入网。光纤用户网具有带宽大、传输速度快、传输距离远、抗干扰能力强等特点，适于多种综合数据业务的传输，是未来宽带网络的发展方向。它采用的主要技术是光波传输技术，目前常用的光纤传输的复用技术有时分复用（TDM）、波分复用（WDM）、频分复用（FDM）、码分复用（CDM）等。在一些城市开始兴建高速城域网，主干网速率可达几十Gbit/s，并且推广宽带接入。光纤可以铺设到用户的路边或者大楼，可以以100Mbit/s以上的速率接入。光纤接入适合大型企业用户。

（7）无线接入。无线接入技术就是利用无线技术作为传输媒介向用户提供宽带接入服务。由于铺设光纤的费用很高，对于需要宽带接入的用户，一些城市提供了无线接入。用户可通过高频天线和ISP连接，距离在10km左右，带宽为2Mbit/s~11Mbit/s，费用低廉，但是受地形和距离的限制，适合城市里距离ISP不远的用户。无线接入的性能价格比很高。

（8）Cable Modem接入。Cable Modem是一种适用于HFC的调制技术，具有专线上网的连接特点，允许用户通过有线电视网进行高速数据接入的设备。目前，我国有线电视网遍布全国，很多城市提供Cable Modem接入Internet方式，速率可以达到

10Mbit/s 以上，但是 Cable Modem 的工作方式是共享带宽的，所以有可能在某个时间段出现速率下降的情况。

7.5.3 接入方法

上节介绍的 8 种国内可以使用的接入方式，各有优点和缺点，有自己的适用范围。本节详细介绍拨号连接终端方式、ISDN 接入方式以及现在较为常见的局域网连接等接入 Internet 的方法。

(1) 拨号连接终端方式。利用已有的电话网，通过电话拨号将用户的计算机连接到已接入 Internet 的一台主机上，成为该主机的一台仿真终端，经由主机系统访问 Internet。

用户首先选择 ISP，将需要的硬件设备连接，配置软件后即可进行拨号上网。

①选择 ISP。ISP（Internet 服务提供商）会提供拨号上网的电话号码、登录用户名（拨号连接账号）及登录口令、电子邮件地址及口令、发送邮件服务器、接收邮件服务器等参数。

②连接硬件设备。一台微型计算机，一条电话线，一台调制解调器（MODEM），一根 RS232 电缆，按如图 7－9 所示的方式连接，即可拨号上网。

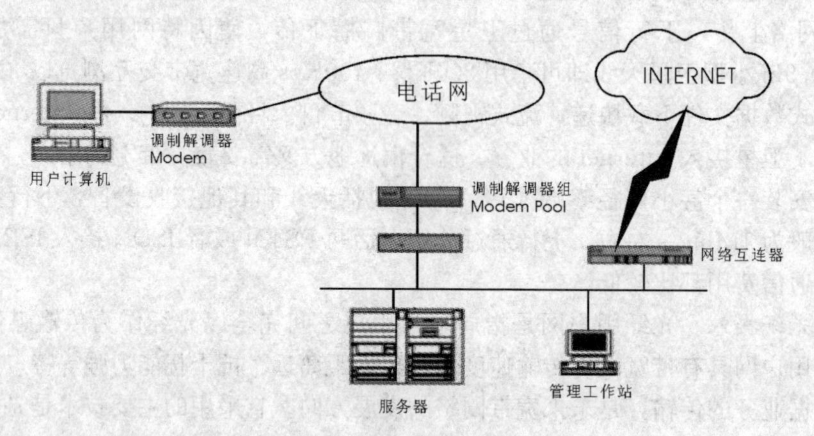

图 7－9 拨号上网硬件设备连接示意图

③ 配置软件。Windows XP 下的超级终端软件配置拨号上网的步骤如下：

选择 Windows XP 的系统菜单“开始”→“程序”→“附件”→“通信”→“拨号网络”，在弹出的“拨号网络”窗口（见图 7－10）中，双击“建立新连接”图标。弹出“建立新连接”对话框，填入建立连接的名称和调制解调器的类型，单击“设置”按钮后，弹出如图 7－11 所示连接属性对话框，用户可根据情况设置连接的端口、波特率、数据位、校验、停止位和流量控制等参数。单击“下一步”后，在新出现的如图 7－12所示对话框中添入国家或地区的代码和接入计算机的电话号码。单击“下一步”后，再单击“完成”后，新的连接就建立好了。在“拨号网络”中产生了一个新的连接图标，以后只要双击该图标就可打开此连接进行拨号上网。

(2) ISDN 接入。①ISDN 基本概念和特点。ISDN 是综合业务数字网的简称

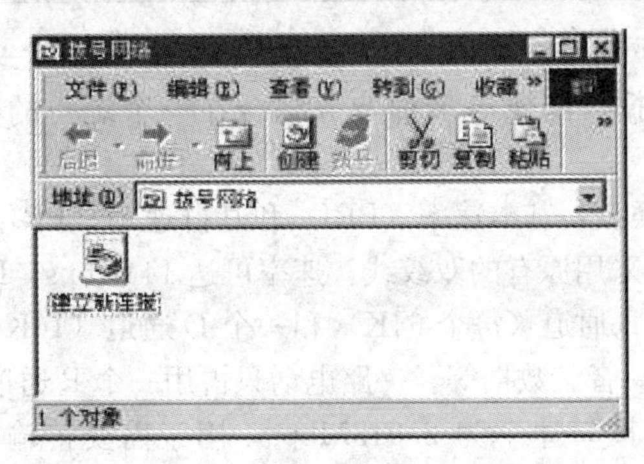

图 7－10　“拨号网络”窗口

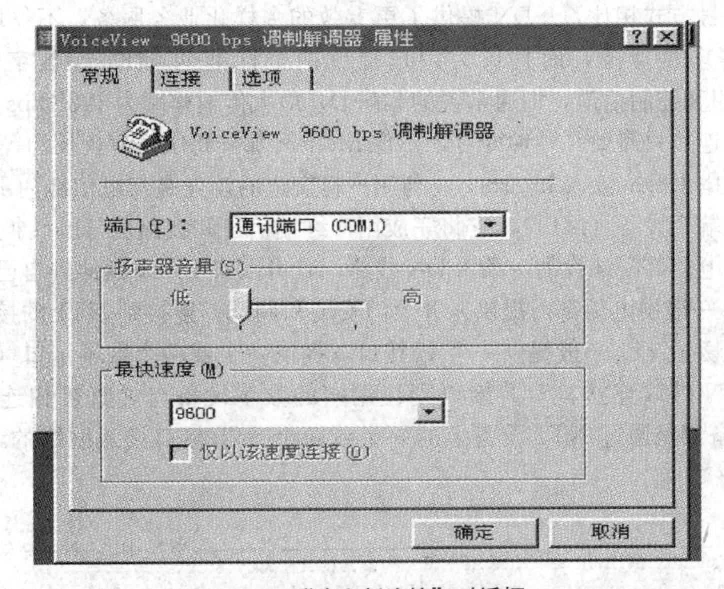

图 7－11　“建立新连接”对话框

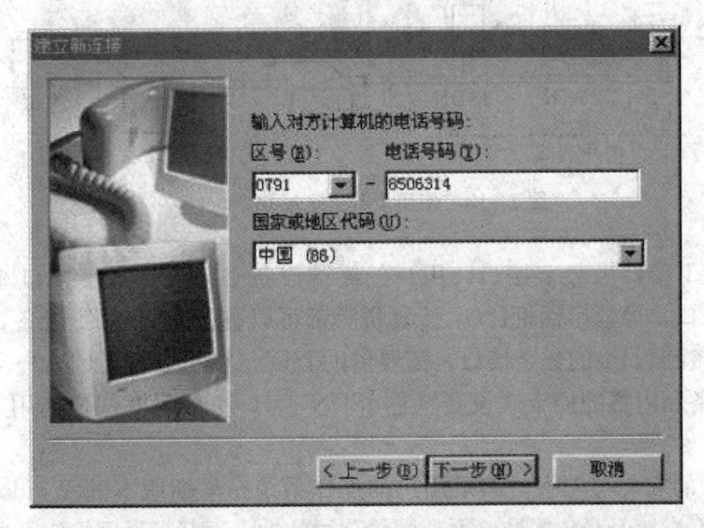

图 7－12　国家或地区的代码和接入计算机的电话号码设置对话框

(Integrated Services Digital Network)，中国电信将其俗称为“一线通”。综合业务数字网是将电话、传真、数据、图像等多种业务综合在一个统一的数字网络中进行传输和处理。

ISDN 主要有两种类型：基本速率（BRI）和基群速率（PRI）。电信局向普通用户提供的均为 BRI 接口，采用原有的双绞线，速率可达 144Kbps。BRI 类型的 ISDN 可在一对双绞线上提供两个 B 通道（每个 64K）和一个 D 通道（16K），D 通道用于传输信令，B 通道则用于传输话音、数据等。一路电话只占用一个 B 通道，因此，可同时进行多种业务或对话。PRI 接口速率为 2.048Mbps，用于需要传输大量数据的应用，如 PBX，LAN 互联等。

与电话拨号方式相比，ISDN 提供了更有效的多样化业务服务，不仅增加了图像、图形、数据等多种业务，而且可为用户提供两个标准的 64Kbps 数字信道和一个 16Kbps 的呼叫和控制信道，即通常说的 2B+D，最大传输速率为 128Kbps。ISDN 是数字化的，建立连接只需要几秒钟即可，不像 Modem 那样每次还有较长的等待时间。

②家庭使用 ISDN 接入 Internet 。与用户打交道的首先是与电信部门 ISDN 交换机相连的网络终端 1 设备（NT1），它将完成用户终端信号和线路信号的转换。通过 NT1 设备，再加上电信部门铺设的一条 ISDN 线路，就可以将 ISDN 延伸到自己家里或办公室。NT1 设备一般由电信部门提供，并上门安装和调试。连接到 NT1 的接口和设备与用户关系较密切，NT1 一般提供一个 U 接口，提供一个或两个数字接口（S/T 接口），U 接口与 ISDN 外线连接，S/T 接口则让用户的数字设备与之直接相连，所有用户 ISDN 终端设备都是通过 NT1 设备上的一个或两个 S/T 接口接入网络的，如图 7-13 所示。

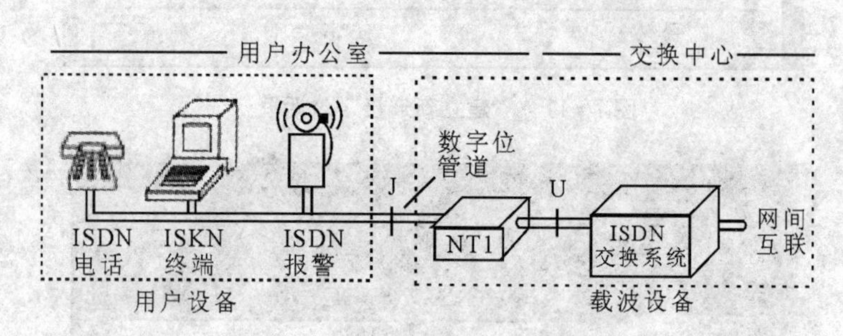

图 7-13　使用 ISDN 接入 Internet

NT1 的 S/T 接口为数字接口，用户的终端设备必须支持数字接口才能直接连到 NT1 的 S/T 接口，像数字话机、G4 传真机等都可以直接连到 NT1 设备，上网的计算机不能直接连接到 NT1 的数字接口，需要借助 ISDN 终端适配器（TA）。TA 设备有外置的独立式设备和内置的插卡式设备（称 ISDN 卡），一般家庭用户选用 ISDN 卡更经济一点。

③ISDN 卡的安装与配置。如果用户的操作系统是早期版本的 Windows 95，它的拨号网络可能不支持 ISDN 拨号，须到微软公司的站点下载拨号网络 1.2 版本（DialUp Networking 1.2）或更新的版本。如果是高版本的 Windows 95 或已经升级到 Windows

XP 或更高版本就可以直接安装。

下面以中文 Windows 98 环境下，安装 Eicon 公司的 DIVA Pro 2.0 的 ISDN 卡为例。

将 ISDN 卡插到计算机的扩展槽中，将 ISDN 卡的驱动光盘 ISDN Software Suit CD 放到光驱，然后在光驱的根目录执行 CDSETUP. EXE 文件，在弹出的“欢迎”对话框中选择“English/Windows XP”选项，然后单击“Installation now”按钮，在“网络”配置对话框中单击“添加”按钮，选择“从磁盘安装”，然后指定安装路径就可以安装 ISDN 的驱动程序了。

运行安装向导，选择“Express Setup”，以后都选择默认值，就可以安装 Eicon ISDN channel 0 和 channel 1 了。

在 Windows 98 系统重启后，可在控制面板的网络里看到添加了的 ISDN 卡驱动。在拨号网络里建立新的连接，与普通 MODEM 拨号网络建立连接的方法基本相同，只不过这时的调制解调器类型一定要选择“EICON CHANNEL 0”。捆绑另外一个 B 通道，这是与普通 MODEM 拨号网络安装不同的地方，鼠标右击上面创建的 ISDN 连接，选择“属性”命令，在随后弹出的对话框里选择“设置”项，并单击“添加”按钮，选择另外一个设备名“EICON CHANNEL 1”，现在就可以通过 ISDN 进行连接，像使用 MODEM 那样拨号上网，您马上可以体会到快速连接的滋味。

(3) 局域网连接。现在有一些单位建立了一定规模的局域网，又通过向 ISP 租用一条专门的线路上联到因特网，这种方式上网的速度很快。局域网的用户的微机需配置一块网卡，并通过一根电缆连至本地局域网，便可进入 Internet。

①安装网卡。在进行网络配置前先将网卡安装到计算机上，并插好网线，然后安装网络适配器驱动程序。

如果网卡是即插即用的，那么当它插入计算机后重新启动系统，Windows 98 会自动设置它的 I/O 地址和中断号 IRQ，并且 Windows 98 自动装入该网卡的驱动程序。如果网卡不是即插即用的，通常情况下，Windows 98 在启动时会自动检测到新插入的设备。如果没有提示检测到新设备，就必须使用控制面板中的“添加新硬件”向导一步一步地进行安装。

②添加 TCP/IP。网络适配器驱动程序安装后开始进行网络配置。单击“开始”按钮，选择“设置/控制面板”命令，双击“网络”图标，弹出“网络”对话框，单击“添加”按钮，出现“选定网络组件类型”对话框，选择“协议”项，单击“添加”按钮，出现“选择网络协议”对话框，在厂商栏中选择“Microsoft”，网络协议选择“TCP/IP”，单击“确定”按钮回到网络配置，可以看到在已安装网络组件中有了“TCP/IP”。

③配置 TCP/IP。选择“TCP/IP”项，单击“属性”按钮，弹出“TCP/IP 属性”对话框，在“IP 地址”选项卡中填入指定的 IP 地址和子网掩码，如图 7-14 所示。

在“网关”选项卡中“新网关”栏填入默认路由器的地址，单击“添加”按钮，在“已安装的网关”列表中就会显示该地址，如图 7-15 所示。

在“DNS 配置”选项卡中选中“启用 DNS”单选钮，在“主机”栏填入自己主机的名字，在“域”栏中填入该机器所在的组织域名，如某大学的局域网用户输入

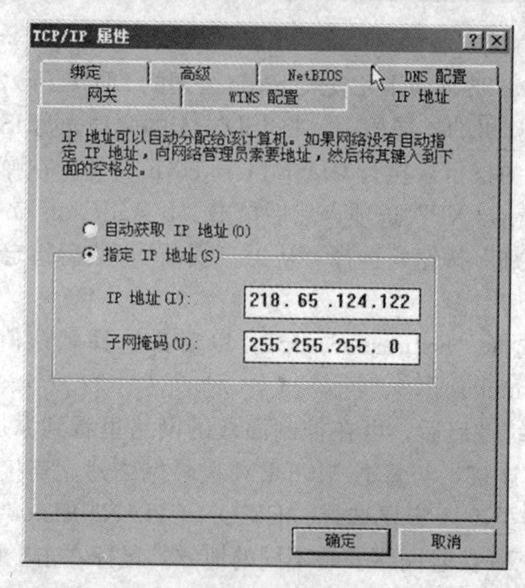

图 7—14　IP 地址设置

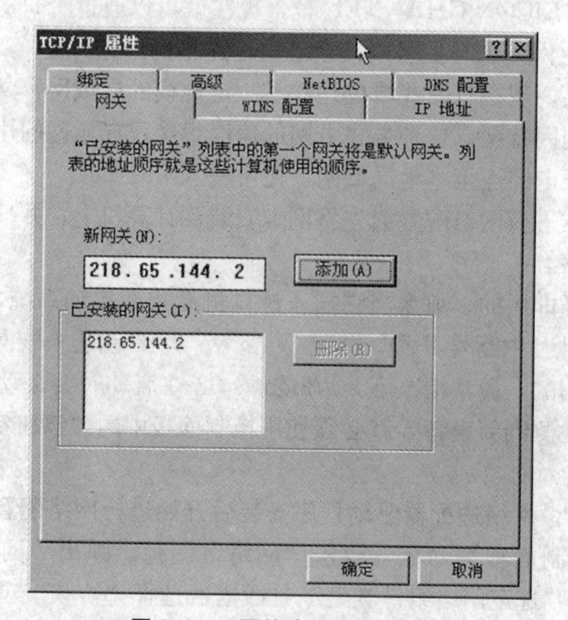

图 7—15　网关选项卡设置

“xxxu. edu. cn”，在“DNS 服务器搜索顺序”栏中输入域名服务器，单击“添加”按钮，如图 7—16 所示。

上述 IP 地址、子网掩码、网关、域名及域名服务器可向网络管理员申请和咨询。

以上设置完成后，单击“确定”按钮回到“网络”对话框，再单击“确定”按钮。重新启动计算机后设置生效。至此，网络配置完成，用户可以通过局域网访问 Internet 了。

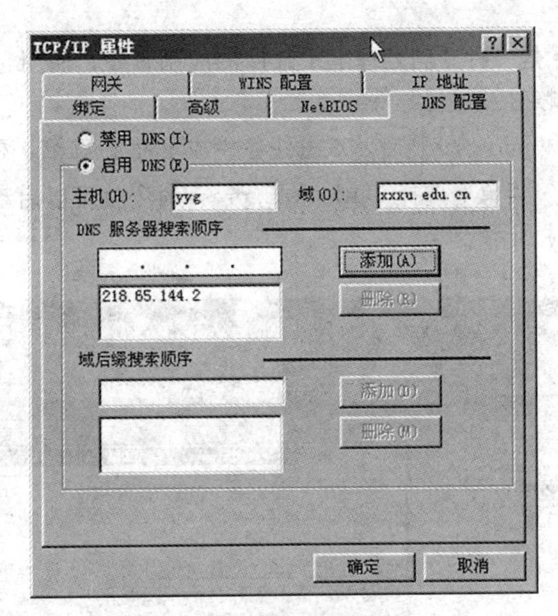

图 7-16　DNS 配置选项卡设置

7.5.4　电子邮件

电子邮件简介

电子邮件 E-mail（Electronic Mail）是一种利用网络交换信息的非交互式服务，是 Internet 上的重要信息服务方式。它为世界各地的 Internet 用户提供了一种极为快速、简单和经济的通讯和交换信息的方法。与常规信函相比，E-mail 速度很快，把信息传递时间由几天到十几天减少到几分钟，而且 E-mail 使用非常方便，即写即发，省去了粘贴邮票和跑邮局的烦恼；与电话相比，E-mail 的使用是非常经济的，几乎是免费的。正是由于这些优点，Internet 上数以亿计的用户都有了自己的 E-mail 地址，E-mail 也成为利用率最高的 Internet 应用。

一份电子邮件一般涉及两个服务器，发送方服务器和接收方服务器。发送方服务器的功能是依照收件人地址将邮件发送出去，发送方服务器就像普通的发信邮局；接收方服务器的功能是接收他人的来信并且把它保存，随时供收件人阅读，就像普通的收信邮局。电子邮件模仿传统的邮政业务，通过建立邮政中心，在中心服务器上给用户分配电子信箱，也就是在计算机硬盘上划出一块区域（相当于邮局），在这块存储区内又分成许多小区，就是每个用户的电子信箱。使用电子邮件的用户都可以使用各自的计算机或终端编辑信件，通过 Internet 送到对方的信箱中，对方用户进入电子邮件 E-mail 系统就可以读取自己信箱中的信件，邮件从服务器的硬盘转存到本地计算机的硬盘中。

E-mail 的传递是由一个标准化的简单邮件传输协议 SMTP（Simple Mail Transfer Protocol）来完成的。SMTP 是 TCP/IP 协议的一部分，它描述了电子邮件的信息格式和传输处理方法。目前 Windows 操作系统环境下使用最多的 E-mail 收发工具是

Outlook Express。

Outlook Express 是一种专门处理电子邮件的应用程序，使用它，用户可以方便地撰写邮件、管理邮件帐号及发送邮件。

在安装了 IE 或 Windows XP 后，双击任务栏或桌面上的 图标，或者单击“开始”按钮，在“程序”菜单上选择 Outlook Express 命令就可以启动 Outlook Express。启动的窗口如图 7－17 所示。

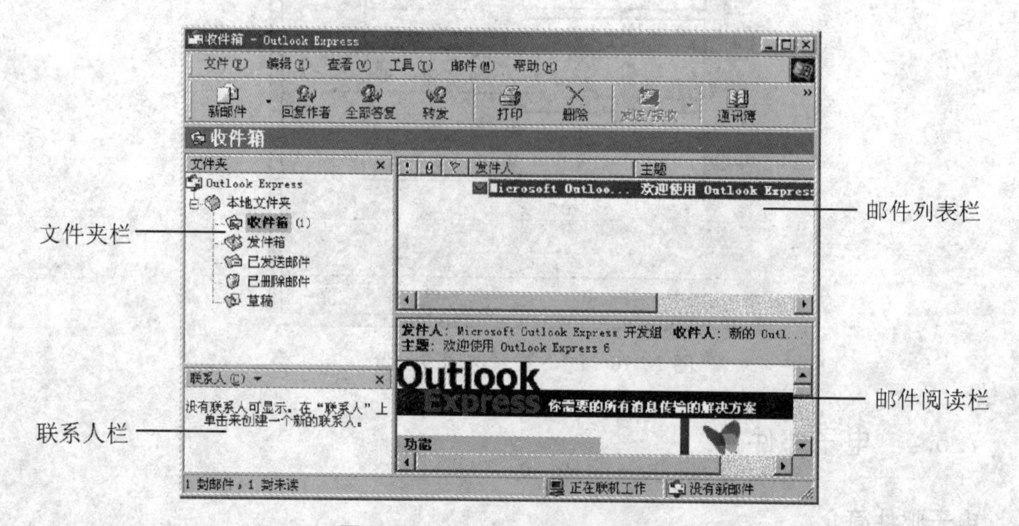

图 7－17 Outlook Express 窗口

· 文件夹栏：有“收件箱”、“发件箱”、“已发送邮件”、“已删除邮件”等多个文件夹，单击某一文件夹，就在邮件列表栏内显示相应文件夹中的内容。

· 联系人栏：用来收集联系人的地址。

· 邮件列表栏：用来显示文件夹中的邮件。

· 邮件阅读栏：当选定了某个邮件后，就可以在该栏中阅读邮件的内容。

添加邮件账号

在收发电子邮件之前，必须添加邮件账号，操作步骤是：

在 Outlook Express 中，添加一个邮件账号。

①单击“工具”菜单中的“账号”命令，打开“Internet 账号”对话框，如图 7－18所示。

②单击选择“邮件”选项卡。单击“添加”按钮，弹出的子菜单中选择“邮件”。这时窗口内显示出“Internet 连接向导”对话框，在其中输入姓名作为外发邮件时显示的“发件人”姓名，如图 7－19 所示。

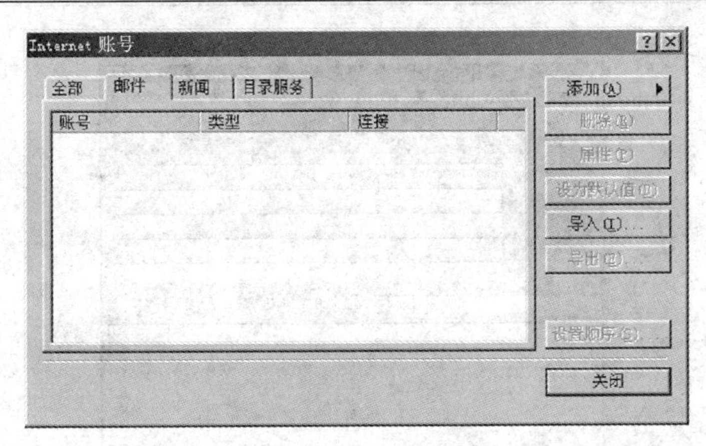

图 7－18　“Internet 账号”对话框

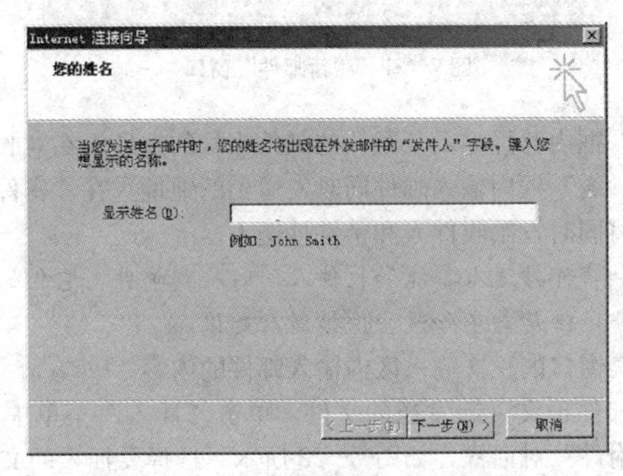

图 7－19　“Internet 连接向导”对话框

③单击“下一步”按钮，弹出的对话框中输入已经存在的一个电子邮件地址。接着单击“下一步”按钮，在打开的对话框内输入接收服务器的地址和外发服务器的地址。继续单击“下一步”按钮，接着在对话框内输入邮箱的账号名和密码。

④单击“下一步”按钮，“Internet 连接向导”将显示设置完成的字样。单击“完成”返回到“Internet 账号”对话框，可以看到在“邮件”选项卡内多了一项刚才添加的邮件账号，如图 7－20 所示。

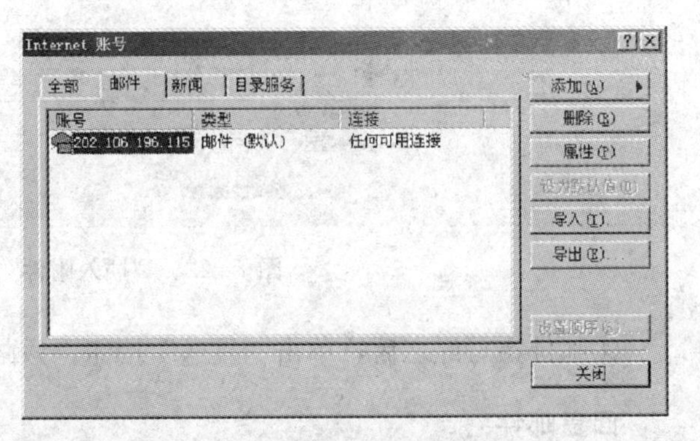

图 7－20　新添加的邮件账号

撰写与发送邮件

①单击工具栏中的“新邮件”按钮，弹出如图 7－21 所示的“新邮件”窗口。

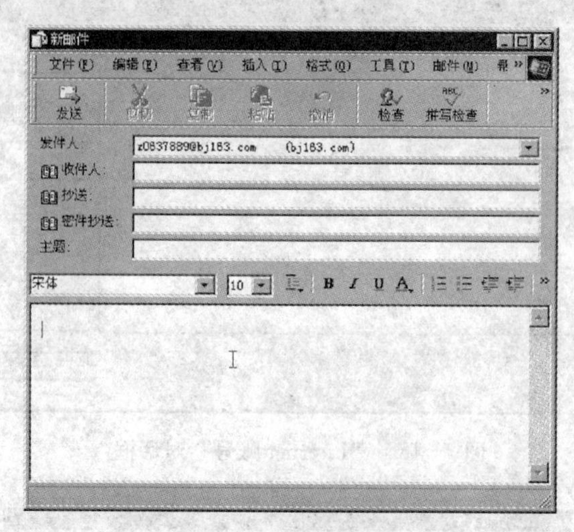

图 7－21　“新邮件”窗口

②在“发件人”框内已经显示了默认的邮件帐号的地址，在“收件人”框内输入收件人的地址，在“抄送”框内输入邮件同时发送到的地址。在“密件抄送”框中输入电子邮件地址，邮件将同时发给收件人和密件抄送人。

注意：抄送人和密件抄送人都能和收件人同时收到邮件，它们的区别在于：收件人能够知道抄送人是谁，但是却不知道密件抄送人是谁。

③在“新邮件”窗口的正文输入区内输入邮件的内容。

④附件是随同邮件正文一起发送的文件，单击“插入”菜单中的“文件附件”命令，将打开“插入附件”对话框，如图 7－22 所示。选择要插入的文件，然后单击“附件”按钮。

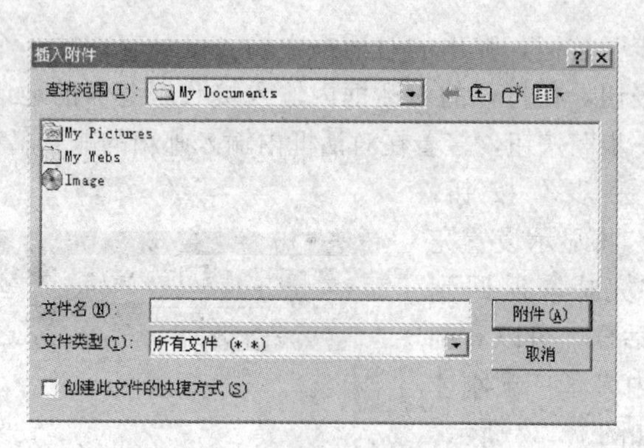

图 7－22　“插入附件”对话框

④邮件撰写好之后，单击“发送”按钮，该邮件将即刻发送到指定的地址。

回复邮件

①在邮件列表中，单击选定要回复的邮件，然后单击工具栏内的“回复作者”按

钮，将打开一个如图 7－23 所示的窗口。

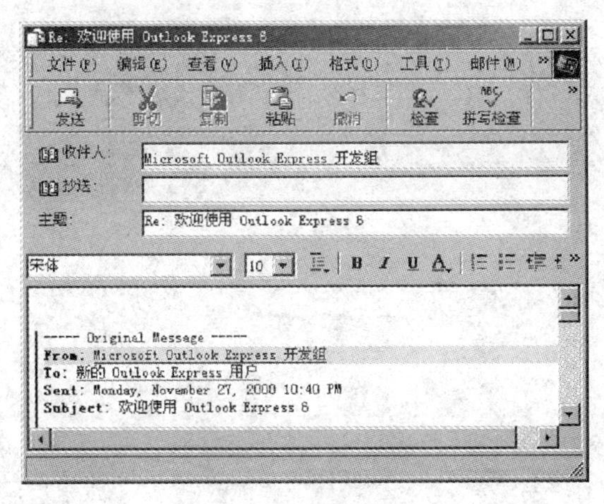

图 7－23　**回复邮件**

②其中“收件人”框已自动填上了收件人的地址，主题显示“Re：原邮件主题”的形式。如果需要，可以对主题进行修改。在邮件的正文区内，会附上原邮件的内容。

③写完要回复的邮件后，单击工具栏中的“发送”按钮。

习　题

1. 什么是计算机网络？简述计算机网络的分类及其特点。
2. 计算机网络的功能是什么？
3. 什么是信道？什么是带宽？
4. 画出 ISO/OSI 网络参考模型，并简述每一层的功能。
5. 计算机网络的拓扑结构是指什么？画出其主要结构类型。
6. Internet 的连接方式主要有哪几种，简要说明其各自特点？
7. TCP/IP 协议结构与 ISO 标准网络模型有什么区别，其各层分别具有什么功能？
8. 简述网页、站点、HTTP，WWW，主页、URL 及 FTP 的概念。
9. 因特网中提供的主要服务有哪些？
10. 简述局域网的软硬件组成。